W0255497

Methoden der grafischen und geometrischen Datenverarbeitung

Von Dr. sc. techn. Andreas Meier
Eidg. Technische Hochschule Zürich

Mit 93 Abbildungen und zahlreichen Beispielen
zu Datenstrukturen und Algorithmen

B. G. Teubner Stuttgart 1986

Dr. sc. techn. Andreas Meier

1951 geboren in Basel. 1971 bis 1972 Fagottstudien an der Musikakademie in Wien, anschließend Mathematikstudium an der Eidgenössischen Technischen Hochschule (ETH) in Zürich. 1977 Diplom in Mathematik bei B. Eckmann. 1977 bis 1980 Systemingenieur bei der IBM Schweiz. 1980 bis 1982 Assistent am Institut für Informatik der ETH Zürich und Sekretär der neugegründeten Abteilung für Informatik. 1982 Promotion bei C. A. Zehnder und J. Nievergelt. 1982 bis 1983 Forschungsaufenthalt am IBM Research Lab in San Jose, Kalifornien. Seit 1983 Oberassistent und Lehrbeauftragter am Institut für Informatik der ETH Zürich.

CIP-Kurztitelaufnahme der Deutschen Bibliothek

Meier, Andreas:
Methoden der grafischen und geometrischen Datenverarbeitung /
von Andreas Meier. -
Stuttgart: Teubner, 1986.
(Leitfäden der angewandten Informatik)
ISBN 978-3-519-02482-8 978-3-322-92746-0 (eBook)
DOI 10.1007/978-3-322-92746-0

Softcover reprint of the hardcover 1st edition 1986

Gesamtherstellung: Zechnersche Buchdruckerei GmbH, Speyer
Umschlaggestaltung: M. Koch, Reutlingen

Vorwort

Grafik und Geometrie sind die siamesischen Zwillinge der technischen Informatik! Umfasst die Computergrafik Geräte und Verfahren zur Beschreibung und *Umwandlung von Daten in grafische Form*, so behandelt die geometrische Datenverarbeitung die Speicherung und *Verarbeitung geometrischer Daten*. Beinahe jede technisch-wissenschaftliche Anwendung der Informatik benötigt grafische und geometrische Methoden, um z.B. zwei- oder dreidimensionale Objekte darstellen oder deren Gestalt erfassen zu können. Das vorliegende Textbuch möchte diese Verwandtschaft zwischen Grafik und Geometrie untermauern.

Das Textbuch basiert auf der Vorlesung "Computergrafik und geometrische Datenverarbeitung" der Abteilung für Informatik der ETH Zürich. Die Stoffauswahl berücksichtigt verschiedene Ausbildungsprogramme an europäischen und amerikanischen Hochschulen, konzentriert sich aber auf die wesentlichen *Datenstrukturen und Algorithmen* für die grafische und geometrische Datenverarbeitung. Weiter haben direkte Anwenderkontakte, entstanden durch ein Kursangebot für die Praxis und unzählige Diskussionen mit Fachkollegen die Themenauswahl beeinflusst.

Nach einem einführenden Überblick im Kapitel 1 über die Entwicklung grafischer und geometrischer Datenverarbeitung werden im Kapitel 2 klassische Probleme der Computergrafik erläutert, nämlich Transformationen, grafische Primitiven und Operationen, Clipping und das Evaluieren verdeckter Kanten und Flächen. Grundsätzliche Datenstrukturen und Algorithmen zur Geometrie sind im Kapitel 3 beschrieben. Dazu gehören neuere Entwicklungen aus dem noch jungen Fachgebiet der geometrischen Algorithmik, z.B. mehrdimensionale Datenstrukturen zur Speicherung räumlicher Daten oder algorithmische Techniken für das Lokalisieren von Punkten, das Berechnen der konvexen Hülle oder für die Schnittbildung. Kapitel 4 gibt eine Einführung in die Kurven- und Flächengeometrie und erläutert vor allem Bézier- und B-Spline-Methoden. Kapitel 5 behandelt dreidimensionale Problemstellungen, wie sie z.B. beim rechnergestützten Konstruieren von geometrischen Objekten auftreten. Schliesslich rundet das Kapitel 6 über technisch-wissenschaftliche Anwendungen den Stoffinhalt ab, um zugleich auf Entwicklungstendenzen in der grafischen und geometrischen Datenverarbeitung hinzuweisen.

Das Textbuch richtet sich an Interessierte verschiedener *Ingenieurwissenschaften*, welche eine Einführung in die wesentlichen Methoden der grafischen und geometrischen Datenverarbeitung suchen. Dazu zählen Studenten oder Absolventen technischer Hochschulen und Lehranstalten sowie Ausbilder, Entwickler und Anwender in Firmen, die moderne Informatikwerkzeuge kennenlernen und einsetzen möchten. Ein umfangreiches Literaturverzeichnis mit Standardwerken und wichtigen neueren Forschungsarbeiten soll zum Weiterstudium motivieren.

Die meisten der vorgestellten Datenstrukturen und Algorithmen sind in Semester-, Diplom- und Promotionsarbeiten auf dem Arbeitsplatzrechner LILITH des Instituts für Informatik der ETH Zürich in der Programmiersprache Modula-2 implementiert worden. Diese Programme bilden einen wesentlichen Bestandteil der zitierten Vorlesung, indem den Studenten für einzelne Probleme Programmumgebungen zur Verfügung gestellt werden. Die Vorzüge einer modularen Programmiersprache haben sich auch für Unterrichts- und Übungszwecke einmal mehr bewährt.

Eliyezer Kohen hat ein interaktives System zum Entwurf digitaler Schrift entwickelt. Josef Bösze und Reto Gilli realisierten die Clipping-Algorithmen von Cohen-Sutherland und von Liang-Barsky, um das Laufzeitverhalten bei verschiedenen Szenen vergleichen und beurteilen zu können. Die Implementation der mehrdimensionalen Gitterdatei stammt von Klaus Hinrichs. Giordano Beretta und Ernst Horber haben ein Skelett geschrieben, womit sie die ebene Durchlauftechnik an verschiedenen geometrischen Problemstellungen demonstrieren. Eine kleine Programmsammlung zur Generierung von Bézier- resp. B-Spline-Kurven und -Flächen stammt von Renzo De Maria und Erwin Petry. Im Rahmen des geometrischen Unterrichtssystems POLY haben Thomas Kohler einen Algorithmus für die Berechnung der verdeckten Kanten, Hansbeat Loacker die Mengenoperationen und Fredy Paquet einen rekursiven Algorithmus zur Evaluation von Booleschen Ausdrücken über Primitiven implementiert.

Am Institut für Informatik der ETH Zürich sind eigene Forschungsarbeiten im Bereich der geometrischen Datenverarbeitung entstanden. Zu erwähnen sind die vom Schweizerischen Nationalfonds geförderten Forschungsprojekte, nämlich in den Jahren 1982 bis 1984 das Projekt Nr. 2.533-0.82 über "Algorithmen und Datenstrukturen für geometrische Probleme" und das laufende Projekt Nr. 2.734-0.85 über "Darstellung und Speicherung von geometrischen Objekten in einer relationalen Datenbank".

Für wertvolle Anregungen und Verbesserungen zum vorliegenden Textbuch möchte ich mich herzlich bedanken. Sie stammen von F. Aurenhammer, H.-P. Bieri, H. Edelsbrunner, Ch. Eidenbenz, G. Enderle, F. Paquet, G. Heiser, K. Hinrichs, J. Nievergelt, H. Noltemeier, E. Petry und W. Strasser. Thomas Kohler hat mit grossem Einsatz und kritischem Auge meine skizzenhaften Zeichnungen ins reine gebracht. Dem Teubner-Verlag möchte ich für die reibungslose Zusammenarbeit und die rasche Drucklegung danken.

Zürich, im Februar 1986

Andreas Meier

Inhaltsverzeichnis

Vorwort 5
Inhaltsverzeichnis 7

1 Entwicklungsstand grafischer und geometrischer Datenverarbeitung 11

1.1 Historischer Überblick 11

1.2 Hardwarekomponenten 14
1.2.1 Klassifikation grafischer Geräte 14
1.2.2 Aufbau einer Grafikstation 16
1.2.3 Arbeitsweise von Vektor- und Rasterbildschirmen 18

1.3 Softwarekomponenten 20
1.3.1 Softwareaufbau grafischer Geräte 20
1.3.2 Geometrische Methoden- und Datenbanken 23
1.3.3 Gestaltung der Mensch-Maschine-Schnittstelle 24

1.4 Abgrenzungen verwandter Fachgebiete 28

2 Grundlagen der Computergrafik 30

2.1 Transformationen in homogenen Koordinaten 30
2.1.1 Definition homogener Koordinaten 30
2.1.2 Translation, Rotation und Skalierung 32
2.1.3 Koordinatentransformation Window/Viewport 34
2.1.4 Zentral- und Parallelprojektion 37

2.2 Grafische Primitiven und Operationen 40

2.3 Algorithmen zur Rastergrafik 42
2.3.1 Bresenham-Algorithmus für Geraden 42
2.3.2 Füllen von Polygonen 45
2.3.3 Erzeugen von Textsymbolen 47

2.4 Abschneiden von Figuren und Flächen am Fensterrand 49
2.4.1 Clipping von Geraden 49
2.4.2 Clipping von Polygonen, Flächen und Textelementen 53
2.4.3 Berechnen der sichtbaren Teile von Objekten im Raum 55

2.5 Evaluieren verdeckter Kanten und Flächen 57
2.5.1 Bestimmen durch wiederholte Bildunterteilung 57
2.5.2 Berechnungen im Objektraum 61
2.5.3 Prioritätsverfahren für Dreiecksflächen 65

2.6 Standard zur Grafik 68

3 Datenstrukturen und Algorithmen zur Geometrie 70

3.1 Effizienzkriterien 70

3.2 Mehrdimensionale Datenstrukturen 73
3.2.1 Baumstrukturen 74
3.2.2 Zellstrukturen 78

3.3 Interpretation mehrdimensionaler Daten 83

3.4 Inklusionsfragen 86
3.4.1 Punkt-im-Polygon-Test 86
3.4.2 Lokalisieren von Punkten 90
3.4.3 Monotone Kettenzerlegung 92

3.5 Konvexität und konvexe Hülle 95
3.5.1 Prüfen auf Konvexität 95
3.5.2 Die Fächermethode von Graham 98
3.5.3 Konvexe Hülle durch Stützgerade 99
3.5.4 Rekursive Bestimmung der konvexen Hülle 101

3.6 Schnittalgorithmen in der Ebene und im Raum 104
3.6.1 Schnitt von achsenparallelen Objekten 104
3.6.2 Schnittberechnung mit der Durchlauftechnik 107
3.6.3 Geometrische Transformationen für Halbraumschnitt 111

3.7 Nachbarschaften und Zerlegungsprobleme 114

4 Approximation von Kurven und Flächen 117

4.1 Parameterdarstellung 117

4.2 Approximation von Kurven durch Polynome 119
4.2.1 Kubische Kurven 119
4.2.2 Bézier-Kurven vom Grad m 123
4.2.3 Rekursiver Algorithmus von De Casteljau 127

4.3 Stückweise Approximation durch Polynome 130
4.3.1 B-Splinefunktionen 130
4.3.2 B-Splinekurven 134

4.4 Approximation von Flächen 137

4.5 Vergleich von Bézier- und B-Spline-Methoden 139

5 Geometrisches Modellieren 141

5.1 Analytische und approximierende Verfahren 141

5.2 Kriterien für Darstellungsformen 144

5.3 Übersicht über Darstellungsformen 146
5.3.1 Parametrisierte Darstellung 147
5.3.2 Enumerationsverfahren 148
5.3.3 Zellenzerlegung 149
5.3.4 Randdarstellung 151
5.3.5 Konstruktion mit Raumprimitiven 152

5.4 Modellieren mit Begrenzungsflächen 154
5.4.1 Grundlagen der Polyedertopologie 155
5.4.2 Anwendung von Euler-Operatoren 157
5.4.3 Datenstruktur zur Randdarstellung 159
5.4.4 Berechnen des Produktkörpers 162

5.5 Modellieren mit Raumprimitiven 167
5.5.1 Reguläre Mengenoperationen 168
5.5.2 Evaluieren der Mengenzugehörigkeit 170
5.5.3 Vereinfachen von Konstruktionsbäumen 174

5.6 Rekonstruktion von Polyedern 177

5.7 Berechnen von Volumeneigenschaften 180

5.8 Standardvorschlag zur Geometrie 182

6 Technisch-wissenschaftliche Anwendungen 183

6.1 Geographische Systeme 184
6.1.1 Abstraktionsschritte bei flächenbezogenen Daten 184
6.1.2 Flächenbezogene Objekte und Beziehungen 186
6.1.3 Strukturbeschreibung eines Parzellenplans 189
6.1.4 Konsistenzerhaltende Operationen 192
6.1.5 Kontextbedingungen beim Ändern von Parzellen 195

6.2 Rechnergestützte Konstruktion 199
6.2.1 Konstruktionsschritte 199
6.2.2 Dateisysteme versus Datenbanksysteme 201
6.2.3 Vergleich der Benutzeranforderungen 203
6.2.4 Speicherung geometrischer Objekte in einer Datenbank 204
6.2.5 Ein Surrogatmodell für technische Datenbanken 208

Literaturverzeichnis 211
Stichwortverzeichnis 222

1 Entwicklungsstand grafischer und geometrischer Datenverarbeitung

Das Kapitel gibt einen Einblick in das Gebiet der grafischen und geometrischen Datenverarbeitung. Im Abschnitt 1.1 skizzieren wir die historische Entwicklung und führen gleichzeitig die wichtigsten Begriffe ein. Die unterschiedlichen Gerätekomponenten eines grafischen Arbeitsplatzes erläutern wir im Abschnitt 1.2. Wir beschreiben die Softwarekomponenten grafischer Systeme im Abschnitt 1.3, wobei wir kurz auf die Gestaltung der Mensch-Maschine-Schnittstelle eingehen. Der Abschnitt 1.4 präzisiert die unterschiedlichen Fachgebiete der grafischen und geometrischen Datenverarbeitung.

1.1 Historischer Überblick

Seit dem Einsatz von Kathodenstrahlröhren zum Zeichnen einfacher Liniengebilde hat sich die grafische und geometrische Datenverarbeitung rasant entwickelt und ein breites Anwendungsfeld eröffnet. Dabei hat jede technische Errungenschaft bei der Entwicklung grafischer Geräte direkt die grafischen und geometrischen Methoden beeinflusst. Die Abb. 1-1 gibt einen Überblick über die Geschichte und die wichtigsten technischen Anwendungen.

Die *Vektorgrafik* der ersten Grafikgeräte ermöglicht einfache Strich- und Kurvenzeichnungen, entsprechend beschreibt man räumliche Objekte durch Linienelemente. Bei diesem sogenannten Skelett- oder *Drahtmodell* liegen keine Informationen über Flächen- oder Volumeneigenschaften vor: Operationen wie Schnittbildung oder Evaluation verdeckter Kanten sind direkt nicht möglich. Aufgrund unzureichender räumlicher Modelle ist es z.B. schwierig, Montage- und Fertigungszellen zu beschreiben oder automatische Kollisionskontrollen durchzuführen. So verwendet man für die Steuerung von Werkzeugmaschinen eigene Sprachen, wobei die Geometrie der Bearbeitungsteile jedesmal neu erfasst werden muss.

Das Abspeichern grafischer Primitiven in einem Bildwiederholspeicher lässt den Benutzer ohne grösseren Zeitverlust grafische Daten verändern oder bewegen, eine Voraussetzung für die *interaktive Computergrafik*. Das Ausblenden verdeckter Kanten verbessert zudem die Sichtbarkeit und die Anschauung. Analytische, interpolierende sowie *approximierende Verfahren* zur Flächenbeschreibung legen die Basis zu den rechnergestützten

Entwurfssystemen. Neben dem Erstellen technischer Zeichnungen setzt man die grafischen Systeme auch für Simulationen ein, um physikalische Eigenschaften der Entwurfsobjekte überprüfen zu können.

	GRAFIK	GEOMETRIE	TECHNISCHE ANWENDUNGEN
1950 -1960	Vektor- oder Liniengrafik	einfache geometrische Algorithmen, Drahtmodell für räumliche Objekte	numerische Steuerung, Fräsprogramme
1960 -1970	Interaktive Computergrafik, Algorithmen für verdeckte Kanten und Flächen	Approximationsmethoden für Kurven und Flächen, Entwicklung geometrischer Programmiersprachen	Entwurfssysteme zum Zeichnen, Simulation, Bildverarbeitung
1970 -1980	Rastergrafik, Standardvorschläge, Animation, Computerspiele	eindeutige Darstellung räumlicher Objekte, Komplexitätsbetrachtungen geometrischer Algorithmen	Entwurfssysteme für mechanische Teile bzw. integrierte Schaltungen, Industrieroboter, geographische Systeme
1980 -1990	Kognitive Computergrafik, Bewegung, Computervision	Geometrische Daten- und Methodenbanken, logische Systeme, Standardisierung	Integrierte CAD/CAM-Systeme, wissensbasierte Systeme für Produktionsplanung und Fertigung

Abb. 1-1: Entwicklungsüberblick und Anwendungsbereiche.

Seit dem vergangenen Jahrzehnt gewinnt die *Rastergrafik* an Bedeutung. Ein Bild wird durch eine Matrix von Bildpunkten beschrieben, wobei pro Bildpunkt mehrere Farbstufen möglich sind. Das Verwenden eigener Grafik- und Dialogprozessoren verhilft der Rastergrafik in vielen Anwendungsbereichen trotz anfänglichen Speicher- und Zeitengpässen zu einem Durchbruch. Zusätzlich ermöglichen *eindeutige Darstellungsformen* für räumliche Objekte erste Resultate beim Einsatz von dreidimensionalen Entwurfssystemen sowie von Robotern.

Heutige Geräte mit leistungsfähigen Prozessoren erlauben optische Wahrnehmung und Darstellung von bewegten Objekten. Diese Geräte setzt man z.B. für die automatisierte Qualitätskontrolle oder für Steuerungsaufgaben bei der Produktherstellung ein. Die Integration der rechnergestützten Entwicklung und Fertigung (CAD/CAM) stellt ebenfalls grosse Anforderungen an die Software grafischer Systeme. Insbesondere möchte man Datenbanktechnologie und Expertenwissen im geometrischen Anwendungsbereich nutzen, um die Entwicklungs- und Produktionsverfahren zu verbessern.

1.2 Hardwarekomponenten

1.2.1 Klassifikation grafischer Geräte

In der grafischen und geometrischen Datenverarbeitung stellt sich immer wieder das Bedürfnis nach Kommunikation, da oft mehrere Fachgruppen am Entwurf und an der Entwicklung eines Produktes teilnehmen. Das Erstellen von Schaltplänen oder Konstruktionszeichnungen, das Durchführen von Simulationen oder das Kalkulieren von Herstellungskosten basiert auf gemeinsamen Daten und erfordert deshalb Datenübertragungsfunktionen. Im Gegensatz zu Rechneranwendungen ohne Grafikmöglichkeiten verlangt die dezentrale Verarbeitung von grafischen oder geometrischen Daten eigene Prozessoren, da umfangreiche Datenbestände interaktiv bearbeitet werden sollen.

Wir diskutieren im folgenden eine mögliche Klassifikation grafischer Geräte aufgrund des Funktionsumfangs (Abb. 1-2). Generell lassen sich grafische Geräte, grafische Geräte mit Intelligenz sowie lokale und dezentrale Grafikstationen unterscheiden.

Grafische Geräte verfügen über keine eigene Rechnerkapazität und verlangen eine ausreichende Datenpufferung im Hauptrechner, um die Manipulation umfangreicher grafischer Daten zu bewältigen. Arbeitsplätze mit solchen heteronomen Grafikgeräten zeigen im Fall schlechter Übertragungsraten unbefriedigend lange Antwortzeiten und verunmöglichen interaktives Arbeiten.

Geräte mit Intelligenz entlasten den Hauptrechner bei Ein- und Ausgabeaktivitäten. Sie umfassen in Hardware implementierte oder mikroprogrammierte Funktionen: Bildmanipulation und Datenzwischenspeicherung sind lokal möglich, wobei grössere Änderungen grafischer Daten periodisch zum Hauptrechner übermittelt werden müssen.

Lokale Grafikstationen besitzen eigene Prozessoren, z.B. zur Unterstützung der grafischen Ein- und Ausgabe oder zur Dialogführung. Da alle Applikationen selbständig ablaufen, d.h. ohne Verbindung zu anderen Rechnern, muss eine solche Station Speichermöglichkeiten zur Verwaltung von Daten und Programmen anbieten.

Dezentrale Grafikstationen erlauben, rechenaufwendige Programme (z.B. für Finite Elementberechnung) in andere Rechner auszulagern. Diese Arbeitsteilung kann sich über die Programmverarbeitung hinaus auf Datenspeicherung und -verwaltung ausdehnen. Falls eine zentrale Datenbank in einem Hauptrechner residiert, können die jeweiligen Daten von der Arbeitsstation angefordert, bearbeitet und später zurückgeschrieben werden.

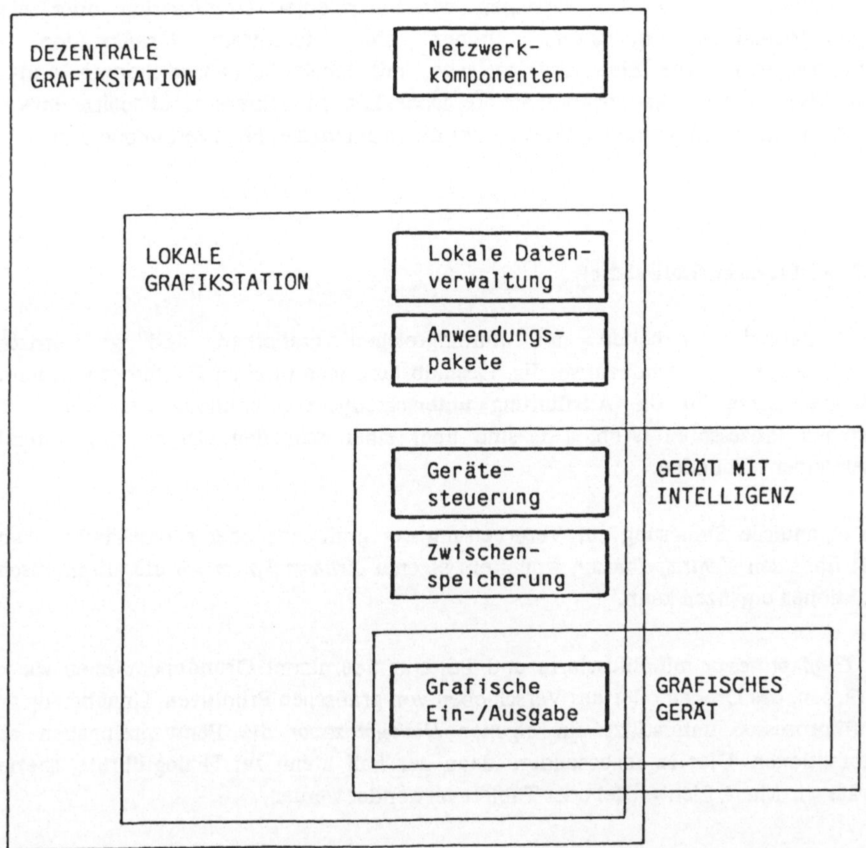

Abb. 1-2: Funktionsumfang von grafischen Geräten und Grafikstationen.

Die Auswahl einer Geräteklasse ist je nach Anwendungs- und Einsatzbereich unterschiedlich (siehe z.B. [Eigner/Maier 1982] oder [Encarnação et al. 1984]). Für Tätigkeiten wie Arbeitsplanung oder Auftragsabwicklung genügen meistens grafische Geräte mit Host-Anschluss, Tätigkeiten aus dem Bereich Entwicklung und Fertigung verlangen jedoch nach autonomen Rechnerlösungen. Schon beim Einsatz eines grafischen Systems für die interaktive Zeichnungserstellung gehören klassische Konfigurationen mit oft überlasteten Host-Rechnern nicht zuletzt aus wirtschaftlichen Überlegungen der

Vergangenheit an. Bei vielen technischen Anwendungen wie Werkzeugkonstruktion, Fertigungssteuerung oder Qualitätssicherung haben sich heute autonome und dezentrale Lösungen bereits durchgesetzt.

Im vorliegenden Textbuch verstehen wir unter einer Grafikstation oder einem *grafisch-interaktiven Arbeitsplatz* immer eine dezentrale Grafikstation mit Peripheriegeräten zur Ein- und Ausgabe, mit lokaler Datenspeicherung und mit fakultativer Kommunikationskomponente. Dabei können mehrere Arbeitsplätze entweder an einem Hauptrechner angeschlossen oder durch ein lokales Netz verbunden sein.

1.2.2 Aufbau einer Grafikstation

Das interaktive Arbeiten mit umfangreichen grafischen und geometrischen Datenbeständen ist rechenaufwendig. Deshalb fasst man in einer Grafikstation mehrere *Mikroprozessoren* für die Ausführung unterschiedlicher Funktionen zusammen. Die einzelnen Prozessoren (Abb. 1-3) sind über einen schnellen Daten- und Adressbus miteinander verbunden.

Die eigentliche Steuerung zur Verarbeitung der grafischen oder geometrischen Daten läuft über den *Zentralprozessor*, wobei ein eigener *Arithmetikprozessor* die arithmetischen Funktionen ergänzen kann.

Ein *Grafikprozessor* mit Bildschirm und Tastatur übernimmt Grundoperationen wie das Einfärben, das Drehen oder das Verschieben von grafischen Primitiven. Unabhängig vom Grafikprozessor unterstützt ein eigener *Dialogprozessor* die Benutzereingaben oder -interaktionen. Dies ist insbesondere dann der Fall, wenn zur Dialogführung spezielle Geräte wie Maus, Lichtgriffel oder Tablett verwendet werden.

Maus, Steuerknüppel und Rollkugel unterstützen das *analoge Arbeiten* mit grafischer Information, da sie z.B. ein elektrisches Potentiometer integrieren. Die Stellung dieses Potentiometers ist ein Mass für die x- und y-Position eines Fadenkreuzes oder eines Cursors. Neben der Positionierungsaufgabe können diese grafischen Eingabegeräte durch zusätzliche Knöpfe weitere Funktionen übernehmen, z.B. analoge Eingabe von Drehwinkeln oder Verschiebeabständen.

Ein Potentiometer als Eingabegerät wirkt indirekt, d.h. grafische Primitiven lassen sich nur über Positionsänderungen eines Fadenkreuzes oder eines Cursors ansprechen. Demgegenüber ermöglicht ein Lichtgriffel ein *direktes Identifizieren*, indem er ein grafisches Element auf dem Bildschirm durch eine optische Zelle aktiviert. Neben dem Identifizieren von grafischen Primitiven erlaubt ein Lichtgriffel auch Menüauswahl oder Positionierungsfunktionen.

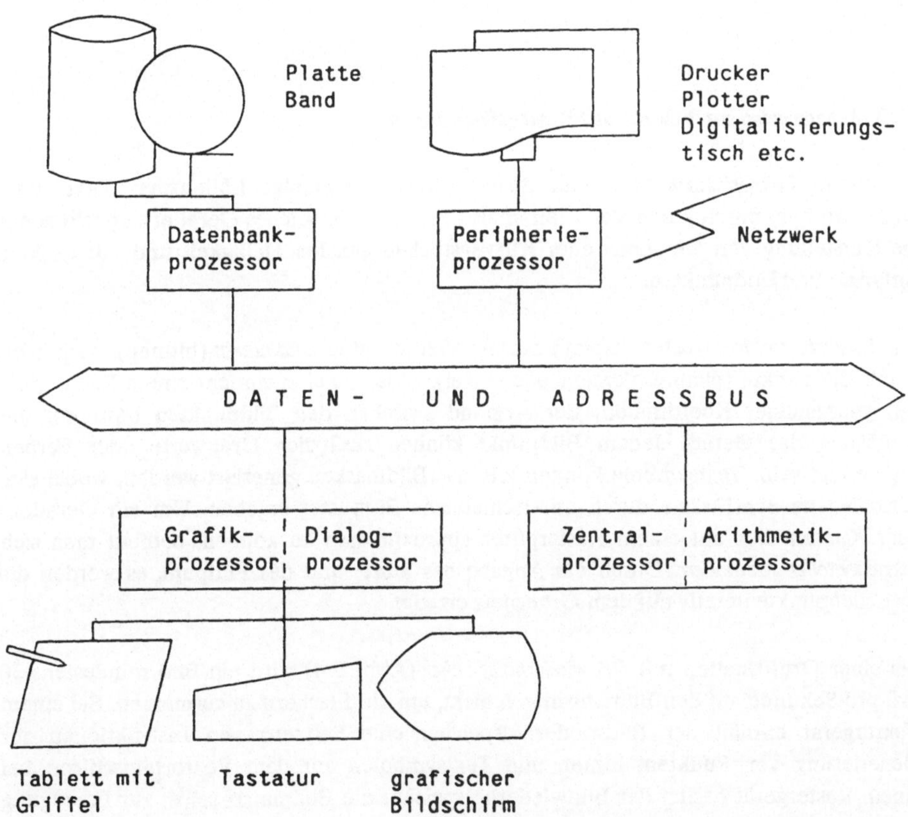

Abb. 1-3: Konfiguration einer grafischen Arbeitsstation.

Ein universelles grafisches Eingabegerät ist das Tablett mit Griffel. Oft ist das Tablett mit dem grafischen Bildschirm gekoppelt, um Eingaben als Echo direkt auf den Bildschirm zu übertragen. Das Tablett mit Griffel ist programmierbar und deshalb ein flexibles *Positionierungsgerät.* Es kann auch unterteilt und so verschiedenen Funktionsbereichen zugeordnet werden. Schliesslich lassen sich Befehlssymbole direkt auf das Tablett aufkleben und als Menü verwenden.

Meistens ist eine Grafikstation neben Geräten zur Unterstützung des Dialogs mit weiteren Peripheriegeräten ausgerüstet. Ein *Peripherieprozessor* dient z.B. für den direkten oder entfernten Anschluss eines Digitalisierungstisches oder Zeichenplotters. Schliesslich kann ein *Datenbankprozessor* Funktionen für die Datenhaltung, für Such- und Zugriffsvorgänge übernehmen.

1.2.3 Arbeitsweise von Vektor- und Rasterbildschirmen

Bei einem *Vektorbildschirm* (vector display) werden beliebige Linienzüge, Text- oder Grafiksymbole durch kurze Vektoren analog erzeugt. Ein solches Gerät ermöglicht somit die Darstellung von Geraden- oder Kurvenstücken gleicher Helligkeit und mit exakten Anfangs- und Endpunkten.

Ein *Rasterbildschirm* (raster display) bezieht sich auf eine *Bildmatrix* (bitmap), aufgebaut durch Bildpunkte (picture element oder pixel). Jedes Pixel entspricht einem Punktepaar (i,j) ganzzahliger Koordinaten; der Abstand zwischen den Bildpunkten bestimmt die Auflösung des Geräts. Jedem Bildpunkt können zusätzlich Grauwerte oder Farben zugeordnet sein. Textsymbole können z.B. aus Bildmasken generiert werden, wobei sich verschiedene Schriftsätze durch unterschiedliche Bitmuster ergeben. Um ein Geraden- oder Kurvenstück auf einem Rastergitter approximieren zu können, bedient man sich *inkrementeller Methoden*: Durch die Angabe des Start- und des Endpunktes werden die Zwischenpunkte iterativ auf dem Gitternetz erzeugt.

Bei einer Grafikstation mit *Bildwiederholspeicher* (Abb. 1-4) wird ein Bild mindestens 30 mal pro Sekunde auf den Bildschirm geschickt, um ein Flackern zu vermeiden. Bei einem Vektorgerät enthält der Bildwiederholspeicher eine Sequenz von Instruktionen zur Generierung von Punkten, Linien und Textsymbolen auf dem Vektorbildschirm; bei einem Rastergerät besitzt der Bildwiederholspeicher die Bildmatrix selbst zur Erzeugung von Rasterbildern auf dem zugehörigen Rasterbildschirm.

Der Grafikprozessor dient der Steuerung und Umsetzung von Instruktionssequenzen oder Bildmatrizen in grafische Aufzeichnungen. Neben diesen Hauptfunktionen enthält er auch spezifische grafische Funktionen, wie beispielsweise das Rotieren einzelner Primitiven oder das Evaluieren verdeckter Kanten.

Am Grafikprozessor sind neben Bildwiederholspeicher und Bildschirm weitere Geräte für die grafische Ein- und Ausgabe anschliessbar (z.B. Maus, Tablett oder Lichtgriffel). Teure Grafikkomponenten wie Abtastgeräte zum Digitalisieren von Zeichnungen, Bildern,

Kartenauszügen oder Zeichengeräte zum Erzeugen farbiger, meist hochauflösender Bilder hängen nicht an jeder einzelnen Grafikstation. Sie sind normalerweise in einem Pool zusammengefasst.

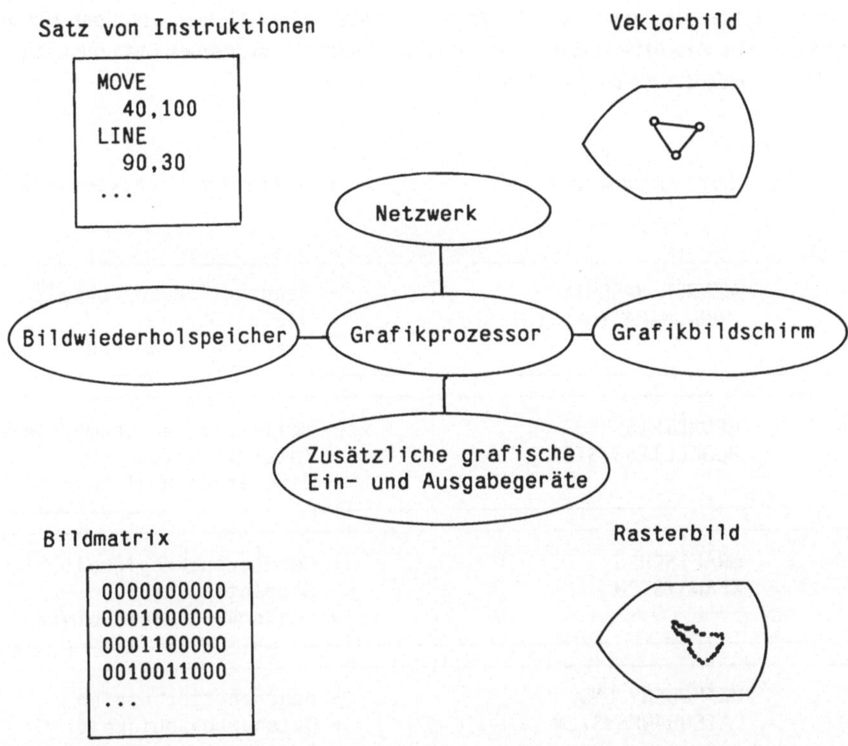

Abb. 1-4: Grafikstation mit Bildwiederholspeicher und eigenem Grafikprozessor.

Heute dient meistens eine Kathodenstrahlröhre als physisches Bildschirmgerät, wobei ein geführter Elektronenstrahl auf einer Phosphorschicht aufleuchtet. Im Vektormodus kann dieser beliebig positioniert und wahlweise zum Zeichnen von Strecken oder Kurvenstücken verwendet werden, im Rastermodus wird er von oben links nach unten rechts Zeile um Zeile über den Bildschirm geführt. Neuere Typen von Bildschirmgeräten basierend auf Plasma- oder Lasertechnik ermöglichen grössere Bildschirmflächen und höhere Bildschärfe. Weiterentwicklungen von Bildschirmen mit Flüssigkeitskristallen (liquid cristal display oder LCD) erlauben, Digitalanzeigen zu verbessern und für Grafik und Text auszunutzen.

1.3 Softwarekomponenten

1.3.1 Softwareaufbau grafischer Geräte

Abgesehen von Spezialgeräten z.B. für die Bildverarbeitung (Computertomographie, -kartographie u.a.) setzt man heute fast ausschliesslich Universalrechner für grafische Arbeiten ein. Aus diesem Grund ist man interessiert, die grafischen Systeme mit möglichst viel Standardsoftware auszurüsten.

Softwarekomponenten	qualitative Charakterisierung
MENSCH-MASCHINE-KOMMUNIKATIONSSYSTEM	- Benutzerfreundlichkeit - Dialogführung - grafische Ein- und Ausgabe
GEOMETRISCHES MODELLIERSYSTEM	- Vollständiges Geometriemodell - Interaktivität - Simulationsmöglichkeit
GRAFISCHES KERNSYSTEM	- Geräteunabhängigkeit - Segmentierung - Logischer Arbeitsplatz
METHODEN- UND DATENBANKSYSTEM	- Mehrbenutzerbetrieb - Datenunabhängigkeit - Programm- und Datenintegrität
BETRIEBSSYSTEM	- Dialogfähigkeit - Robustheit - Portabilität

Abb. 1-5: Softwareschichten einer Grafikstation.

Jede Grafikstation verfügt über Software, welche sich schichtenartig charakterisieren lässt (Abb. 1-5). Die tiefste Schicht verwaltet die Systemressourcen, enthält ein Dateiverwaltungssystem und steuert die Peripheriegeräte. Abgesehen von wenigen

Speziallösungen verwendet man für die Grafikstationen konventionelle Betriebssysteme. Diese müssen jedoch *dialogorientiert* sein, da die Verarbeitung von geometrischen Objekten und technischen Zeichnungen anders nicht denkbar ist. Je nach Ausstattung umfasst diese Schicht auch Komponenten zur Datenfernübertragung. Neben der Dialogfähigkeit bilden die Robustheit und die Portabilität wichtige Anforderungskriterien an die Betriebssoftware grafischer Systeme. Bei *robusten* Betriebssystemen verlangt man, dass die Grundfunktionen auch in unerwarteten Situationen und bei extremen Belastungen garantiert bleiben. Mit dem Begriff *Portabilität* bezeichnet man den Grad der Anpassungsfähigkeit des Betriebssystems an unterschiedliche Gerätetypen. Eine hohe Portabilität der untersten Softwareschicht garantiert Datenaustausch und fördert Arbeitsteilung.

Grafische Systeme erfordern den Zugriff auf umfangreiche Programmbibliotheken und Datenbestände. Um die zeitliche Unabhängigkeit verschiedener Anwendungsprogramme mit teils gleichen Datenbeständen zu gewährleisten, benutzt man sogenannte Methoden- und Datenbankverwaltungssysteme (vergl. z.B. [Lockemann/Mayr 1978]). Diese sind auf einen *Mehrbenutzerbetrieb* ausgerichtet und synchronisieren Benutzeranfragen und -manipulationen. Dabei kommt der *Datenunabhängigkeit* besondere Bedeutung zu: Man spricht von datenunabhängigen Anwenderprogrammen, wenn diese trotz Änderung von Zugriffspfaden und internen Speicherstrukturen ohne Anpassungen weiterhin funktionieren. Diese Trennung der Daten und ihrer Organisation von den Anwendungen erhöht die Flexibilität und erlaubt, neue Bedürfnisse der Benutzer später berücksichtigen zu können. Die Garantie eines Mehrbenutzerbetriebs unter Berücksichtigung grosser Datenunabhängigkeit ist nur sinnvoll, wenn die *Integrität* der Programme und Daten gewährleistet bleibt. Dazu müssen bei Systemausfällen die Programmbibliotheken und die Datenbestände durch geeignete Massnahmen geschützt werden.

Das *Grafische Kernsystem* (vergl. z.B. [Enderle et al. 1984]) basiert auf einem abstrakten Konzept in Form von Primitiven und Abbildungen, zum Zwecke grösstmöglicher *Geräteunabhängigkeit*: Primitiven dienen dem Erfassen und Darstellen grafischer Grundinformation und lassen sich zu hierarchisch gegliederten Einheiten oder *Segmenten* zusammenfassen. Grafische Primitiven sind je nach Anwendung verschieden, bei technischen Zeichnungen können es Geraden- oder Kurvenstücke sein, beim Modellieren dreidimensionaler Objekte sind die Grundelemente meistens Flächenstücke mit unterschiedlichen Grau- oder Farbwerten. Das Grafische Kernsystem erlaubt Elementaroperationen auf Segmenten wie Erzeugen, Löschen, Identifizieren, Skalieren, Rotieren, Verschieben, Einfärben etc. Neben Elementaroperationen werden Primitiven bzw. Segmente des anwendungsbezogenen Objektraumes auf den gewünschten Ausschnitt des Bildschirmraumes transformiert. Spezifische Parameter dieses Abbildungsprozesses lassen sich zusammenfassen und definieren einen abstrakten *logischen Arbeitsplatz*. Das

Anwendungsprogramm kann aufgrund einer Beschreibungstabelle des logischen Arbeitsplatzes dessen Funktionalität erfragen und die nötigen Aktionen vorsehen. Dadurch ist auch auf der Stufe der grafischen Software grosse Unabhängigkeit gewährleistet.

Man zählt das *Geometrische Modelliersystem* zur anwendungsbezogenen Software, da sich bisher kein geometrisches Modell für alle technischen Anwendungen als vollständig erwiesen hat. Die zwei wichtigsten geometrischen Modelle sind das sogenannte Flächen- und das Volumenmodell. Im *Flächenmodell* werden dreidimensionale Objekte durch ihre Oberfläche beschrieben. Falls die räumlichen Objekte nicht durch Ebenen begrenzt sind, approximiert man die Oberfläche durch endlich viele diskrete Bestimmungsstücke. Der Vorteil dieses Vorgehens liegt in der völlig freien Form der zu beschreibenden Fläche. Im *Volumenmodell* definiert man räumliche Objekte durch Zusammensetzen von Standardvolumen oder durch Kombinieren von Halbräumen. Der Benutzer kann kompliziertere Objekte baukastenförmig aus einfacheren zusammensetzen, indem er bereits konstruierte Objekte mengentheoretisch verknüpft. Bei beiden Modellansätzen ist ein *interaktives Arbeiten* unumgänglich, da die einzelnen Konstruktionsschritte für ein kompliziert zusammengesetztes Objekt kaum durch eine einzige Befehlssequenz ersetzt werden können. Mit *Computersimulationen* können physikalische Eigenschaften berechnet und unterschiedliche Konstruktionsvorschläge bewertet werden. Diese teils zeitraubenden Berechnungen sprengen natürlich das interaktive Arbeiten, ersetzen aber oft den Bau eines Prototyps zur Überprüfung der gewünschten Anforderungen.

Die oberste Schicht, mit Kontakt zum Benutzer, bildet das Mensch-Maschine-Kommunikationssystem. Unter dem Schlagwort *Benutzerfreundlichkeit* charakterisiert man jene Softwareeigenschaft, die eine leicht erlernbare und sichere Handhabung des grafischen Gesamtsystems ermöglicht. Neben einer *übersichtlichen Dialogführung* können Dialogfunktionen den Benutzer nur optimal unterstützen, falls sie aus dem Arbeitsablauf heraus konzipiert sind. Dazu gehören einfache, verständliche Erklärungen und Fehlerdiagnosen, sowie die Möglichkeit zur raschen Fehlerbehebung. Die Ein- und Ausgabefunktionen lassen sich z.B. durch grafische Symbole veranschaulichen. Zudem können grafische Daten direkt erfasst oder durch einfache Befehle erzeugt werden. Unter einer benutzerfreundlichen Eingabe versteht man beispielsweise ein grafisches Abtastgerät, das aus einer Handskizze automatisch eine erste Entwurfszeichnung auf dem Bildschirm generiert. Durch weitere Zeichnungsbefehle kann dieser Entwurf dann verfeinert und verbessert werden.

1.3.2 Geometrische Methoden- und Datenbanken

In den Sechzigerjahren sind numerische Programmbibliotheken für Simulations- und Optimierungsaufgaben entstanden. Der Benutzer ist seither nicht mehr gezwungen, für das Lösen von Gleichungssystemen eigene Software zu schreiben. Leider fehlen analoge Entwicklungen für geometrische Fragestellungen, obwohl geometrische Algorithmen in den meisten technisch-wissenschaftlichen Anwendungen intensiv gebraucht werden. Da beim interaktiven Arbeiten mit geometrischer Information die Effizienz im Mittelpunkt steht, sind längerfristig Programmsammlungen resp. *Methodenbanken* (Abb. 1-6) mit standardisierten Algorithmen zu erwarten.

```
SCHNITTPROBLEME
    Schnitt von Rechtecken und Polygonen
    Schnitt von Kurven und Flächen
    Durchdringung von Polyedern

ZERLEGUNGSFRAGEN
    Triangulation
    Zerlegung von Polyedern
    Maschengenerierung

MASS- UND VOLUMENEIGENSCHAFTEN
    Berechnen von Schwerpunkten
    Flächen- und Volumenbestimmung
    Bestimmen physikalischer Eigenschaften

INKLUSIONSFRAGEN
    Punkt-im-Polygon-Test
    Separabilität von Punktmengen
    Lokalisieren von Punkten im Raum

ZUSAMMENHANGSEIGENSCHAFTEN
    Prüfen auf einfachen Zusammenhang
    Bestimmen der Zusammenhangskomponente

KONVEXE HÜLLE
    Prüfen auf Konvexität
    Berechnen der konvexen Hülle

NACHBARSCHAFTEN
    Bestimmen nächster Nachbarn
    Berechnen von kürzesten Wegen
```

Abb. 1-6: Übersicht geometrischer und topologischer Fragestellungen.

Neben der organisierten Verwaltung von geometrischen Algorithmen müssen auch die umfangreichen geometrischen Datenbestände längerfristig nutzbar bleiben. Untersuchungen bei verschiedenen Anwendern haben offengelegt, dass der Datenintegration nach mehrjährigem Einsatz grafischer Systeme wachsende Bedeutung zukommt. Deshalb verlangt die organisierte Verwaltung und Wiederverwendung der Datenbestände nach *Datenbanktechnologie*. Datenbanksysteme erlauben, alle technischen und administrativen Daten gemeinsam zu verwalten und gleichzeitig verschiedenen Anwendern für Einzelaufgaben bereitzustellen. Diese Datenintegration ermöglicht unter anderem, die einmal erfasste Geometrie eines Konstruktionsteils beim Entwurf, während der Fertigung oder beim Erstellen von Stücklisten mehrmals in konsistenter Weise zu verwenden.

Als weiteres Beispiel einer möglichen Datenbankanwendung betrachten wir den Aufbau eines *Normteilkatalogs*. Beim Entwurf und bei der Konstruktion von Teilen kann nicht jeder beliebige Zahlenwert als technische Grösse zugelassen werden, da bei der Fertigung eine leichte Teilbeschaffung, die Austauschbarkeit von Teilen und die Beschränkung der Anzahl von Herstellungs- und Messwerkzeugen wichtig sind. Um willkürliche Zahlen bzw. Grössen beim Konstruieren einzuschränken, bedient man sich einer allgemein gültigen Normung. Die Normtabellen enthalten Vorzugszahlen für Wahl und Stufung von Längen, Flächen, Volumina oder Kräften. Diese Normzahlen haben vor allem beim sinnvollen Planen der Grössenabstufung von Bau- oder Maschinenteilen ihre Bedeutung und können in einer geometrischen Datenbank auf dem aktuellen Stand gehalten werden.

Traditionell werden heute Datenbanksysteme vorwiegend im administrativen Bereich eingesetzt, doch versuchen mehr und mehr auch Anwender aus dem Ingenieurwesen, die Vorteile von Datenbanksystemen zu nutzen. Leider eignen sich konventionelle Datenbanksysteme aus Effizienzgründen schlecht zur Verwaltung geometrischer Daten. Neuere Arbeiten widmen sich deshalb dem Einsatz von Datenbanken im Ingenieurwesen, z.B. in [Fischer 1983], [Eberlein 1984] und [Blaser/Pistor 1985]; wir behandeln einige dieser Entwicklungen im Abschnitt 6.2 ausführlicher.

1.3.3 Gestaltung der Mensch-Maschine-Schnittstelle

Die Arbeitsweise an einem grafisch-interaktiven Arbeitsplatz wird wesentlich durch die Schnittstelle zum Benutzer geprägt. Die Behandlung grafischer und geometrischer Information stellt besondere Anforderungen an die Befehlssprache. Eine dialogorientierte *Befehlssprache* umfasst mindestens die folgenden Komponenten:

- Befehlseingabe
- Dateneingabe
- Positions- und Identifikationsmöglichkeit.

Die Befehlseingabe verwendet mit Vorteil *grafische Symbole*, um den Dialog zu vereinfachen und Mehrdeutigkeiten zu vermeiden. Die Abb. 1-7 zeigt solche Befehlsbeispiele zur Kreisdefinition, die z.B. mit Hilfe eines Tabletts durch grafische Menütechnik definiert werden können.

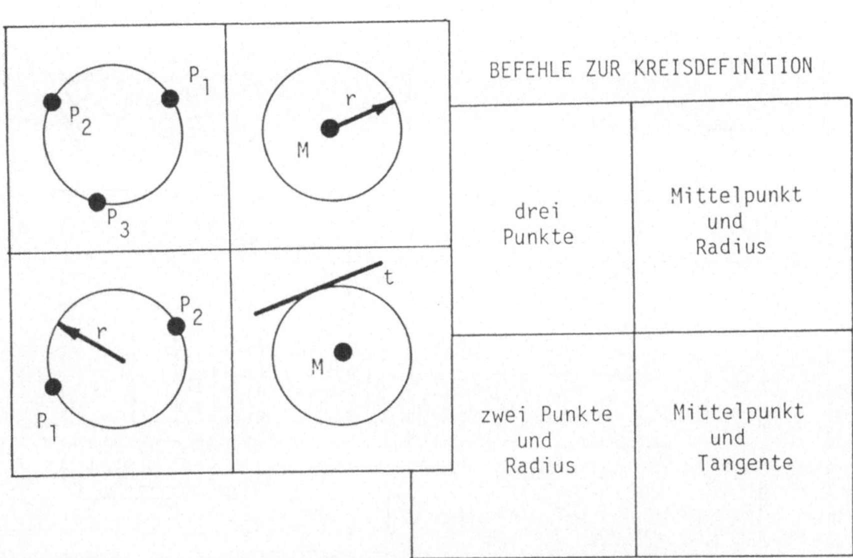

Abb. 1-7: Grafische Möglichkeit zur Befehlseingabe (Menütechnik).

Ziel der Dateneingabefunktionen im grafischen und geometrischen Anwendungsbereich ist die *Reduktion des Eingabeaufwandes*. Moderne Grafikstationen verfügen deshalb über vorgenerierte Sammlungen von wichtigen Bausteinen (z.B. Normteilkatalog), welche nicht nur den Eingabeaufwand in Grenzen halten, sondern auch Fertigungs- und Verwaltungsaspekte einbeziehen. So können dem Benutzer schon beim Entwurf Vorzugs- oder Normgrössen zur Auswahl gestellt werden.

Positionieren und Identifizieren sind beim interaktiven Arbeiten mit geometrischen Daten keine trivialen Operationen. Obwohl sich gewisse Primitiven oder Segmente durch einen Lichtgriffel oder Cursor ansprechen lassen, entstehen Schwierigkeiten beim Identifizieren dreidimensionaler Objekte oder Teilobjekte. Modifiziert man beispielsweise eine Konstruktion, so muss zum Identifizieren das Objekt zuvor günstig positioniert oder geeignet projiziert werden.

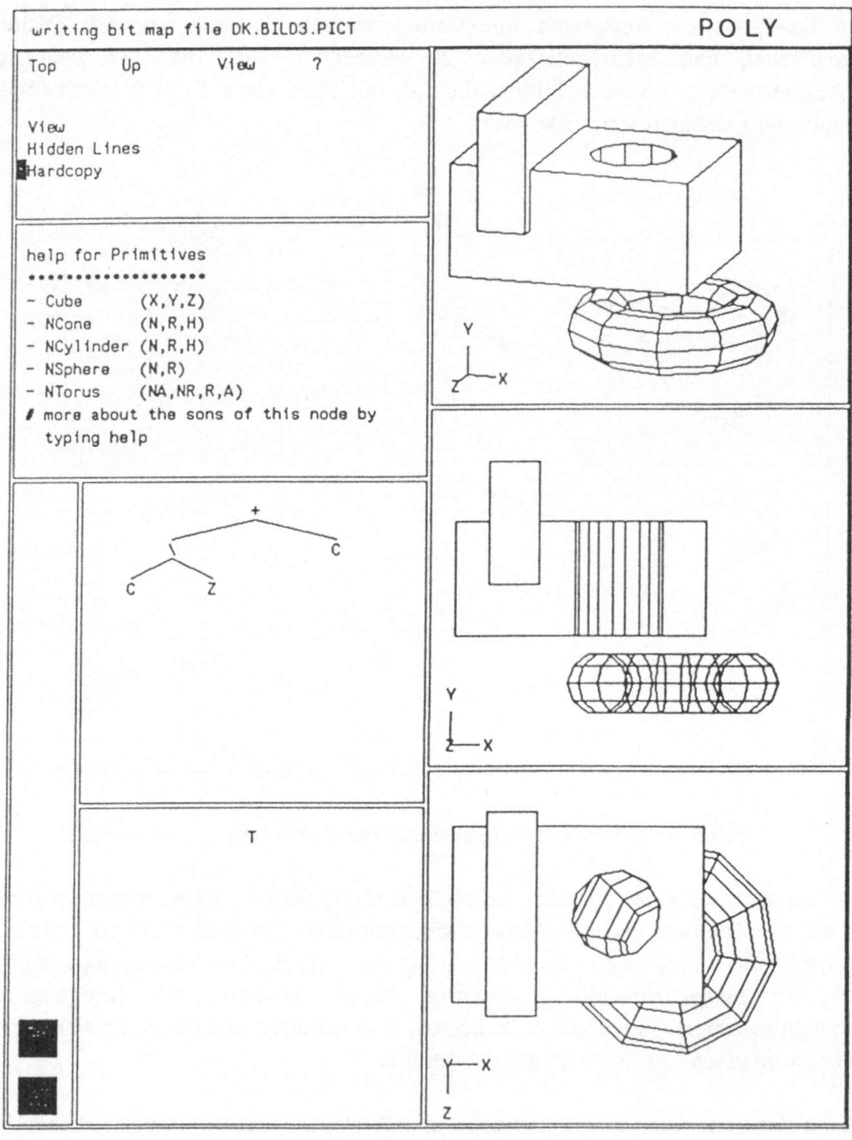

Abb. 1-8: Benutzerschnittstelle des Unterrichtssystems POLY.

In der Abb. 1-8 zeigen wir die Benutzerschnittstelle des geometrischen Modellierers POLY ([Kohler et al. 1985] und [Meier/Loacker 1986]), welcher die Darstellung und Manipulation von ebenbegrenzten Objekten ermöglicht. Primitivkörper lassen sich durch die Mengenoperationen Vereinigung, Durchschnitt und Differenz beliebig kombinieren und durch Translation, Rotation und Skalierung transformieren. Auf dem Bildschirm wird nicht nur das geometrische Objekt in Parallelprojektion, Seitenriss und Aufriss dargestellt, sondern auch der zugehörige Konstruktionsbaum als Boolescher Ausdruck über Primitiven. Dadurch sind Manipulationen entweder am Objekt selbst oder via Konstruktionsbaum auf eindeutige Art möglich. Zur besseren Visualisierung können für jeden Konstruktionsschritt die verdeckten Kanten des dreidimensionalen Objekts evaluiert werden. Der Modellierer POLY ist als Unterrichtssystem entwickelt worden, um grafische und geometrische Algorithmen sowie deren Auswirkung auf die Benutzerschnittstelle untersuchen zu können.

Bei der Gestaltung der Benutzerschnittstelle ist neben einer dialogorientierten Befehlssprache die assoziative Wirkung bildlicher Darstellungen bedeutend. Diese hängt stark von einem *Beleuchtungsmodell* unter Berücksichtigung von Farbeffekten ab. Um konkrete oder surrealistische Szenen und Bildfolgen rechnergestützt herstellen zu können, bestimmt man z.B. Farbton, Helligkeit, Reflexion, Glanz und Schatten der Objekte, wobei sich auch die Oberflächenbeschaffenheit (Textur) durch spezielle mathematische Verfahren nachbilden lässt [Magnenat-Thalmann/Thalmann 1985].

1.4 Abgrenzungen verwandter Fachgebiete

Die grafische und geometrische Datenverarbeitung umfasst viele Disziplinen der angewandten Informatik. Es ist schwierig und manchmal unmöglich, die einzelnen Methoden für Wahrnehmung, Beschreibung, Darstellung oder Manipulation grafisch-geometrischer Information gegeneinander klar abzugrenzen. Trotzdem sei in der Abb. 1-9 der Versuch gewagt, die Zusammenhänge zwischen den einzelnen Fachgebieten der grafischen und geometrischen Datenverarbeitung vereinfacht aufzuzeigen.

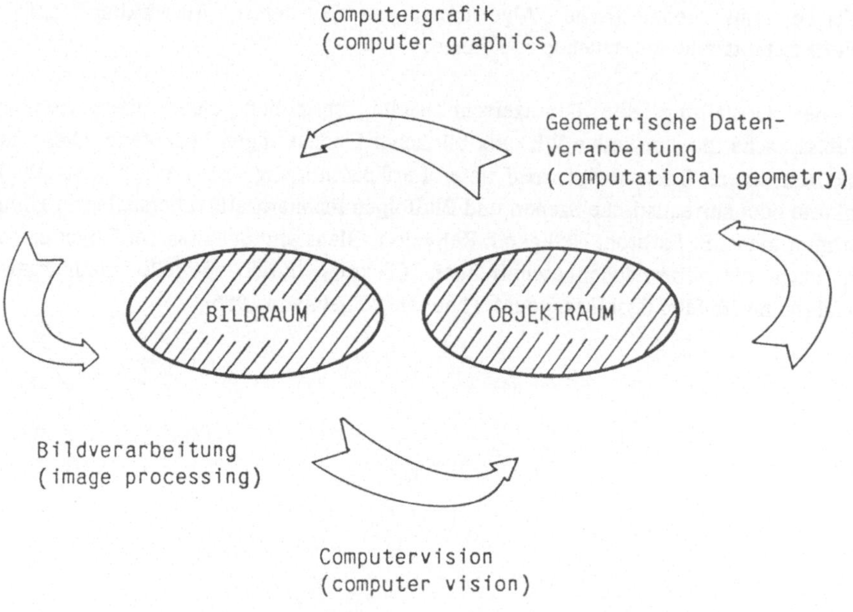

Abb. 1-9: Querverbindungen verwandter Fachgebiete.

Allgemein bezeichnet man mit dem *Objektraum* den physikalischen Raum oder einen dazu äquivalenten symbolischen Darstellungsraum. Als konkretes Beispiel können wir uns ein Polyeder vorstellen, welches sich durch Begrenzungsflächen, Kanten und Eckpunkte definieren lässt. Neben dem Objektraum spielt der sogenannte *Bildraum* eine wichtige Rolle, um die räumlichen Objekte durch grafische Darstellungen zu veranschaulichen. Als Bildraum denkt man sich am einfachsten eine grosse, möglicherweise mehrdimensionale Matrix (multivariates Bild).

Die *geometrische Datenverarbeitung* befasst sich im engeren Sinne mit Darstellung, Speicherung und Verarbeitung geometrischer Information; sie beschränkt sich also auf den Objektraum. Im Vordergrund stehen mathematische und numerische Verfahren zur Beschreibung der Gestalt von zwei- oder dreidimensionalen Objekten sowie Algorithmen zur Berechnung der geometrischen und topologischen Eigenschaften. Ein Standardwerk mit Methoden für rechnererzeugte Kurven und Flächen ist [Faux/Pratt 1981]. Das Buch [Preparata/Shamos 1985] gibt einen ausgezeichneten Überblick über die wichtigsten geometrischen Algorithmen.

Wesentlich ist bei der *Computergrafik* die Umwandlung von Daten des Objektraumes in grafische Daten des Bildraumes, wozu Methoden wie Balkendiagramme, Ablaufpläne, Karten, Zeichnungen oder Schaltpläne zählen. Heutige Standardwerke auf dem Gebiet der Computergrafik sind [Newman/Sproull 1979] und [Foley/VanDam 1982].

Die *Bildverarbeitung* (vergl. z.B. [Pratt 1978] oder [Rosenfeld/Kak 1982]) wendet Methoden auf unstrukturierte Bilder an, um eine Menge von Pixeln mit jeweiligen Grau- oder Farbstufen auszuwerten. Zu diesem Fachgebiet gehören Algorithmen zur Bildverbesserung (z.B. Elimination von Hintergrundstörungen) und zur Bildauswertung (z.B. Bestimmen der Kontur).

Schliesslich führt die Bildanalyse und Wahrnehmung [Minsky/Papert 1969] in den Bereich der *Computervision*. Hier studiert man Objekteigenschaften und -beziehungen in unstrukturierten Bildern. Dazu müssen Grenzen oder Regionen extrahiert werden, um Suchalgorithmen auf den erzeugten Bildgraphen anwenden und Rückschlüsse auf die Gestalt der realen Objekte gewinnen zu können. Überblicksarbeiten und einführende Literatur aus dem Gebiet der Computervision stammen von [Brady 1981] und [Ballard/Brown 1982].

Das vorliegende Textbuch konzentriert sich auf Datenstrukturen und Algorithmen, wie sie für die grafische und geometrische Datenverarbeitung benötigt werden. In einzelnen Hinweisen zur digitalen Bildverarbeitung oder zur Computervision illustrieren wir zudem die Berührungspunkte der verschiedenen Fachgebiete.

2 Grundlagen der Computergrafik

Eine grafische oder bildliche Darstellung ersetzt oft umfangreiche Erklärungen und lässt einen Sachverhalt rascher beurteilen und bewerten. Dies gilt nicht nur beim manuellen Arbeiten sondern auch bei der automatisierten Informationsverarbeitung. Stellen wir uns einen Städte- oder Raumplaner als Anwender eines rechnergestützten Informationssystems vor. Er kann sich seine Planzahlen durch Grafiken und Statistiken übersichtlich darstellen lassen. Bei grosser Informationsdichte helfen ihm Situationspläne und thematische Karten. Steht ihm ein dreidimensionales Städte- oder Geländemodell zur Verfügung, so erzeugt er perspektivische Ansichten oder Ausschnitte. Dieses kleine Beispiel illustriert die Bedeutung der grafischen Methoden, auf die wir im folgenden näher eingehen. Wichtige Standardbücher zur Grafik sind [Encarnação/Strasser 1985], [Foley/VanDam 1982], [Giloi 1978] und [Newman/Sproull 1979]; zwei interessante Grafikbücher mit Programmierbeispielen stammen von [Harrington 1983] und [Rogers 1985].

Das Kapitel gibt eine Einführung in die Computergrafik und behandelt die wichtigsten Komponenten eines grafischen Kernsystems. Im Abschnitt 2.1 definieren wir homogene Koordinaten, um Transformationen von grafischen Primitiven in einheitlicher Form darstellen zu können. Ein zentrales Kriterium beim Programmieren grafischer Geräte bildet die Geräteunabhängigkeit, auf welche wir im Abschnitt 2.2 eingehen. Die Rastergrafik hat nicht nur die grafischen Darstellungsformen erweitert, sondern auch programmiertechnisch zu eigenen Entwicklungen geführt. Dazu behandeln wir im Abschnitt 2.3 einige algorithmische Aspekte. Im Abschnitt 2.4 beschreiben wir grafische Primitiven und Algorithmen zur Bestimmmung der sichtbaren Teile bezüglich eines Fensters. Aus der Vielzahl von Algorithmen zur Bestimmung verdeckter Kanten und Flächen erklären wir im Abschnitt 2.5 je einen Vertreter dreier bekannter Klassen. Im Abschnitt 2.6 gehen wir auf den Standard GKS (Graphisches Kernsystem) ein.

2.1 Transformationen in homogenen Koordinaten

2.1.1 Definition homogener Koordinaten

In der Computergrafik interessiert man sich für Abbildungen zwischen dem dreidimensionalen Objektraum und dem meist zweidimensionalen Bildraum, um Objekte auf grafischen Geräten darstellen zu können. Sind allgemein in der Ebene oder im Raum die Koordinaten eines Punktes bezüglich zweier Koordinatensysteme gegeben, so bezeichnet man den Übergang von den Koordinaten der Punkte im ersten System zu den Koordinaten im zweiten als *Koordinatentransformation*. Wichtig sind die Koordinatentransformationen, die ohne Streckung von einem rechtwinkligen System in ein zweites rechtwinkliges System überführen. Die Parallelverschiebung (Translation) und die Drehung (Rotation) sind kongruenzerhaltende Koordinatentransformationen, die Streckung oder Skalierung verletzt bei unterschiedlichen Skalierfaktoren die geometrische Ähnlichkeit. Neben diesen sogenannten geometrischen Transformationen spielen Projektionen wie Parallel- und Zentralprojektion bei der Darstellung dreidimensionaler Objekte eine wesentliche Rolle.

Um die wichtigsten Abbildungen des Objektraumes auf den Bildraum einheitlich darstellen zu können, bedient man sich homogener Koordinaten. Die gewöhnlichen oder inhomogenen Punktkoordinaten x, y und z lassen sich allgemein als Proportionen x=X/W, y=Y/W und z=Z/W schreiben. Die Koordinaten [X Y Z W] heissen *homogene Koordinaten* des Punktes P. Der Übergang von den homogenen Koordinaten X, Y, Z und W eines Punktes P zu seinen inhomogenen Koordinaten x, y und z ist trivial und geschieht durch Division mit einer beliebigen, von Null verschiedenen Konstanten W. Die Multiplikation der homogenen Koordinaten X, Y, Z und W mit einem Proportionalitätsfaktor λ, d.h. λ*X, λ*Y, λ*Z und λ*W ergibt denselben Punkt. Setzen wir W zu 1, so wird die Klein- und Grossschreibung für inhomogene bzw. homogene Punktkoordinaten hinfällig. Mit (x,y,z) bezeichnen wir deshalb im folgenden die gewöhnlichen oder inhomogenen Punktkoordinaten, mit [x y z 1] die zugehörigen homogenen.

Man ist in der Computergrafik bestrebt, wichtige und oft gebrauchte Funktionen einfach und einheitlich darstellen zu können. Drücken wir die erwähnten geometrischen Transformationen sowie die Projektionen in homogenen Koordinaten aus, so ergeben sich einheitliche 4×4 Matrizen (siehe Abschnitte 2.1.2 bis 2.1.3). Darüber hinaus können wir zusammengesetzte Transformationen auf Matrizenmultiplikation zurückführen.

Die Vereinheitlichung wichtiger Bildoperationen ist für eine mikroprogrammierte oder in Hardware realisierbare Lösung unumgänglich. Erst dieser Schritt erlaubt nämlich, die Bildmanipulationen lokal in einem intelligenten grafischen Gerät oder in einer Grafikstation effizient ausführen zu lassen. Tatsächlich hat die Rückführung grafischer Operationen auf spezifische Hardwarekomponenten oder Prozessoren der interaktiven Computergrafik zum Erfolg verholfen.

2.1.2 Translation, Rotation und Skalierung

Bei den geometrischen Transformationen verwendet man meistens ein rechtwinkliges Koordinatensystem und bildet dies auf sich selbst ab. Wir behandeln die Translation von Punkten um einen Verschiebungsvektor, die Rotation von Punkten um die drei Raumachsen und die Skalierung von Punktkoordinaten.

Translation:
Betrachten wir zuerst die Verschiebung von Punkten (x,y,z) um einen Translationsvektor (T_x,T_y,T_z), so erhalten wir die neuen Punktkoordinaten wie folgt:

$$(*) \qquad \begin{aligned} x' &= x + T_x \\ y' &= y + T_y \\ z' &= z + T_z \end{aligned}$$

In homogenen Koordinaten ergibt sich für jeden Bildpunkt die Beziehung

$$[x' \; y' \; z' \; 1] = [x \; y \; z \; 1] * T,$$

wobei T die Transformationsmatrix für die Translation bezeichnet:

$$T = \begin{pmatrix} 1 & 0 & 0 & 0 \\ 0 & 1 & 0 & 0 \\ 0 & 0 & 1 & 0 \\ T_x & T_y & T_z & 1 \end{pmatrix}$$

Dank der Einführung von homogenen Koordinaten kann die Addition von Vektorkomponenten aus dem Gleichungssystem (*) multiplikativ in Matrixschreibweise ausgedrückt werden. Die zu T inverse Transformation erhält man durch einfachen Vorzeichenwechsel bei den Matrixelementen T_x, T_y und T_z.

Rotation:
Eine Rotation um den Koordinatenursprung setzt sich aus Drehungen um die drei Koordinatenachsen zusammen. Wir betrachten in der Abb. 2-1 als Beispiel die Drehung eines Punktes P um die z-Achse mit dem Winkel α.

Die z-Koordinate des Punktes P bleibt erhalten und die übrigen Koordinaten transformieren aufgrund von $x = l * \cos\tau$ und $y = l * \sin\tau$ wie folgt:

$$(**)\quad \begin{aligned} x' &= 1 * \cos(\tau + \alpha) = 1 * (\cos\tau * \cos\alpha - \sin\tau * \sin\alpha) = x * \cos\alpha - y * \sin\alpha \\ y' &= 1 * \sin(\tau + \alpha) = 1 * (\cos\tau * \sin\alpha + \sin\tau * \cos\alpha) = x * \sin\alpha + y * \cos\alpha \\ z' &= z \end{aligned}$$

In der obigen Umformung verwenden wir goniometrische Gleichungen für Winkelfunktionen mit zusammengesetzten Winkeln. Analog zum Gleichungssystem (**) lassen sich auch die entsprechenden Transformationen für die Rotation um die y-Achse bzw. um die x-Achse angeben.

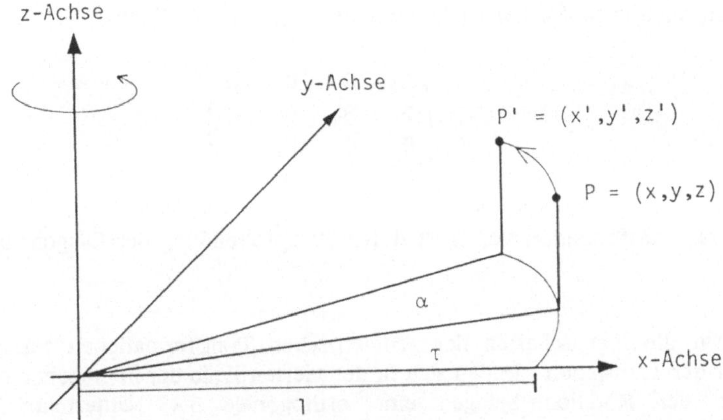

Abb. 2-1: Rotation von P=(x,y,z) um die z-Achse mit Winkel α.

Die Transformationen R_z, R_y und R_x für die Rotation um die z-, y- und x-Achse mit Winkeln α, β und γ lauten in homogener Koordinatenschreibweise:

$$R_z = \begin{pmatrix} \cos\alpha & \sin\alpha & 0 & 0 \\ -\sin\alpha & \cos\alpha & 0 & 0 \\ 0 & 0 & 1 & 0 \\ 0 & 0 & 0 & 1 \end{pmatrix} R_y = \begin{pmatrix} \cos\beta & 0 & -\sin\beta & 0 \\ 0 & 1 & 0 & 0 \\ \sin\beta & 0 & \cos\beta & 0 \\ 0 & 0 & 0 & 1 \end{pmatrix} R_x = \begin{pmatrix} 1 & 0 & 0 & 0 \\ 0 & \cos\gamma & \sin\gamma & 0 \\ 0 & -\sin\gamma & \cos\gamma & 0 \\ 0 & 0 & 0 & 1 \end{pmatrix}$$

Das Hintereinanderausführen von Drehungen ist nicht kommutativ, und der Reihenfolge von Drehungen kommt deshalb eine Bedeutung zu.

Allgemein ist die zu einer orthogonalen Transformation gesuchte Inverse gleich der Transponierten. In unserem Fall ist dies gleichbedeutend mit dem Austauschen der Winkel durch ihre entsprechenden negativen Winkel.

Skalierung:
Schliesslich behandeln wir das Skalieren von Punktkoordinaten durch die Skalierfaktoren S_x, S_y resp. S_z:

$$x' = S_x * x$$
$$y' = S_y * y$$
$$z' = S_z * z$$

Falls die Skalierfaktoren S_x, S_y und S_z nicht identisch sind, verzerrt sich ein Objekt; Urbild und Bild sind nicht mehr ähnlich.

Die Transformation zur Skalierung lautet in homogenen Koordinaten:

$$S = \begin{pmatrix} S_x & 0 & 0 & 0 \\ 0 & S_y & 0 & 0 \\ 0 & 0 & S_z & 0 \\ 0 & 0 & 0 & 1 \end{pmatrix}$$

Die inverse Transformation von S ist durch Reziprokbildung der Diagonalelemente zu erhalten.

Fassen wir die Eigenschaften der geometrischen Transformationen zusammen: Die Parameter der Translation finden sich in der vierten Zeile der homogenen 4×4 Matrix, diejenigen der Rotation belegen eine orthogonale 3×3 Untermatrix, und die Skalierfaktoren stehen in der Diagonalen. Eine zusammengesetzte Transformation lässt sich z.B. durch die Matrizenmultiplikation

$$S * R_z * R_y * R_x * T$$

ausdrücken, wobei die Reihenfolge der einzelnen Transformationen nicht beliebig sein kann.

2.1.3 Koordinatentransformation Window/Viewport

Die Abbildung zwischen dem Objektraum und dem Bildraum eines grafischen Gerätes kann nun festgelegt werden. Das Koordinatensystem des Objektraumes ist je nach Anwendung verschieden; man bezeichnet die Koordinaten des Objektraumes als *Weltkoordinaten* und verwendet Massstabeinheiten wie beispielsweise Meter, Kilometer, Lichtjahre u.a. Die Koordinaten des Bildraumes für Bildschirme oder andere grafische Geräte richten sich nach der Abbildungsart und nach der Auflösung der Geräte. Meistens werden jedoch sogenannte normierte Geräte- oder *Bildkoordinaten* eingeführt, wobei man dem Bildraum das Einheitsquadrat [0,1]×[0,1] zuordnet.

Interessieren wir uns im Objektraum lediglich für einen Ausschnitt oder ein Fenster, so spricht man vom *Window*. Dieses ist zwei- oder dreidimensional, je nach Anwendung. Sowohl der Bildschirm wie die meisten grafischen Ausgabegeräte weisen einen zweidimensionalen Bildraum auf. Ein Fenster im Bildraum wird als *Viewport* bezeichnet, um den Unterschied von Fenstern in den beiden Koordinatensystemen herauszustreichen.

Jedes grafische Gerät verlangt eine Koordinatentransformation zwischen dem Objektraum und dem Bildraum, die sogenannte Window/Viewport-Transformation. Betrachten wir das Beispiel in Abb. 2-2, wobei wir der Einfachheit halber den Objektraum als zweidimensionalen Raum voraussetzen.

W_o, V_o: obere Window- bzw. Viewportgrenze

W_u, V_u: untere Window- bzw. Viewportgrenze

W_l, V_l: linke Window- bzw. Viewportgrenze

W_r, V_r: rechte Window- bzw. Viewportgrenze

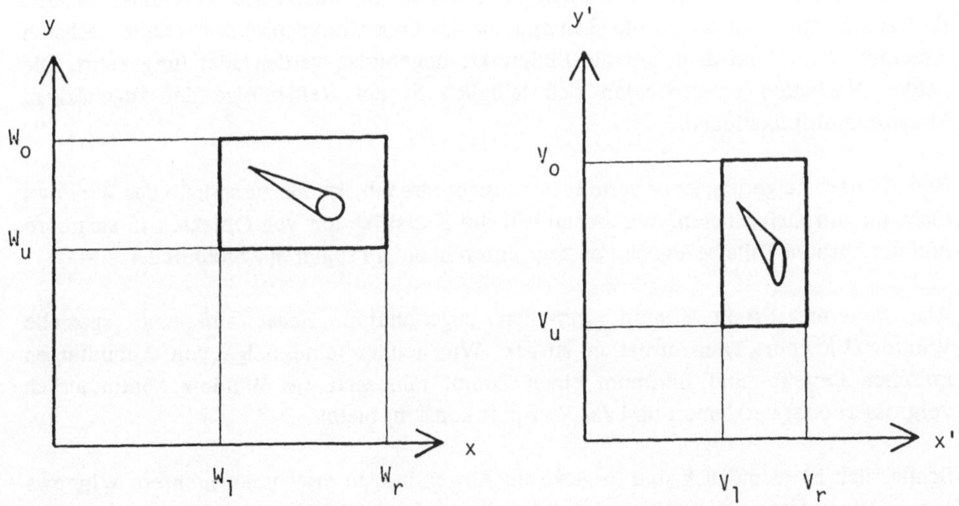

Abb. 2-2: Abbildung von Weltkoordinaten auf Bildkoordinaten.

Die Transformation Window/Viewport erhalten wir wie folgt: Zuerst verschieben wir das Window in den Nullpunkt des Objektraumes, bevor wir es ähnlich in den Bildraum abbilden. Die Ähnlichkeit zwischen Fenstern des Objekt- und des Bildraumes je bezogen auf den Koordinatenursprung ist trivial, da sowohl das Window wie das Viewport rechteckig definiert sind. Schliesslich verschieben wir das Viewport im Bildraum vom Nullpunkt an die vom Benutzer gewünschte Stelle. Die Formeln für die Bildkoordinaten lauten:

$$x' = ((V_r - V_l) / (W_r - W_l)) * (x - W_l) + V_l$$
$$y' = ((V_o - V_u) / (W_o - W_u)) * (y - W_u) + V_u$$

In homogener Schreibweise ergibt sich für die zweidimensionale Window/Viewport-Transformation eine Multiplikation von drei Matrizen. Diese beschreiben die Translation des Windows im Objektraum, die Ähnlichkeit oder Skalierung zwischen Objekt- und Bildraum und schliesslich die Translation des Viewports im Bildraum:

$$\begin{pmatrix} 1 & 0 & 0 \\ 0 & 1 & 0 \\ -W_l & -W_u & 1 \end{pmatrix} * \begin{pmatrix} (V_r-V_l)/(W_r-W_l) & 0 & 0 \\ 0 & (V_o-V_u)/(W_o-W_u) & 0 \\ 0 & 0 & 1 \end{pmatrix} * \begin{pmatrix} 1 & 0 & 0 \\ 0 & 1 & 0 \\ V_l & V_u & 1 \end{pmatrix}$$

Translation Skalierung Translation

Ist der Objektraum dreidimensional, so können im Fall eines zweidimensionalen Bildraumes entweder zuerst die Raumpunkte im Objektraum projiziert (siehe nächsten Abschnitt 2.1.4) und dann auf die Bildpunkte abgebildet werden oder umgekehrt. Die beiden Varianten unterscheiden sich lediglich in der Reihenfolge der zugehörigen Matrizenmultiplikationen.

Zur Effizienzsteigerung ist es vernünftig, unsichtbare Objektteile ausserhalb des Windows nicht mitzutransformieren. Wir behandeln die Klassifikation von Objekten in sichtbare und unsichtbare Teile bezüglich Fenstergrenzen in einem späteren Abschnitt 2.4.

Als weiteren Effekt führen wir den sogenannten *Zoom* auf eine spezielle Window/Viewport-Transformation zurück. Wir nennen eine Folge von Abbildungen zwischen Objekt- und Bildraum einen Zoom, falls sich das Window kontinuierlich vergrössert oder verkleinert und das Viewport konstant bleibt.

Schliesslich ist es möglich und in gewissen Anwendungen erwünscht, mehrere Windows resp. Viewports gleichzeitig zu verwalten. Beispielsweise können neben der Zentralprojektion eines räumlichen Objektes auch Grund- und Aufriss interessieren. Solche Sichten lassen sich dann in mehreren Fenstern darstellen.

2.1.4 Zentral- und Parallelprojektion

Unter dem Begriff der Projektion versteht man Abbildungen, welche Raumpunkten mittels Projektionsstrahlen zugehörige Schnittpunkte in einer Projektionsebene zuordnen. Bei der Projektion von räumlichen Objekten auf ebene Figuren unterscheidet man häufig zwei Verfahren, nämlich die Zentral- und die Parallelprojektion.

Bei der *Zentralprojektion* gehen alle Projektionsstrahlen durch einen eigentlichen festen Punkt, das Projektionszentrum (Abb. 2-3). Oft werden räumliche Darstellungen in der Zentralprojektion gewählt, um eine optische Tiefenwirkung zu erzeugen (Perspektive).

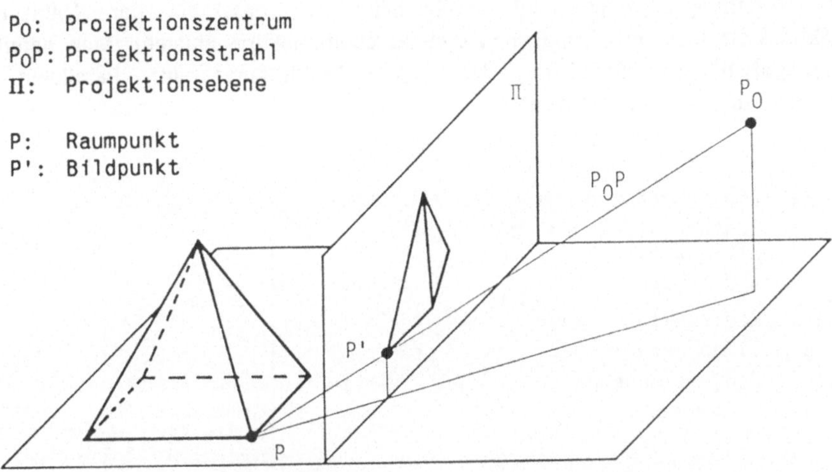

Abb. 2-3: Zentralprojektion einer räumlichen Figur.

Die Projektionsstrahlen der *Parallelprojektion* sind parallel; sie können gegen die Projektionsebene schief oder senkrecht stehen. Grund- und Aufrissverfahren sind Beispiele für Parallelprojektionen, wobei zwei aufeinander senkrecht stehende Projektionsebenen gewählt und die Raumpunkte senkrecht darauf projiziert werden.

Im folgenden behandeln wir Zentral- und Parallelprojektion im Detail. Dazu wählen wir der Einfachheit halber das Projektionszentrum auf der z-Achse und die Projektionsebene parallel zur x/y-Ebene. Diese Annahmen sind nicht einschränkend, da man jede räumliche Figur durch die in Abschnitt 2.1.2 behandelten Transformationen in die gewünschte Lage bringen kann.

Betrachten wir die Ähnlichkeiten in Abb. 2-4, so ergeben sich die folgenden Beziehungen für die Bildpunkte x' und y' in der Projektionsebene:

$$x' = (z_0 - z_1) / (z_0 - z) * x$$
$$y' = (z_0 - z_1) / (z_0 - z) * y$$

Ohne Einschränkung der Allgemeinheit setzen wir den Abstand z_1 der Projektionsebene zur x/y-Ebene identisch Null. Daraus ergeben sich die Formeln:

$$x' = x / (1 - z / z_0)$$
$$y' = y / (1 - z / z_0)$$

Diese Beziehungen zeigen auf anschauliche Art, dass bei der Wahl eines Projektionszentrums im Unendlichen eine Parallelprojektion entsteht. Man nennt sie orthographisch, da Parallelen des (x,y,z)-Urbildraumes auf Parallelen des (x',y')-Bildraumes abgebildet werden.

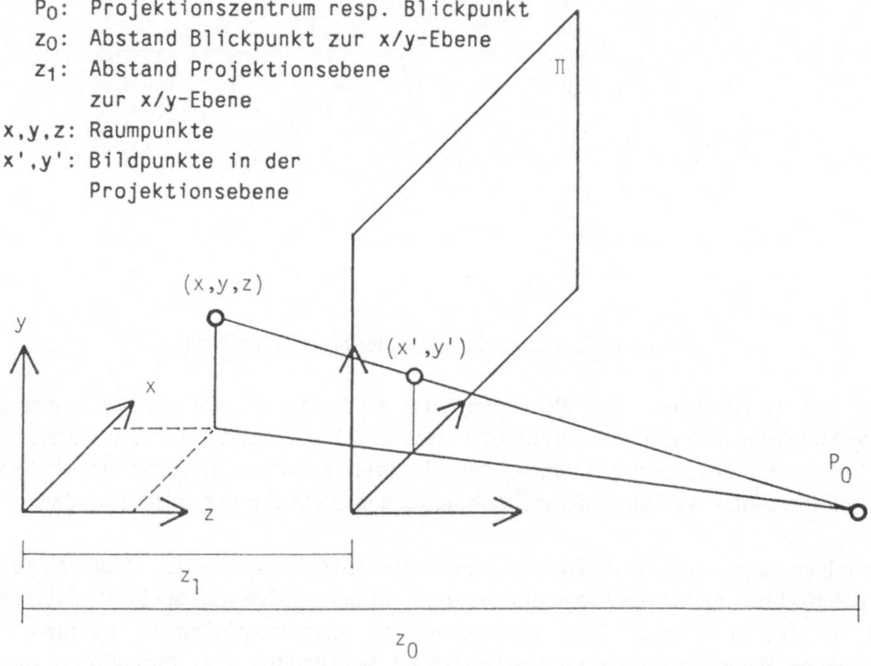

Abb. 2-4: Ähnlichkeitsbetrachtung bei Projektionszentrum auf z-Achse und mit Projektionsebene parallel zur x/y-Ebene.

Wählen wir eine Darstellung in homogenen Koordinaten, so ergibt sich für die Zentral- und Parallelprojektion Z mit der gemachten Annahme über die Lage des Projektionszentrums und der Projektionsebene die folgende Transformationsmatrix:

$$Z = \begin{pmatrix} 1 & 0 & 0 & 0 \\ 0 & 1 & 0 & 0 \\ 0 & 0 & 0 & -1/z_0 \\ 0 & 0 & 0 & 1 \end{pmatrix}$$

Eine einfache Überprüfung der Multiplikation $[x'\ y'\ z'\ 1] = [x\ y\ z\ 1] * Z = [x\ y\ 0\ (1 - z/z_0)]$ bestätigt das gewünschte Resultat.

2.2 Grafische Primitiven und Operationen

Um die Programmierung grafischer Systeme geräteunabhängig zu halten, führt man im grafischen Kernsystem Primitiven und Elementaroperationen ein. Grafische Primitiven sind z.B. Punkte, Strecken, Kurven, Flächenstücke oder Textelemente. Neben diesen Grundprimitiven existieren einfache Operationen zur grafischen Ausgabe. Möchte man z.B. eine Strecke von der aktuellen Position (X_1,Y_1) nach (X_2,Y_2) zeichnen, so benötigt man einen *Zeichnungsbefehl* $LINE_{absolut}(X_2,Y_2)$. Neben diesem existiert der Befehl $LINE_{relativ}(DX,DY)$, welcher vom aktuellen Punkt (X_1,Y_1) zum Punkt (X_1+DX,Y_1+DY) zeichnet und dabei die aktuellen Koordinaten nachführt. Analog definiert man auch die Befehle $MOVE_{absolut}(X_2,Y_2)$ und $MOVE_{relativ}(DX,DY)$ zum Zeichnen von "unsichtbaren" Strecken, d.h. zum *Positionieren*. Als Ausgabeoperationen sind neben den Zeichnungsbefehlen auch Befehle zur Abbildung der Objekte in den Bildraum sowie verschiedene Projektionsarten möglich.

Zur grafischen Eingabe existieren die folgenden Operationen: Der *Lokalisierer* (locator) ermöglicht die Eingabe von Positionsdaten in Weltkoordinaten; er wird mit einer Maus, einem Tablett mit Griffel oder einem Digitalisierer realisiert. Ein *Identifizierer* (pick) erkennt eine grafische Primitive bzw. ein Segment und liefert den Segmentnamen zurück. Zu dieser Identifikation sind verschiedene Eingabegeräte wie Lichtgriffel, Tablett oder Maus denkbar. Zur Eingabe eines realen Wertes, z.B. eines Skalierfaktors oder eines Rotationswinkels, ist ein *Wertgeber* (valuator) gebräuchlich. Der *Textgeber* (text) dient zur Eingabe einer Zeichenfolge und wird normalerweise über die Tastatur realisiert.

DF-OP	DF-X	DF-Y
MOVE-ABS	0.2	0.6
LINE-ABS	0.5	0.3

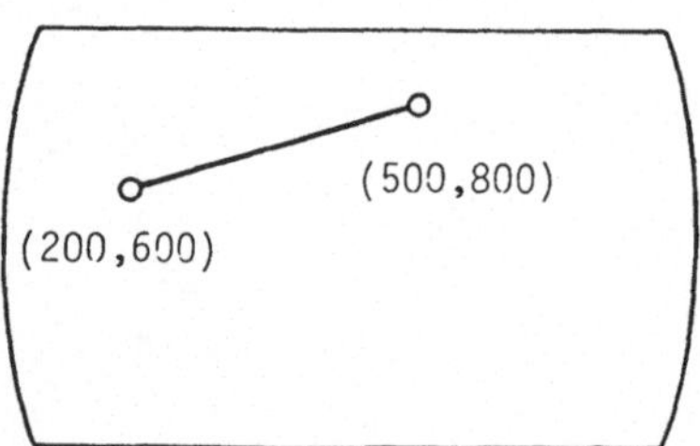

Abb. 2-5: Instruktionen in der Bilddatei.

Die Befehle der grafischen Ein- und Ausgabe operieren nicht direkt im Bild- oder Bildwiederholspeicher, sondern auf einem Zwischenspeicher. Diese sogenannte *Bilddatei* (display file) enthält die Befehlsliste und die zugehörigen Daten für eine grafische

Darstellung und verbessert dadurch die Unabhängigkeit der Grafikprogrammierung von den diversen Grafikgeräten.

In der Abb. 2-5 zeigen wir die Struktur der Bilddatei zur Aufnahme von Instruktionen. Der Operationscode DF-OP gibt den Typ der grafischen Operation an, z.B. für LINE- oder MOVE-Befehle. Die Operanden DF-X und DF-Y halten die Koordinatenwerte.

Zur Darstellung eines Bildes auf dem Bildschirm muss der Bildschirm gelöscht, die Bilddatei interpretiert und die entsprechenden grafischen Ein- und Ausgabegeräte angesteuert werden (vergl. [Bergeron et al. 1978] und [Enderle et al. 1984]). Um den Code bei identischen grafischen Teilbildern nicht unnötig zu vermehren, strukturiert man die Bilddatei [Newman/Sproull 1979]. Eine *strukturierte Bilddatei* entsteht durch das Einfügen von Subroutinenaufrufen in die Befehlsliste einer anderen Subroutine.

2.3 Algorithmen zur Rastergrafik

Bei der Diskussion von Rastergeräten haben wir im Abschnitt 1.2.3 gesehen, wie ein Grafikprozessor ein Rasterbild aus einer Matrix von Bildpunkten generiert. Die Umwandlung von grafischen Primitiven wie Punkten, Linien, Kreisen oder Flächen in eine Bildmatrix nennt man allgemein *Rasterkonvertierung* (scan conversion). Mit diesem Begriff wird einerseits die Arbeitsweise der Rastergeräte angesprochen, nämlich das zeilenweise Verarbeiten von Bildern; andererseits betont der Begriff die Bedeutung der Umwandlung, muss doch bei der geringsten Bildmanipulation jedesmal ein entsprechender Konvertierungsalgorithmus ablaufen.

Da beim interaktiven Arbeiten mit Rastergeräten die Effizienz der Rasterkonvertierung ausschlaggebend ist, gehen wir im folgenden auf die Konvertierung von Geraden näher ein. Zusätzlich behandeln wir Algorithmen zum Füllen von Polygonen und zum Generieren von Textsymbolen.

2.3.1 Bresenham-Algorithmus für Geraden

Bei der Rasterkonvertierung von Geraden oder Kurven macht man meistens von *inkrementellen Methoden* Gebrauch: Neue Rasterpunkte werden aufgrund von bereits berechneten Rasterpunkten erzeugt. Solche Verfahren zielen darauf ab, den Berechnungsaufwand minimal zu halten. Eine Effizienzsteigerung ergibt sich, falls man bei den einzelnen Iterationsschritten auf Multiplikation und Division verzichtet. Zusätzlich erlauben Mehrprozessorsysteme, die grafischen Primitiven simultan zu konvertieren. So sind heute Algorithmen zum Zeichnen von Primitiven wie Geraden- oder Kurvenstücken meistens mikroprogrammiert oder durch spezielle Hardware unterstützt.

Betrachten wir die Rasterkonvertierung von Geradenstücken. Um Punkte (x,y) einer Geraden $y=m*x+b$ zu generiern, durchläuft man die folgende Befehlsequenz:

```
INCREMENT x
y := m * x + b
WRITE-PIXEL (x,ROUND(y))
```

Wir nehmen ohne Verlust der Allgemeinheit an, dass die Gerade durch den Nullpunkt geht und eine Steigung zwischen 0 und 45 Grad besitzt. Die Multiplikation von x mit der Steigung lässt sich vermeiden, indem man das x-Inkrement identisch eins setzt. Man erhält dabei y_{neu} aus y_{alt}, indem man zu y_{alt} die Steigung m addiert. Dadurch ist die Multiplikation umgangen, doch der Rundungsschritt bleibt weiterhin auszuführen.

Bresenham schlägt in seinem Algorithmus [Bresenham 1965] INTEGER-Arithmetik vor und verzichtet auf das Runden. Sein Algorithmus kommt mit Addition, Subtraktion und Multiplikation mit 2 (d.h. Shift Operation) aus. Dazu betrachten wir ein Geradenstück auf einem Gitter mit ganzzahligen Maschen (Abb. 2-6), welches im Ursprung startet, eine positive Steigung kleiner 45 Grad besitzt und im Punkt (dx,dy) endet. Der folgende Algorithmus versucht, durch einen Vergleich der Abstände s und t bezüglich der Ideallinie g die am nächsten liegenden Gitterpunkte S oder T zu erzeugen.

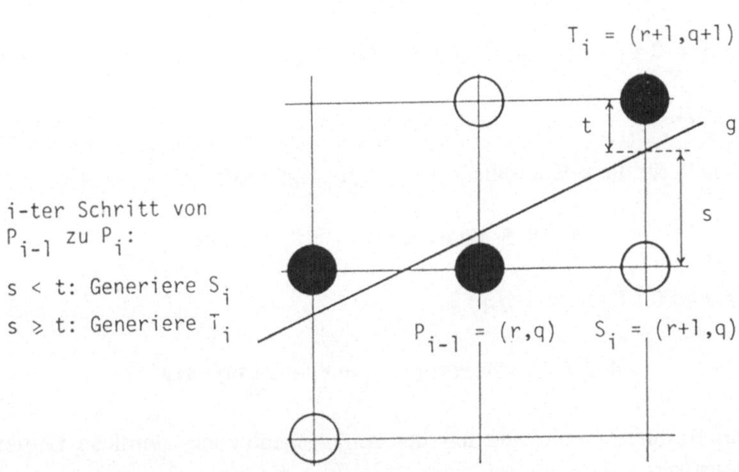

Abb. 2-6: Bresenham-Algorithmus für Geradenstück von (0,0) bis (dx,dy).

Der Punkt $P_{i-1}=(r,q)=(x_{i-1},y_{i-1})$ sei bereits generiert und wir suchen die Koordinaten von P_i. Mit Hilfe der Geradengleichung y=(dy/dx)*x erhält man für den exakten Schnittpunkt der Ideallinie g mit der zur y-Achse parallelen Gitterlinie durch $S_i=(r+1,q)$ und $T_i=(r+1,q+1)$ zwei Identitäten:

$$s + q = (dy / dx) * (r + 1) \qquad q + 1 - t = (dy / dx) * (r + 1)$$

Durch Addition der beiden Gleichungen erhalten wir die Differenz

$$s - t = 2 * (dy / dx) * (r + 1) - 2 * q - 1$$

Multiplizieren wir die obige Gleichung mit dem positiven Inkrement dx und kürzen wir dx*(s-t) durch d ab, so erhalten wir:

$$d = 2 * (dy * r - dx * q) + 2 * dy - dx$$

oder für den i-ten Schritt von $P_{i-1}=(x_{i-1},y_{i-1})$ nach $P_i=(x_i,y_i)$:

$$(*)\quad d_i = 2 * dy * x_{i-1} - 2 * dx * y_{i-1} + 2 * dy - dx$$

Der Anfangspunkt d_i ergibt sich aus $(x_0,y_0)=(0,0)$ zu

$$d_1 = 2 * dy - dx$$

Schliesslich erhalten wir aus (*)

$$d_{i+1} - d_i = 2 * dy * (x_i - x_{i-1}) - 2 * dx * (y_i - y_{i-1}) = 2 * dy - 2 * dx * (y_i - y_{i-1})$$

wegen $x_i - x_{i-1} = 1$.

Da im Fall von S_i für die y-Koordinate $y_i = y_{i-1}$ gilt, ergibt sich

$$d_i < 0\text{: } S_i \text{ wählen mit } d_{i+1} = d_i + 2 * dy$$

und entsprechend für T_i mit $y_i = y_{i-1}+1$

$$d_i \geq 0\text{: } T_i \text{ wählen mit } d_{i+1} = d_i + 2 * (dy - dx)$$

Diese beiden Formeln bestimmen mit der Anfangsbedingung sämtliche Gitterpunkte eines Geradenstücks.

```
ALGORITHMUS 2-1
(* Erzeugung eines Geradenstücks von (0,0) bis (dx,dy) nach [Bresenham 1965] *)

EINGABE:  x=0,y=0,dx,dy                 (* Start- und Endpunkt           *)
AUSGABE:  {x,y}                         (* Menge von Pixeln              *)

LINE:
BEGIN
     d := 2 * (dy - dx)                 (* initialisieren                *)
     incr1 := 2 * dy
     incr2 := 2 * (dy - dx)
     WHILE x < dx DO
        x := x + 1
        IF d < 0
        THEN d := d + incr1             (* Inkrement im Fall von Si      *)
        ELSE
          y := y + 1
          d := d + incr2                (* Inkrement im Fall von Ti      *)
        WRITE-PIXEL(x,y)
END (* Line *)
```

Der Algorithmus 2-1 zur Erzeugung von Geradenstücken mit einer Steigung zwischen 0 und 45 Grad kann für beliebige Steigungen verallgemeinert werden. Bresenham hat auch einen Algorithmus vorgeschlagen, welcher inkrementell Kreisabschnitte generiert [Bresenham 1977]. Falls sowohl die Koordinaten des Mittelpunktes als auch der Radius ganzzahlig sind, benötigt der Algorithmus lediglich INTEGER-Arithmetik und als Operationen Addition, Subtraktion und Test auf Vorzeichen.

2.3.2 Füllen von Polygonen

Zur Rasterkonvertierung von Polygonen benötigt man einen Füllalgorithmus, um eine Polygonfläche mit einer bestimmten Farbe zu zeichnen. Ein bekanntes Verfahren beruht auf dem *Inklusionstest*: Nur diejenigen Punkte, die innere Punkte des Polygons sind (vergl. Abschnitt 3.4.1), werden mit der gewünschten Farbe versehen.

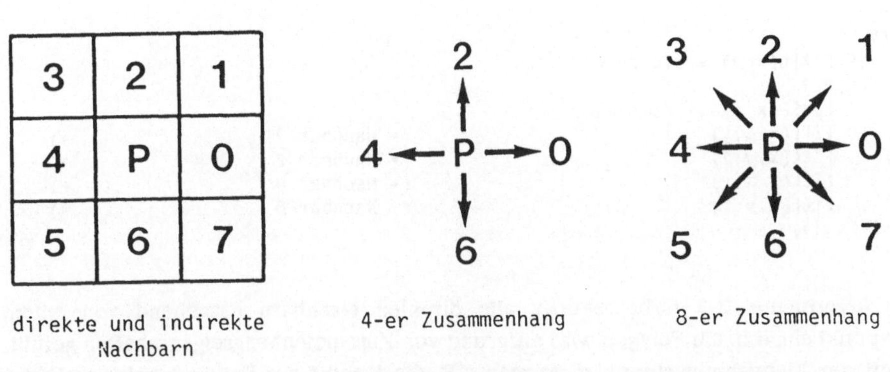

Abb 2-7: Nachbarschaft von Pixeln.

Ein anderes Verfahren zum Füllen von Polygonen basiert auf *Zusammenhangs-eigenschaften*. Dazu muss ein beliebiger Punkt im Inneren des Polygons als Startpunkt ausgezeichnet werden. Bei der interaktiven Computergrafik bietet das Festlegen eines solchen Punktes keine Schwierigkeit, da ihn der Benutzer selbst bestimmen kann. Ist ein Startpunkt bekannt, so wird er mit der neuen Farbe versehen. Danach färbt man sukzessive sämtliche Nachbarpixel des Startpunktes ein, welche einen alten Farbwert aufweisen. Vor allem bei der Computeranimation ist diese Füllmethode sehr beliebt, da das Ausmalen von Figuren analog der manuellen Technik mit "Farbe und Pinsel" gestaltet werden kann.

Wir nennen zwei Pixel *direkt benachbart*, falls die beiden Pixel eine gemeinsame Seite teilen. Im Beispiel der Abb. 2-7 sind bezüglich P die Pixel 0, 2, 4 und 6 direkte Nachbarn. Entsprechend teilen indirekte Nachbarn nur einen gemeinsamen Punkt; im Beispiel die Pixel 1, 3, 5 und 7. Ein Pixelhaufen heisst direkt oder indirekt *zusammenhängend*, wenn für je zwei Pixel eine Sequenz von direkten oder indirekten Nachbarn besteht, welche die beiden Pixel verbindet.

Wir beschreiben nun einen rekursiven Algorithmus zum Füllen von Polygonen, indem wir einen Startpunkt (x,y) mit der Farbe OLD-COLOR als gegeben voraussetzen. Die Füllregion besteht anfänglich aus einem einzigen Pixel, dem Startpunkt. Zu diesem Pixel schlagen wir alle direkten Nachbarn, welche den Farbwert OLD-COLOR aufweisen.

```
ALGORTIHMUS 2-2
(* Füllen von Polygonen aufgrund direkter Nachbarn                    *)

EINGABE:  (x,y)                           (* Startpixel mit old-color   *)
AUSGABE:  set of pixels                   (* Pixelmenge mit new-color   *)

FILL(x,y):
BEGIN
     IF PIXEL(x,y) = old-color
     THEN
        PIXEL(x,y) := new-color
        FILL(x+1,y)                       (* Nachbar 0                  *)
        FILL(x,y+1)                       (* Nachbar 2                  *)
        FILL(x-1,y)                       (* Nachbar 4                  *)
        FILL(x,y-1)                       (* Nachbar 6                  *)
END (*Fill*)
```

Der Algorithmus 2-2 färbt rekursiv alle direkten Nachbarn ausgehend von einem Startpunkt ein, d.h. ein Polygon wird aufgrund von Zusammenhangseigenschaften gefüllt. Damit der Algorithmus stoppt, muss man z.B. die Kontur des Polygons mit der Farbe NEW-COLOR voraussetzen. Anderenfalls benötigt man einen Algorithmus, der die Kontur abschreitet und die entsprechenden Pixel mit NEW-COLOR einfärbt.

Das hier beschriebene Verfahren ist deshalb nachteilig, da es für jedes Pixel im Inneren eines Polygons viermal den Füllalgorithmus aufruft. Diese Kosten lassen sich reduzieren, falls man einzelne Mengen von inneren Pixeln auf sequentielle Art verarbeitet [Pavlidis 1979].

2.3.3 Erzeugen von Textsymbolen

Für die Zeichendarstellung auf Rastergeräten dienen spezielle Punktrasterverfahren, die wir im folgenden illustrieren. Unter einem *Font* versteht man einen Schriftsatz, d.h. eine Ansammlung von Punktmustern resp. Masken für Buchstaben, Ziffern, Sonderzeichen oder beliebige Symbole. Die Darstellung eines Zeichens erfolgt durch Kopieren des dazugehörigen Punktmusters an die betreffende Stelle auf Papier oder Bildschirm. Zur Unterscheidung von Gross- und Kleinbuchstaben, für Zeichen mit hoher Qualität und für Spezialzeichen sind grössere Punktmuster oder Masken vorzusehen.

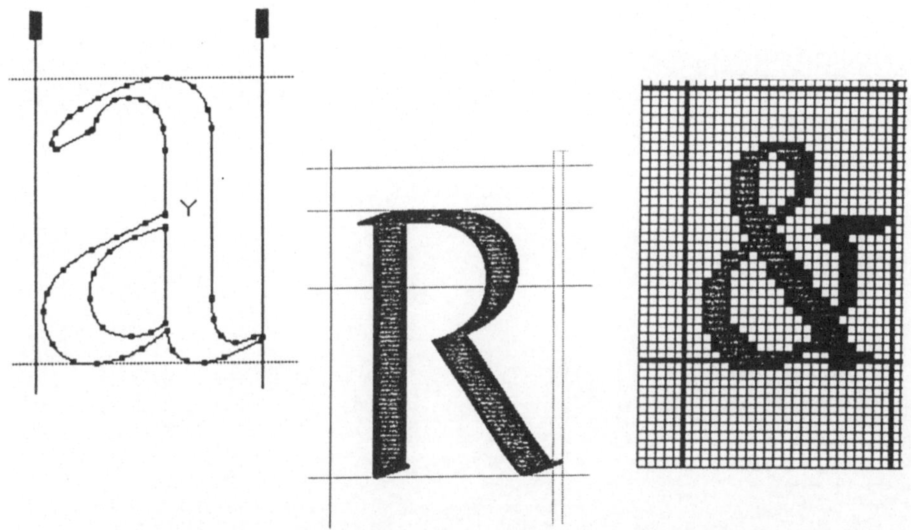

Abb. 2-8: Definition der Kontur, Konturfüllung und Rasterkonvertierung.

Zur Zeichendefinition gehört eine Basislinie, welche die vertikale Position des Zeichens innerhalb der Schrift charakterisiert. Zeichen mit einer Basislinie ungleich Null müssen bezüglich Nachbarzeichen versetzt werden. Ein weiteres Problem bei der Darstellung von Rasterschrift bilden die unterschiedlichen Proportionen der einzelnen Buchstaben oder Zeichen. Dazu definiert man verschiedene Abstände zwischen den einzelnen Buchstaben oder Zeilen.

Neuere Verfahren nutzen die Möglichkeit der digitalen Drucktechnik und bezwecken ein regelmässiges Textbild. Dabei modelliert man zuerst die Kontur der Buchstaben oder

Zeichen durch Streckenzüge oder B-Splinekurven (vergl. Abschnitt 4.3.2) und erhält eine Metafontdatei (siehe [Knuth 1979], [Knuth 1985]) mit Informationen über Stützpunkte und Umrisse der Zeichen. Nach der Konturdefinition färbt man die Zeichen mit Füllalgorithmen ein, um die Qualität der Schrift besser beurteilen zu können. Schliesslich lassen sich aus der Metafontdatei Punktmuster für die einzelnen Zeichen generieren, aufgrund der gewünschten Schriftgrösse in Rasterpunkten. Die Abb. 2-8 illustriert die drei Schritte Konturdefinition, Konturfüllung und Rasterkonvertierung [Kohen 1985] beim Entwurf einer digitalen Schrift.

2.4 Abschneiden von Figuren und Flächen am Fensterrand

Das Verwenden von Fenstern (Window resp. Viewport) bietet die Grundlage für ein bedeutendes grafisches Darstellungsmittel. Ein dreidimensionales Objekt lässt sich z.B. in perspektivischer Ansicht oder in Grund- und Aufriss in verschiedenen Fenstern des Bildschirms veranschaulichen. Dabei kann der Fensterrand die darzustellenden Objekte oder Figuren abschneiden. Dieses Einteilen von grafischen Primitiven wie Punkten, Geraden, Polygonen oder Buchstaben in sichtbare und unsichtbare Teile bezüglich eines Fensterrandes wird als *Clipping* bezeichnet.

Falls Objekte nur teilweise innerhalb eines Fensters zu liegen kommen, müssen diese erkannt und auf Sichtbarkeit getestet werden. Verzichtet man auf das Abschneiden von unsichtbaren Teilfiguren, können unerwünschte Effekte aufgrund von Überlauf interner Koordinatenregister entstehen. Meistens schneidet man Objekte und Figuren bereits am Window ab, um nicht unsichtbare Teile vergebens auf das Viewport zu übertragen. Wir beschreiben im folgenden algorithmische Aspekte beim Clipping von Geraden, Polygonen und Textsymbolen.

2.4.1 Clipping von Geraden

Wir beschränken uns auf den zweidimensionalen Fall und bezeichnen mit X_{min}, X_{max} resp. Y_{min}, Y_{max} linke und rechte resp. untere und obere Fenstergrenzen unabhängig davon, ob es sich um ein Window oder um ein Viewport handelt.

Das Einteilen von *Punkten* in sichtbare und unsichtbare geschieht durch einen einfachen Koordinatenvergleich. Falls für einen Punkt P=(x,y)

$$X_{min} \leq x \leq X_{max} \text{ und } Y_{min} \leq y \leq Y_{max}$$

gilt, so liegt der Punkt innerhalb des Fensters.

Als nächstes bestimmen wir die unsichtbaren Teile von *Strecken*. Der folgende Algorithmus geht auf Cohen und Sutherland zurück (siehe z.B. [Newman/Sproull 1979] oder [Foley/VanDam 1982]) und verwendet einen Divide-et-Impera-Ansatz.

TESTSCHRITT
Entscheide, ob die Strecke vollständig innerhalb des Fensters liegt oder nicht. Falls ja, gebe die Strecke als sichtbar aus.

ZERLEGUNGSSCHRITT
Unterteile die teilweise sichtbare Strecke alternierend an den Fenstergrenzen, verwerfe die unsichtbaren Teile und gehe zum Testschritt zurück.

Betrachten wir nun den Algorithmus anhand der Abbildung 2-9. Das rechtwinklige Fenster teilt die Ebene in neun Regionen ein. Die neun 4-Bit-Codes zur Verschlüsselung der Regionen sind wie folgt definiert:

Bit 1:	Die Punkte liegen über dem Fenster, d.h. $y > Y_{max}$
Bit 2:	Die Punkte liegen unter dem Fenster, d.h. $y < Y_{min}$
Bit 3:	Die Punkte liegen rechts vom Fenster, d.h. $x > X_{max}$
Bit 4:	Die Punkte liegen links vom Fenster, d.h. $x < X_{min}$

Natürlich können die Endpunkte der Strecken analog obiger Vorschrift verschlüsselt werden. Trivialerweise liegt eine Strecke vollständig im Fenster, wenn beide ihrer Endpunkte den 4-Bit-Code 0000 haben. Zudem weist man eine Strecke zurück, die gänzlich über, unter, links oder rechts dem Fenster liegt. Dieser Test ist durch die logische UND-Verknüpfung möglich. Zeigt irgend ein Bit des logischen UND der beiden Endpunkte auf 1, so liegen die beiden Endpunkte sicher in dem entsprechenden Begrenzungsband und somit ausserhalb des Fensters. Umgekehrt weist ein 0000-Code nach einer logischen UND-Verknüpfung darauf hin, dass die entsprechende Strecke eventuell das Fenster schneidet. Der Testschritt des Divide-et-Impera-Algorithmus verwirft somit diejenigen Strecken, welche nach einer logischen UND-Verknüpfung der Codes der Endpunkte nicht die Bitkombination 0000 aufweisen.

Betrachten wir die Beispiele aus der Abb. 2-9, nämlich die Strecken AB, CD und EF. Keine dieser Strecken liegt vollständig im Fenster, womit sich ein Zerlegungsschritt aufdrängt. Wir verwerfen die Strecke AB, da sie vollständig über dem Fenster liegt. Die Strecken CD und EF müssen weiter untersucht werden, da ihr Verlauf im Moment noch unbestimmt ist:

VERWERFEN		TEILEN		TEILEN	
A	1001	C	0101	E	0001
B	1000	D	0010	F	1000
AND	1000	AND	0000	AND	0000

Jede Strecke mit einem 0000-Code schneidet die horizontalen und resp. oder die vertikalen Fenstergrenzen. Der Schnittpunkt der Strecke mit den Fenstergrenzen kann also leicht bestimmt werden.

Für die Streckenstücke gilt die folgende Verwerfregel, wobei die Reihenfolge fest, aber unwichtig ist:

1. Schnittpunkt liegt auf Y_{max}: Verwerfe Streckenstück oberhalb des Fensters
2. Schnittpunkt liegt auf Y_{min}: Verwerfe Streckenstück unterhalb des Fensters
3. Schnittpunkt liegt auf X_{max}: Verwerfe Streckenstück rechts des Fensters
4. Schnittpunkt liegt auf X_{min}: Verwerfe Streckenstück links des Fensters

Betrachten wir den weiteren Verlauf beim Unterteilen der Strecken CD und EF aus der Abbildung 2-9.

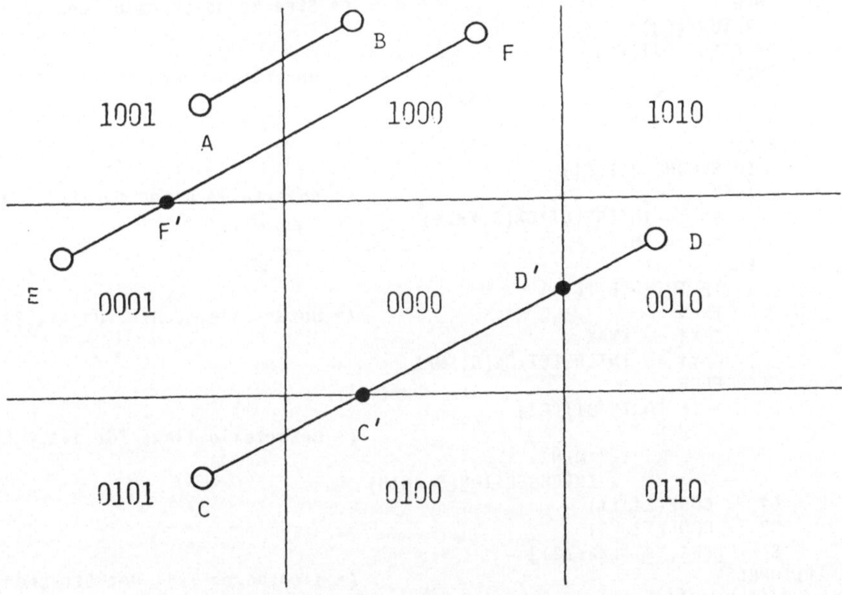

Abb. 2-9: Abschneiden und Verwerfen von Teilstrecken.

Gemäss der festgelegten Reihenfolge für die Schnittpunktberechnung schneiden wir CD mit der unteren Fenstergrenze und verwerfen den Teil CC'. Die übrigbleibende Strecke C'D schneiden wir mit der rechten Fenstergrenze und geben schliesslich die sichtbare Teilstrecke C'D' aus. Andererseits wird bei der Strecke EF das Teilstück F'F im Testschritt verworfen, da es vollständig über dem Fenster liegt. Das Reststück EF' liegt vollständig links des Fensters und ist somit ebenfalls unsichtbar.

```
ALGORITHMUS 2-3
(* Abschneiden von Strecken nach Cohen-Sutherland                     *)

EINGABE:  XMIN, XMAX, YMIN, YMAX              (* Fenstergrenzen          *)
          S=[(X1,Y1),(X2,Y2)]                 (* Strecke                 *)
AUSGABE:  [(X1,Y1),(X2,Y2)]                   (* sichtbarer Teil der Strecke*)

SEGMENT-CLIP:
BEGIN
     C1 := CODE(X1,Y1)
     C2 := CODE(X2,Y2)
     IF C1=0000 AND C2=0000
     THEN                                     (* ganze Strecke sichtbar  *)
        RETURN(S)
     WHILE C1 <> 0000 OR C2 <> 0000 DO
        IF (C1 AND C2)<>0000
        THEN                                  (* Strecke ausserhalb Fenster *)
          RETURN([])
        IF FIRST-BIT(Ci)
        THEN                                  (* unterteile oben für i=1,2  *)
           Xi := INTERSECTION(S,YMAX)
           Yi := YMAX
        ELSE
          IF SECOND-BIT(Ci)
          THEN                                (* unterteile unten für i=1,2 *)
             Xi := INTERSECTION(S,YMIN)
             Yi := YMIN
          ELSE
             IF THIRD-BIT(Ci)
             THEN                             (* unterteile rechts für i=1,2*)
               Xi := XMAX
               Yi := INTERSECTION(S,XMAX)
             ELSE
               IF FORTH-BIT(Ci)
               THEN                           (* unterteile links für i=1,2 *)
                  Xi := XMIN
                  Yi := INTERSECTION(S,XMIN)
        C1 := CODE(X1,Y1)
        C2 := CODE(X2,Y2)
        S := [(X1,Y1),(X2,Y2)]
     RETURN(S)                                (* sichtbarer Teil der Strecke*)
END (* Segment Clip *)
```

Der Algorithmus von Cohen-Sutherland oder davon abgeleitete Verfahren gehören zu den meistimplementierten in grafischen Paketen. Im Algorithmus [Liang/Barsky 1983] z.B. wird jede Strecke in Parameterdarstellung beschrieben (vergl. dazu Abschnitte 3.2.2 und 3.6.3). Diese definieren zusammen mit der Bedingung für die Sichtbarkeit eine Anzahl von Ungleichungen. Die geometrische Interpretation der Ungleichungen im Parameterraum lässt auf elegante Art diejenigen Strecken eliminieren, welche vollständig ausserhalb des Fensters liegen.

2.4.2 Clipping von Polygonen, Flächen und Textelementen

Beim Abschneiden von *Polygonen* am Fensterrand könnte man versuchen, jede Polygonstrecke durch den oben beschriebenen Algorithmus zu behandeln. Dabei stösst man bald auf Schwierigkeiten, besonders wenn man konkave oder mehrfach-zusammenhängende Polygonregionen miteinbezieht. Aus diesen Gründen betrachtet man die Polygone beim Clipping als selbständige geometrische Objekte.

Gerade durch die Rastergrafik kommt dem Abschneiden von Polygonen am Rand eine besondere Bedeutung zu, werden doch oft *Flächen* durch ihren Rand mittels eines Polygons approximiert und in einer selbständigen Datenstruktur beschrieben. Nach der Bestimmung der sichtbaren Teile eines Polygons lassen sich die Teilflächen gemäss dem früher diskutierten Füllalgorithmus einfärben.

Wir behandeln zuerst den Spezialfall für konvexe Polygone und beschreiben den Algorithmus von Sutherland und Hodgeman [Sutherland/Hodgeman 1974]. Sei ein konvexes Polygon R durch die Punkte $P_1,P_2,...,P_n$ gegeben. Der Algorithmus durchläuft den Rand von R und testet jede Kante gegen die entsprechende Fenstergrenze. Dabei werden je nach Fallunterscheidung bis zu zwei Punkte in eine OUTPUT-Liste mit den Eckpunkten des sichtbaren Teilpolygons abgelegt.

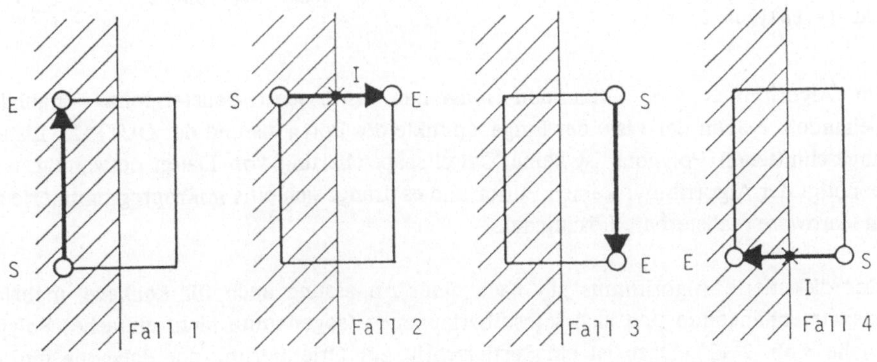

Abb. 2-10: Fallunterscheidung beim Sichtbarkeitstest.

Die vier möglichen Fälle sind in der Abb. 2-10 schematisch gegeben. Im ersten Fall liegen der Startpunkt S sowie der Endpunkt E der aktiven Polygonkante innerhalb des Fensters, d.h. S und E gehören in die OUTPUT-Liste. Im zweiten Fall startet die aktive Kante im Punkt S im Inneren, schneidet den Fensterrand im Punkt I und endet im Äusseren des

Fensters: S und I werden ausgegeben. Der dritte Fall gibt zu keinem Eintrag in die OUTPUT-Liste Anlass, da die entsprechende Kante vollständig im Äusseren des Fensters liegt. Schliesslich zählt beim vierten Fall der Schnittpunkt I am Fensterrand und der innere Endpunkt E zur Liste.

```
ALGORITHMUS 2-4
(* Abschneiden von konvexen Polygonen nach [Sutherland/Hodgeman 1974]      *)

EINGABE:  {P1,...,Pn}                        (* Polygon                     *)
          T                                  (* Fenstergrenze               *)
AUSGABE:  {Q1,...,Qm}                        (* sichtbarer Polygonteil      *)

POLYGON-CLIP:
BEGIN
     S := P1                                 (* Startpunkt                  *)
     FOR i:=2 TO n DO
        E := Pi                              (* Endpunkt                    *)
        Q := SEGMENT(S,E)
        CASE Q OF
          inside:   OUTPUT(E)                (* Fall 1                      *)
          outgoing: I := INTERSECTION(Q,T)   (* Fall 2 mit Schnittpunkt     *)
                    OUTPUT(I)
          outside:  OUTPUT()                 (* Fall 3                      *)
          ingoing:  I := INTERSECTION(Q,T)   (* Fall 4 mit Schnittpunkt     *)
                    OUTPUT(I)
                    OUTPUT(E)
        S := E                               (* neuer Startpunkt            *)
END (* Polygon Clip *)
```

Im Algorithmus von Sutherland-Hodgeman wird jede Fenstergrenze unabhängig behandelt. Neben der Liste der Eingabepunkte des Polygons und der OUTPUT-Liste des abgeschnittenen Polygons ist keine Zwischenspeicherung von Daten notwendig. Somit benötigt der Algorithmus keinen Puffer und es drängt sich eine mikroprogrammierte oder in Hardware realisierbare Lösung auf.

Der diskutierte Algorithmus gilt nach einer Anpassung auch für konkave, mehrfach-zusammenhängende und sich selbstüberlappende (sogenannte nicht-einfache) Polygone (siehe Abb. 2-11). Dazu ist ein Sortierschritt zur Orientierung der Polygone und eine Klassifikation der Polygonkanten zur exakten Beschreibung der Topologie notwendig.

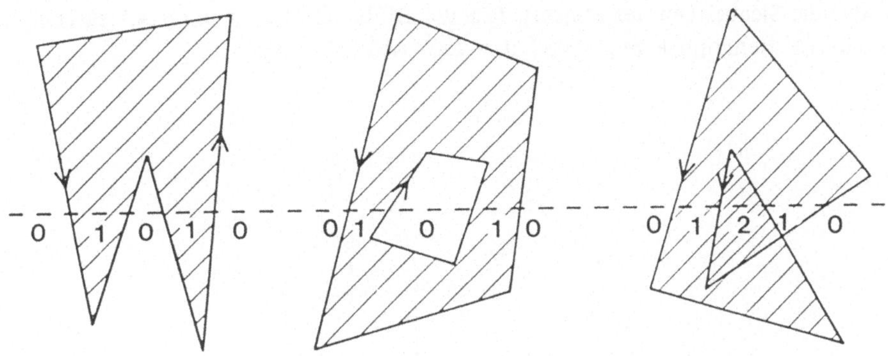

Abb. 2-11: Behandlung von a) konkaven, b) mehrfach-zusammenhängenden und c) nicht-einfachen Polygonen.

Um Text am Rand abzuschneiden, können einzelne Buchstaben, Worte oder Textstücke durch Rechtecke oder Polygone umschrieben werden. Das Bestimmen der sichtbaren Textteile lässt sich somit auf das Abschneiden von Polygonen an Fenstergrenzen reduzieren.

2.4.3 Berechnen der sichtbaren Teile von Objekten im Raum

Ein Fenster eines dreidimensionalen Objektraumes beschreibt ein Volumen. Um die Darstellung eines dreidimensionalen Objektes innerhalb eines solchen Fensters zu verbessern, stehen zwei bekannte Techniken zur Verfügung, nämlich das Abschneiden unsichtbarer Teile an den Fensterebenen (3D clipping) und das Evaluieren verdeckter Kanten oder Flächen (hidden line/face removal). Wir behandeln im folgenden die Verallgemeinerung des Abschneidens von dreidimensionalen Objekten am Fensterrand und gehen auf die Bestimmung verdeckter Kanten und Flächen im nächsten Abschnitt ein.

Ein dreidimensionales Fenster ist ein Pyramidenstumpf im Falle einer Zentralprojektion und ein Parallelepiped bei der Parallelprojektion. Um die Sichtbarkeit eines *Punktes* bezüglich eines dreidimensionalen Fensters zu bestimmen, genügt ein einfacher Punkt-im-Polyeder-Test. Beispielsweise fasst man das Fenster als Durchschnitt von sechs Halbräumen auf. Ein Vergleich der Flächennormale jeder Begrenzungsebene mit dem

Differenzenvektor von einem beliebigen Punkt der Begrenzungsebene zum Testpunkt liefert die Sichtbarkeit des Punktes, falls der Differenzenvektor in denselben Halbraum wie die Flächennormale zeigt (vergl. dazu auch Abschnitt 3.4).

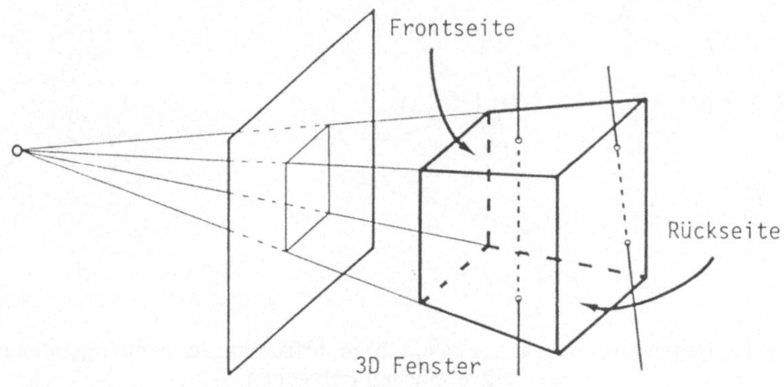

Abb. 2-12: Abschneiden dreidimensionaler Objekte am Fensterrand.

Beim Abschneiden von *Geradenstücken* nimmt man meistens an, dass die Front- und die Rückseite des Fenstervolumens parallel zur Darstellungsebene (view plane) liegen. Diese beiden Ebenen sind also durch die Gleichungen $z=Z_F$ und $z=Z_R$ mit den Konstanten Z_F resp. Z_R gegeben. Um z.B. den Durchschnitt einer Geraden durch (a_1,b_1,c_1) und (a_2,b_2,c_2) mit der Frontebene $z=Z_F$ zu bestimmen, betrachtet man die Geradengleichung

$$
\begin{aligned}
x &= (a_2 - a_1) * (z - c_1) / (c_2 - c_1) + a_1 \\
y &= (b_2 - b_1) * (z - c_1) / (c_2 - c_1) + b_1
\end{aligned}
$$

Durch Substitution mit $z=Z_F$ erhält man die Koordinaten des Durchstosspunktes:

$$
\begin{aligned}
x &= (a_2 - a_1) * (Z_F - c_1) / (c_2 - c_1) + a_1 \\
y &= (b_2 - b_1) * (Z_F - c_1) / (c_2 - c_1) + b_1 \\
z &= Z_F
\end{aligned}
$$

Da wir die (x,y)-Ebene parallel zur Darstellungsebene gelegt haben, vereinfachen sich die Ebenengleichungen der Pyramide resp. des Parallelepipeds ebenfalls. Durch sukzessives Lösen von Durchstosspunkten mit den vier verbleibenden Ebenen berechnet man schliesslich die sichtbaren Teile vollständig. Entsprechende Algorithmen finden sich in [Harrington 1983], [Liang/Barsky 1983] oder [Rogers 1985].

2.5 Evaluieren verdeckter Kanten und Flächen

Eine der klassischen Fragestellungen der Computergrafik ist das Verbessern der räumlichen Anschauung. Schon bei den frühesten Anwendungen der Vektorgrafik wurden Algorithmen zur Bestimmung verdeckter Kanten entwickelt. Beim Aufkommen der Rastergrafik erweiterte man die bestehenden Verfahren für Flächen. Heute setzen sich in der Rastergrafik auch Methoden durch, welche für die Unterstützung der Sichtbarkeit und Anschauung ein Beleuchtungsmodell mit Schatten- und Farbwirkungen miteinbeziehen (siehe z.B. [Magnenat-Thalmann/Thalmann 1985]).

Die Algorithmen zur Bestimmung von verdeckten Kanten und Flächen lassen sich gemäss der Arbeit von [Sutherland et al. 1974] in drei wichtige Klassen einteilen. Man unterscheidet Algorithmen, die im *Bildraum* und solche, die im *Objektraum* arbeiten. Daneben existieren *Prioritätsverfahren*, welche im Objektraum beispielsweise Flächen nach der Tiefe sortieren und im Bildraum die verdeckten Kanten mit Hilfe der Tiefeninformation ermitteln. Wir behandeln hier je ein Beispiel aus den drei Gruppen. Die Algorithmen beschränken sich auf das Bestimmmen verdeckter Kanten und Flächen von Polyedern, wobei Verallgemeinerungen (vergl. z.B. [Lane et al. 1980]) für beliebig gekrümmte Kanten und Flächen existieren.

2.5.1 Bestimmen durch wiederholte Bildunterteilung

Bildraumalgorithmen operieren im Bildraum und versuchen, verdeckte Kanten oder Flächen im zweidimensionalen Bild zu evaluieren. Der Algorithmus von [Warnock 1969] basiert auf dem Prinzip der wiederholten Bildunterteilung. Ein Bild wird mit einem Gitter überzogen, um Gitterzellen mit unterschiedlichem Informationsgehalt zu gewinnen. Bei Zellen mit wenig oder keiner Information ist ein einfacher Sichtbarkeitstest möglich, bei Zellen mit komplexer Information wiederholt man den Teilungsprozess eventuell bis zur Auflösungsgrenze des Geräts. Dieses Divide-et-Impera-Verfahren beruht auf der Tatsache der *Flächenkohärenz*. Für eine eventuell kleine Anzahl von Pixeln eines Bildes gilt, dass sämtliche Pixel zusammengehören und einer Polygonfläche zugeordnet werden können. Färbt man mit anderen Worten verschiedene Polygone mit unterschiedlichen Farben ein, so müssen nicht für jedes Pixel Farbänderungen vorgesehen werden. Diese Kohärenzeigenschaft ist uns schon bei der Rasterkonvertierung im Abschnitt 2.3 begegnet und ist fundamental bei grafischen Algorithmen.

Als Eingabe des Warnock-Algorithmus dient eine Liste mit den zu testenden Polygonen. Jedes Polygon wird beim Teilungsprozess bezüglich der neuen Zelle wie folgt durch eine

Prozedur CLASSIFICATION charakterisiert:

> KLASSE 1: Polygone, welche vollständig ausserhalb der Zelle liegen.
> KLASSE 2: Polygone, welche vollständig innerhalb der Zelle liegen.
> KLASSE 3: Polygone, welche die aktuelle Zelle vollständig überdecken.
> KLASSE 4: Polygone, welche den Zellenrand schneiden.

Die Klassifizierung bei einer bestimmten Zelle der n-ten Generation muss nun nicht sämtliche vorhandenen Polygone berücksichtigen, sondern lediglich diejenigen der (n-1)-ten Generation.

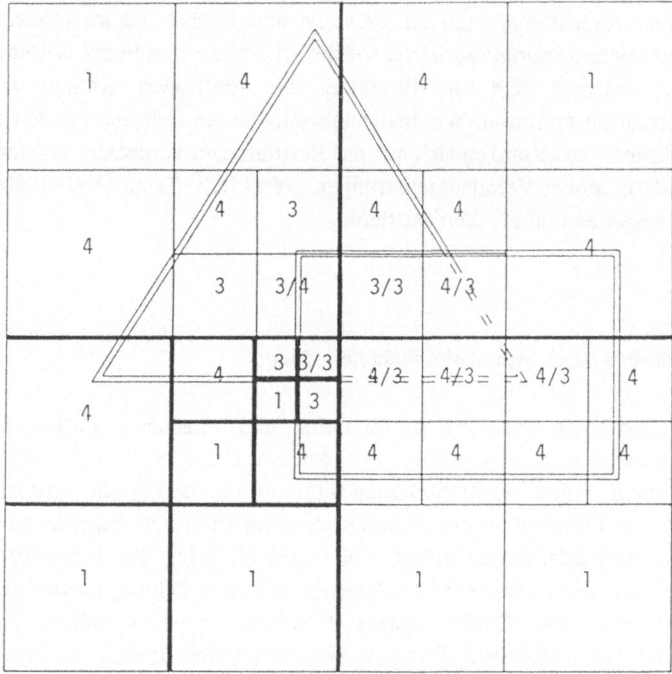

Abb. 2-13: Rekursive Zellteilung im Bildraum mit zugehöriger Klassifikation.

Zusätzlich übertragen sich gewisse Eigenschaften beim Generationenwechsel. Beispielsweise verbleiben die Polygone aus der Klasse 1 beim wiederholten Teilungsprozess in dieser Klasse, und die Überdeckungseigenschaft der Polygone aus der Klasse 3 einer bestimmten Zelle pflanzt sich auf die nachfolgenden Teilzellen fort.

Lediglich die Polygone aus den Klassen 2 und 4 müssen bei einer Teilung neu klassifiziert werden.

In der Abb. 2-13 zeigen wir zwei Polygone, ein Dreieck und ein Viereck, nach der obigen Regel klassifiziert. Aus Gründen der Übersichtlichkeit geben wir lediglich in denjenigen Zellen zwei Klassifikationsnummern (in der Reihenfolge $K_{Dreieck}/K_{Viereck}$) an, in denen auch tatsächlich sowohl das Dreieck wie das Viereck die entsprechende Zelle vollständig oder teilweise überdecken. In den übrigen Zellen beziehen sich die Klassifikationsnummern verschieden von 1 auf dasjenige Polygon, welches gerade die aktuelle Zelle schneidet.

Die rekursive Bildunterteilung stoppt nach der Prüfung einer einzelnen Zelle durch die Prozedur EVALUATION aufgrund der folgenden Abbruchkriterien:

1 Alle Polygone liegen in der Klasse 1: Der Bildraum wird mit der Hintergrundfarbe gefüllt.

2 Höchstens ein Polygon aus der Klasse 2 liegt vor: Der Hintergrund wird gezeichnet und das Polygon wird eingefärbt.

3 Höchstens ein Polygon aus der Klasse 3 existiert: Die Zelle wird mit der Polygonfarbe ausgefüllt.

4 Höchstens ein Polygon aus der Klasse 4 liegt vor: Der Hintergrund wird gezeichnet und das Polygon wird eingefärbt.

5 Mehrere Polygone aus den Klassen 2, 3 und 4 gehören zur Zelle: Falls ein Polygon aus der Klasse 3 existiert, welches bezüglich einem Tiefentest in z-Richtung näher beim Betrachter liegt als alle anderen, so wird dieses Polygon eingefärbt.

Der Tiefentest verläuft positiv gemäss der Abb. 2-14, falls sämtliche Schnittpunkte eines Polygons der Klasse 3 mit dem Parallelepiped des Fensters näher beim Betrachter liegen als alle übrigen Schnittpunkte der restlichen Polygone. Für diesen Test sortiert man alle Polygone der aktuellen Zelle bezüglich der Tiefe Z_{min} desjenigen Schnittpunktes, der am nächsten beim Betrachter liegt. Zu einem Polygon R_3 aus der Klasse 3 merkt man sich den vom Betrachterauge am weitesten entfernten Schnittpunkt Z_{max}. Falls nun für alle Polygone in der Zelle Z_{min} echt grösser als Z_{max} ist, so dominiert das Polygon R_3. Dieses kann schliesslich eingefärbt werden, da es alle übrigen Polygone verdeckt.

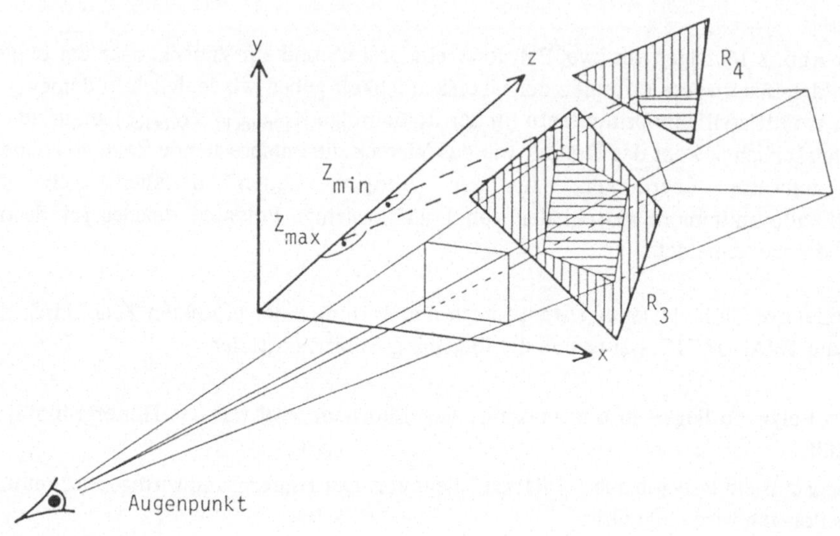

Abb. 2-14: Tiefentest aufgrund von Schnittpunktberechnungen.

```
ALGORITHMUS 2-5
(* Sichtbarkeitsberechnung nach [Warnock 1969]                      *)

EINGABE:  Q                         (* Menge von Polygonen          *)
AUSGABE:  R                         (* Menge sichtbarer Polygone    *)

SUBDIVISION(Left, Down, Size):
BEGIN
     IF Size=1                      (* Auflösungsgrenze             *)
     THEN
        DISPLAY(POINT(Left,Down))
     ELSE
        CLASSIFICATION(Qi)          (* Klassifikation               *)
        EVALUATION(Qi)              (* Abbruchkriterien mit         *)
        IF Conquer                  (* möglichem Tiefentest         *)
        THEN
          CASE i OF
              1:   DISPLAY(Background)   (* Fall 1                  *)
              2:   DISPLAY(Background)   (* Fall 2                  *)
                   DISPLAY(Q2)
              3:   DISPLAY(Q3)           (* Fall 3                  *)
              4:   DISPLAY(Background)   (* Fall 4                  *)
                   DISPLAY(Q4)
              5:   DISPLAY(Q3)           (* Fall 5                  *)
```

```
        ELSE
          SUBDIVISION(Left, Down, Size/2)
          SUBDIVISION(Left+Size/2, Down, Size/2)
          SUBDIVISION(Left, Down+Size/2, Size/2)
          SUBDIVISION(Left+Size/2, Down+Size/2, Size/2)
END (* Subdivision *)
```

Der Algortihmus 2-5 von Warnock unterteilt ein rechteckiges Fenster in vier Teilfenster usw. Dieser Teilprozess erinnert an schnelle Sortieralgorithmen, da er Polygone ausserhalb der aktuellen Zelle verwirft und lediglich die betroffenen Polygone weiterbehandelt. Schliesslich endet der Prozess, falls eine Polygonfläche die Zelle dominiert.

Die Autoren [Weiler/Atherton 1977] wählen eine andere Teilstrategie, indem sie entlang von Polygonkanten den Bildraum separieren. Dadurch lässt sich die Anzahl der Zerlegungsschritte verringern, auf Kosten einer aufwendigeren Klassifikation und Evaluation.

2.5.2 Berechnungen im Objektraum

Der Algorithmus [Appel 1967] berechnet die Sichtbarkeit von Polyedern im Objektraum. Polyeder sind durch ebene Flächen begrenzt und lassen sich durch eine Menge von Polygonflächen beschreiben. Somit kann man die Sichtbarkeit von Polyedern bestimmen, indem man jede begrenzende Polygonfläche auf Sichtbarkeit untersucht.

Betrachten wir zuerst ein einfaches Sichtbarkeitskriterium für konvexe Polyeder. Zeichnet man die Richtungen der Polygonkanten einer Fläche beispielsweise im Gegenuhrzeigersinn aus, so ist die Richtung des Normalenvektors der Fläche eindeutig bestimmt - in unserem Fall zeigt der Normalenvektor vom Material weg nach aussen. Jeder Strahl vom Betrachter zu jeder Fläche des Polyeders definiert mit dem jeweiligen Normalenvektor einen Winkel. Falls dieser Winkel grösser als 90 Grad misst, ist die Fläche potentiell sichtbar, anderenfalls bleibt sie unsichtbar. Anstelle der Winkelbestimmung kann das Vorzeichen des Skalarproduktes des Sichtstrahls mit dem Normalenvektor berechnet werden. Für konvexe Polyeder evaluiert dieses einfache Kriterium exakt die sichtbaren und unsichtbaren Flächen.

Für beliebige Polyeder können einzelne Polygonflächen sichtbar, unsichtbar oder teilweise sichtbar sein. Appel interessiert sich für die totale Anzahl potentiell sichtbarer Flächen, die einen beliebigen Polyederpunkt überdecken. Er definiert die *quantitative*

Unsichtbarkeit (QUV) eines Testpunktes als die Anzahl der diesen Punkt überdeckenden potentiell sichtbaren Polygonflächen. Zur Bestimmung dieser Masszahl zieht man einen Strahl vom Betrachter aus durch den gewünschten Punkt des Objektes, schneidet mit den entsprechenden Polygonflächen und zählt die Anzahl der Schnittpunkte potentiell sichtbarer Polygonflächen, die zwischen Beobachter und Testpunkt liegen. Weisen sämtliche Punkte einer Kante des Polyeders die quantitative Unsichtbarkeit 0 auf, so ist die gesamte Kante sichtbar.

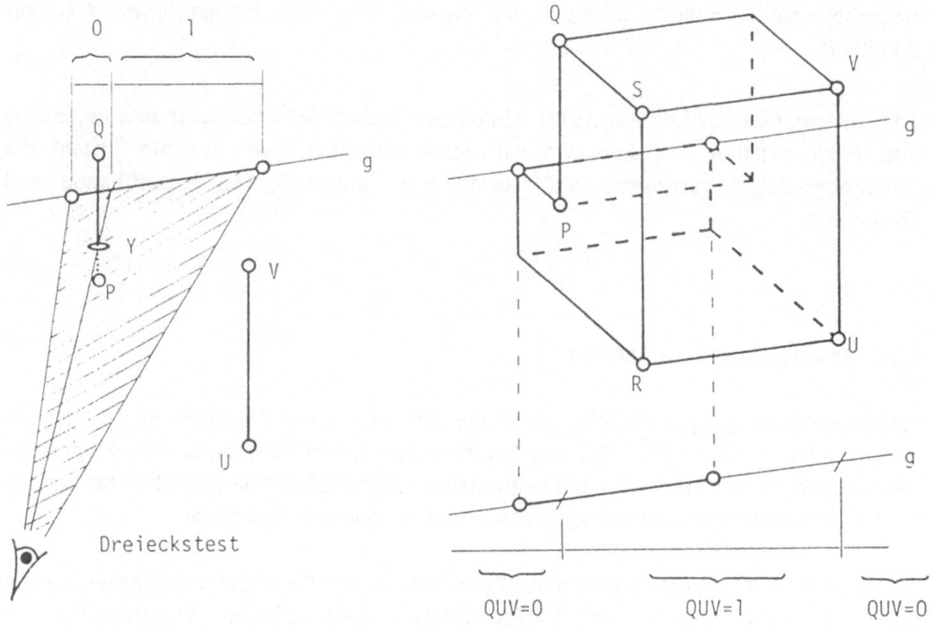

Abb. 2-15: Sichtbarkeit aufgrund quantitativer Unsichtbarkeitsgrössen.

Die quantitative Unsichtbarkeit muss nicht für alle Kanten berechnet werden. Beispielsweise entfallen von vornherein solche Kanten, die zu zwei unsichtbaren Polygonflächen gehören. Durch den oben erläuterten Test des Skalarproduktes lassen sich diese Kanten einfach evaluieren. Die restlichen Kanten bezeichnet Appel als *Materialkanten*, da sie zu potentiell sichtbaren Flächen gehören. Einige Materialkanten zeichnen sich als *Konturkanten* aus, wenn sie an eine unsichtbare Fläche und an eine potentiell sichtbare Fläche grenzen. Wesentlich ist die Tatsache, dass sich die quantitative Unsichtbarkeit entlang von Materialkanten eines Objektes nur ändern kann, wenn diese hinter eine Konturkante verschwinden oder hinter einer Konturkante hervorkommen. Bei solchen Übergängen wird die quantitative Unsichtbarkeit um eins erhöht bzw. um eins reduziert. In der Abb. 2-15 sind die Kanten PQ resp. UV Konturkanten, und die quantitative Unsichtbarkeit der betrachteten Testgeraden g erhöht sich resp. reduziert sich um eins. Hingegen ist die Materialkante RS keine Konturkante, die quantitative Unsichtbarkeit ändert sich also nicht.

Der Algorithmus 2-6 funktioniert im Detail wie folgt: Für jede Polygonfläche werden zuerst die vollständig unsichtbaren Kanten eliminiert. Schliesslich untersucht man jede Materialkante, indem man einen Strahl vom Beobachter O zu einem Eckpunkt X dieser Kante zieht. Falls der Strahl mehrere potentiell sichtbare Polygonflächen schneidet, muss für jeden Schnittpunkt ein POINT-IN-POLYGON Test (siehe Abschnitt 3.4.1) durchgeführt werden. Es dürfen nur Schnittpunkte gezählt werden, die vollständig im Inneren von sichtbaren Polygonflächen liegen. Schliesslich stellt man durch den Tiefentest DEPTH-COMPARISON fest, ob die so zugelassenen Schnittpunkte zwischen dem Betrachter und dem ausgewählten Eckpunkt der Materialkante liegen. Damit ist die quantitative Unsichtbarkeit QUV eines Eckpunktes der Materialkante ermittelt.

Im nächsten Schritt müssen Materialkanten mit Konturkanten geschnitten werden. Eine Konturkante ändert die quantitative Unsichtbarkeit nur, falls der folgende Dreieckstest TRIANGLE erfolgreich ist (Abb. 2-15). Man betrachtet die Dreiecksfläche gebildet durch den Standpunkt des Beobachters und die Materialkante. Liegt der Schnittpunkt der Konturkante mit dieser Dreiecksfläche innerhalb der Dreiecksfläche selbst, so ist der Dreieckstest positiv und die quantitative Unsichtbarkeit ändert sich. Falls die Materialkante hinter der Konturkante verschwindet, so erhöht sich QUV um eins. Kommt die Materialkante hinter einer Konturkante zum Vorschein, reduziert sich QUV um eins. Bei negativem Dreieckstest bleibt QUV konstant. Schliesslich können die Kanten oder Kantenabschnitte mit der quantitativen Unsichtbarkeit 0 durch DISPLAY als sichtbare Teile von Polyederkanten gezeichnet werden.

```
ALGORITHMUS 2-6
(* Bestimmen unsichtbarer Polyederkanten im Objektraum nach [Appel 1967]  *)

EINGABE: {VP}                               (* potentiell sichtb. Polygone*)
         {MS}                               (* Materialkanten             *)
         {CS}                               (* Konturkanten               *)
         O                                  (* Augenpunkt                 *)
AUSGABE: {VS}                               (* sichtbare Kanten           *)

VISIBILITY:
BEGIN
     FOR EACH Mi in {MS} DO
        X := VERTEX(Mi)
```

```
        {Xi} := INTERSECTION(OX,{VP})
        {Xj} := POINT-IN-POLYGON({Xi},{VP})
        {Xk} := DEPTH-COMPARISON(OX,{Xj})
        QUV(X) := CARD({Xk})                 (* QUV für Eckpunkt von Mi     *)
        FOR EACH Ci in {CS} DO               (* Schnitt von Materialkante   *)
          Y := INTERSECTION(Ci,Mi,O)         (* mit Konturkante             *)
          IF TRIANGLE(Y;O,Mi)
          THEN
             CASE Ci OF
               in:   QUV := QUV + 1          (* QUV erhöhen                 *)
               out:  QUV := QUV - 1          (* QUV reduzieren              *)
        {Mi'} := VISIBLE-PARTS(Mi,Y)         (* sichtbare Teile von         *)
        {VS} := {VS} + {Mi'}                 (* Materialkanten              *)
        QUV := 0
    DISPLAY({VS})                            (* sichtbare Kanten            *)
END (* Visibility *)
```

Wir haben gesehen, dass der Algorithmus von Appel im Objektraum unsichtbare Kanten von Polyedern bestimmt. Um den Rechenaufwand in Grenzen zu halten, macht man einmal mehr von Kohärenzeigenschaften Gebrauch: Die Masszahl der quantitativen Unsichtbarkeit einer Materialkante ändert sich nur bei Konflikten mit Konturkanten. Diese Kohärenzeigenschaft unterscheidet sich von früher diskutierten, da sie sich nicht auf Zusammenhangseigenschaften von Flächen, sondern auf solche von Kanten abstützt.

Das Verfahren von Appel, zur Sichtbarkeitsbestimmung einen Strahl vom Benutzer zum Objekt zu ziehen, ist in den letzten Jahren unter dem Begriff Ray-Tracing aufgegriffen und erweitert worden. Am einfachsten lässt sich diese Methode als Umkehrung einer fotografischen Ablichtung beschreiben: Durch jedes Pixel auf dem Bildschirm wird ein Lichtstrahl in die darzustellende Szene gezogen, um die Sichtbarkeit zu bestimmen. Dabei ist dasjenige Flächenelement eines Objekts in der Szene sichtbar, welches zuerst vom Strahl getroffen wird. Mit Hilfe des Normalenvektors des Flächenelementes und der Richtung des Lichtstrahls lassen sich andere Qualitäten wie Intensität und Reflexion berechnen (siehe z.B. [Whitted 1980]). Die Herstellung von Szenen mit Reflexion-, Glanz-, Transparenz- und Schatteneffekten ist heute noch kostenaufwendig, die hochqualitativen Bilder oder Bildfolgen scheinen jedoch der Computeranimation zu einem Erfolg zu verhelfen.

2.5.3 Prioritätsverfahren für Dreiecksflächen

Neben Algorithmen, die auf Kohärenzeigenschaften beruhen, existieren Prioritätsverfahren zur Bestimmung von verdeckten Kanten und Flächen. Diese sortieren die einzelnen Flächen nach der Tiefe und ordnen ihnen Prioritäten zu. Mit Hilfe der Tiefeninformation werden anschliessend im Bildraum die sichtbaren Teile durch Schnittberechnungen bestimmt. Da die meisten Prioritätsverfahren sowohl im Objekt- wie im Bildraum operieren, fasst man sie zu einer dritten Klasse von wichtigen Sichtbarkeitsalgorithmen zusammen.

Im folgenden beschreiben wir den Prioritätsalgorithmus von [Giloi/Encarnação 1974] für Polyeder. Um konvexe wie konkave Polyeder einheitlich zu behandeln, führen die Autoren zuerst eine Triangulation des Polyeders durch (vergl. Abschnitt 3.7). Durch Einführen zusätzlicher Kanten kann jedes Polygon in Dreiecke zerlegt werden, wodurch man die Sichtbarkeitsberechnung auf einfache Dreiecksflächen zurückführt.

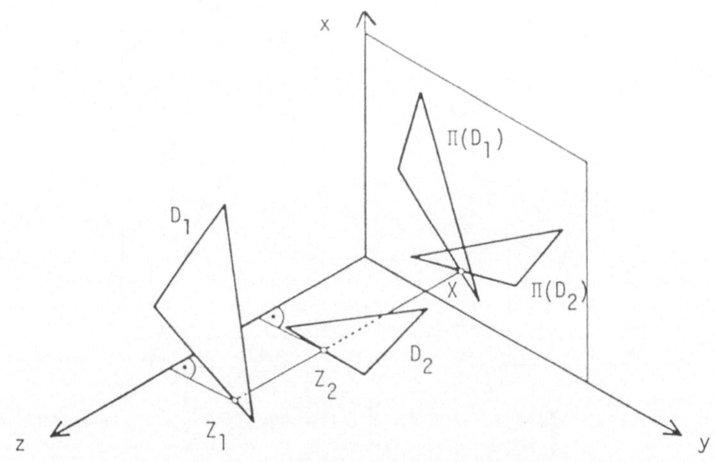

Abb. 2-16: Prioritätszuordnung zweier Dreiecke D_1 und D_2.

Im ersten Schritt eliminiert man diejenigen Dreiecksflächen, die senkrecht auf der Bildebene stehen. Dazu können beispielsweise die projizierten Punkte des Dreiecks auf Kollinearität überprüft werden. Anschliessend sortiert man nach der Tiefe (Abb. 2-16), wobei die Dreiecke als schnittfrei vorausgesetzt werden. (Falls sich die beiden Dreiecke schneiden, zerlegt man eines der beiden Dreiecke entlang der Schnittgeraden in Dreiecke). Projiziert man die beiden Dreiecke D_1 und D_2 in den Bildraum, so lässt sich ein ausgezeichneter Bildpunkt X finden, welcher die beiden Dreiecke nach der Tiefe separiert. Zum Beispiel kann als X ein Punkt im Durchschnitt der beiden projizierten Dreiecke

$\Pi(D_1)$ und $\Pi(D_2)$ gewählt werden. Die beiden zu X gehörenden Raumpunkte X_1 und X_2 ergeben sich, indem man X in den Ebenengleichungen von D_1 und D_2 einsetzt und nach Z_1 resp. Z_2 auflöst. Die Werte Z_1 und Z_2 bestimmen schliesslich die ***relative Priorität*** der beiden Dreiecke: D_1 hat grössere relative Priorität als D_2, falls Z_1 grösser als Z_2 ist.

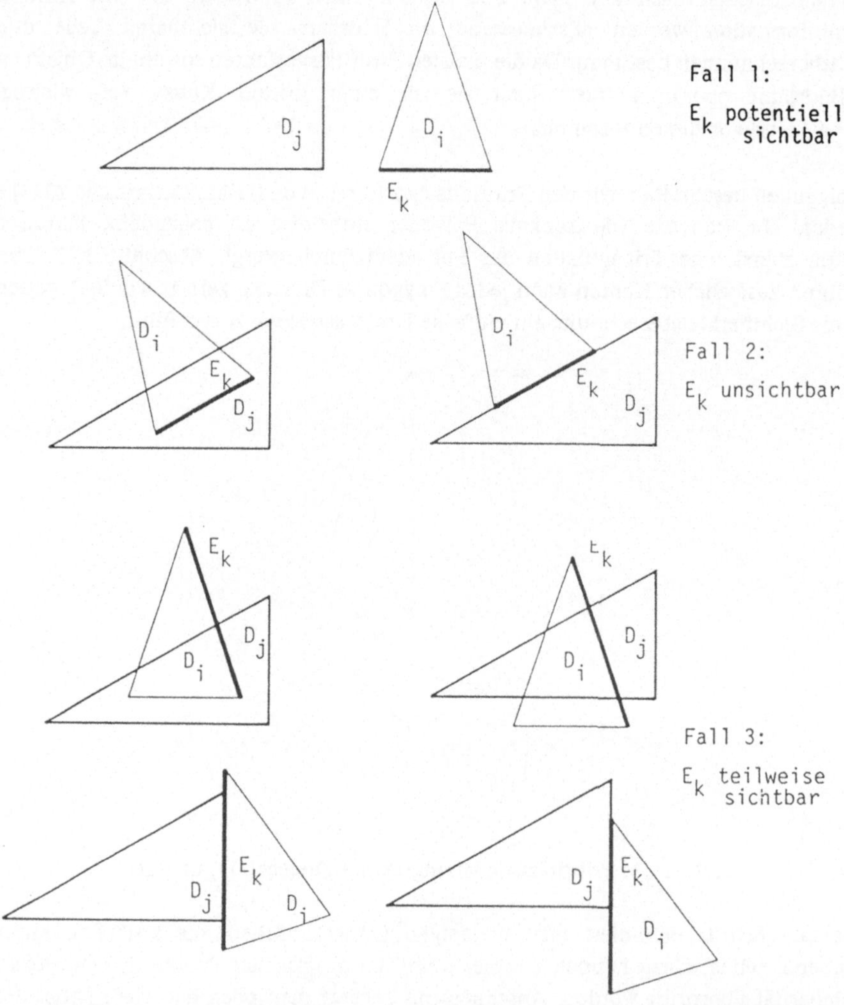

Abb. 2-17: Sichtbarkeitsbestimmung für Dreieckskante E_k aus D_i bezüglich Dreieck D_j.

Nach der Prioritätszuordnung sämtlicher Dreiecke kann die Sichtbarkeit im Bildraum untersucht werden. Dazu studiert man Sichtbarkeitskriterien für Kanten und Dreiecke [Giloi 1978]. Die verschiedenen Lagen zweier Dreiecke D_i und D_j bestimmen die

Sichtbarkeit der Kante E_k aus D_i bezüglich D_j (Abb. 2-17). Wenn D_j relativ kleiner ist als D_i, so wird keine Kante und damit auch sicher nicht E_k aus D_i von D_j verdeckt. Nehmen wir deshalb an, dass D_j relativ grösser ist als D_i, so lassen sich die folgenden Schlüsse ziehen: Schneidet die Kante E_k das Dreieck D_j nicht, so ist die Kante potentiell sichtbar - sie kann natürlich durch ein anderes Dreieck als D_j verdeckt sein. Liegt E_k vollständig im Inneren oder auf dem Rand von D_j, so ist E_k unsichtbar. Schliesslich ergibt sich beim Schnitt oder bei der Berührung von E_k mit D_j eine Zerlegung der Kante in Teilkanten, die je sichtbar oder je unsichtbar bleiben.

Der Algorithmus eliminiert zuerst mit Hilfe des Kollinearitätstests COLLINEARITY die unnötigen Dreiecke, ordnet den übrigen Dreiecken durch einen Tiefentest eine Priorität zu und bestimmt die Sichtbarkeit durch Schnitt- und Inklusionsüberprüfungen. Schliesslich werden nur die vollständig sichtbaren Kanten oder Kantenteile ausgegeben.

```
ALGORITHMUS 2-7
(* Prioritätsverfahren für trianguliertes Polyeder [Giloi/Encarnação 1972] *)

EINGABE:  {D}                            (* Menge von Dreiecken          *)
AUSGABE:  {V}                            (* Menge sichtbarer Kanten      *)

PRIORITY:
BEGIN
     FOR EACH Di in {D}                  (* Elimination senkrecht-       *)
        IF COLLINEARITY(Di)              (* stehender Dreiecke           *)
        THEN
          {D} := {D} - {Di}
     FOR EACH Di,Dj in {D}               (* Sortieren nach der Tiefe     *)
        IF Zi<Zj
        THEN
          Di<Dj
     FOR EACH Di<Dj in {D} DO            (* Sichtbarkeitstest            *)
        CASE Ek OF
          1:   {VE} := {VE} + {Ek}       (* potentiell sichtbare Kante   *)
          2:   {NV} := {NV} + {Ek}       (* nicht sichtbare Kante        *)
          3:   {VP} := {VP} + {Ek'}      (* pot. sichtbarer Teil Ek'     *)
     {VE} := {VE} - {NV}                 (* vollst. sichtbare Kanten     *)
     {VP} := {VP} - {NV}                 (* sichtbare Kantenteile        *)
     OUTPUT({VE} + {VP})
END (* Priority *)
```

Ähnliche Prioritätsverfahren wie oben behandeln anstelle von Dreiecken beliebige Polygone [Newell et al. 1972], wobei Mehrdeutigkeiten bei der Prioritätszuordnung zusätzliche Prüfroutinen verlangen. Beim Tiefentest beliebiger Polygone kann es z.B. vorkommen, dass sich mehrere Polygone gegenseitig zyklisch überlagern; solche Anordnungen müssen erkannt und richtig zerlegt werden.

2.6 Standard zur Grafik

Das *Graphische Kernsystem* oder abgekürzt GKS (vergl. [Spektrum 1983], [Enderle et al. 1984]) ist ein ISO-Standard (International Standard Organization) für 2D Grafik, eine Erweiterung für 3D Grafik liegt vor (siehe z.B. [Kansy 1985]). GKS dient als genormtes System der Erzeugung, Manipulation und Ausgabe zweidimensionaler Vektor- und Rasterbilder. Sämtliche Funktionen zur Interaktion, Speicherung, Veränderung oder Bildstrukturierung sind anwendungs- und geräteunabhängig. Zusätzlich bestehen auch Bestrebungen, die Funktionen des GKS hardwaremässig abzudecken.

Wir beschreiben im folgenden die wichtigsten Funktionen des GKS überblicksmässig: Bei der Systemgenerierung müssen die sprachunabhängigen Konstrukte des GKS vorerst in die zu verwendende Sprache eingebettet werden, z.B. mittels abstrakter Datentypen, Funktions- oder Prozeduraufrufen. Als bedeutungsvolle Abstraktion enthält das GKS die folgenden Konzepte:

- *Primitiven* zur Darstellung und zur Erfassung von grafischer Information. Die Zusammenfassung mehrerer Primitiven zu einer Einheit (Segmentbildung) ist möglich.
- *Abbildungen* von Primitiven bzw. Segmenten des Anwendungsraumes auf den gewünschten Teil des Bildschirmraumes.
- Abstrakte grafische *Arbeitsplätze* zur Definition logischer Schnittstellen.

Im GKS werden die Primitiven POLYGON, POLYMARKE, TEXT, FÜLLGEBIET, ZELLMATRIX und VERALLGEMEINERTES DARSTELLUNGSELEMENT für die *Ausgabe* unterschieden. Aufgrund einer geordneten Menge von Punkten generiert POLYGON einen nicht notwendigerweise geschlossenen Streckenzug. Die Primitive dient der Strichzeichnung und kann Attribute wie Liniendicke, Farbe, Strichart etc. enthalten. POLYMARKE erzeugt an jedem Punkt aus einer gegebenen Punktmenge eine zentrierte Marke. TEXT lässt zwei Klassen von Attributen zu: Die erste beschreibt die Qualität von Textzeichen durch Fontbeschreibung, Präzisionsangaben und Farbe; die zweite enthält geometrische Attribute wie Grösse der Zeichen, Abstände dazwischen, Orientierung etc. FÜLLGEBIET zeigt den Einfluss der Rastergrafik; sie stützt sich direkt auf die technischen Möglichkeiten von Ausgabegeräten wie Rasterbildschirm und Matrixdrucker. Durch die Angabe eines geschlossenen POLYGONS färbt die Primitive FÜLLGEBIET die entsprechende Polygonfläche hardwaremässig mit dem gewünschten Muster. Durch ZELLMATRIX erzeugt GKS aus einer gegebenen Bildmatrix aufgrund von Farbindices und Grössenparametern ein Bild auf dem Rasterbildschirm. Ein VERALLGEMEINERTES DARSTELLUNGSELEMENT erlaubt, selbstgeschriebene Primitiven wie z.B. Kreise oder Kreisbogen zu realisieren, falls diese nicht schon standardmässig durch die Geräte selbst unterstützt sind.

Zur *Abbildung* des Anwendungsraumes auf den Bildschirmraum dient die WINDOW/VIEWPORT-Transformation: Die Weltkoordinaten aus den Anwendungsprogrammen werden durch GKS auf normierte Gerätekoordinaten umgerechnet.

Zur *Erfassung* von Primitiven ab (logischen) Eingabegeräten sind die folgenden Konstrukte vorgesehen: LOKALISIERER, STRICHGEBER, WERTGEBER, AUSWÄHLER, PICKER und TEXTGEBER. LOKALISIERER liefert aufgrund der WINDOW/VIEWPORT-Transformation die Position der Primitiven in Weltkoordinaten. Geeignete physikalische Eingabegeräte dazu sind das Fadenkreuz, der Lichtgriffel, die Rollkugel, das Tablett, der Digitalisierer oder die Tastatur. Der STRICHGEBER liefert eine Folge von Positionen in Weltkoordinaten. Der AUSWÄHLER gibt eine positive ganze Zahl zur Charakterisierung verschiedener Eingabemöglichkeiten wie z.B. Funktionstastaturen, Menüs auf Bildschirmen oder Tabletts. Der PICKER liefert den Namen eines Teilbildes (Segmentnamen), eine Pickerkennzeichnung sowie eine Statusanzeige, meistens mit Hilfe eines Lichtgriffels oder eines Fadenkreuzes. Der TEXTGEBER umschreibt eine über die Tastatur eingegebene Zeichenfolge.

GKS basiert auf dem Konzept *abstrakter grafischer Arbeitsplätze* mit logischen Schnittstellen. Über diese kommuniziert das Anwendungsprogramm mit den physikalischen Geräten, wobei für jeden vorhandenen Arbeitsplatz eine Beschreibungstabelle existiert.

3 Datenstrukturen und Algorithmen zur Geometrie

Effizientes Suchen und Sortieren gehören zu den grundsätzlichen Problemstellungen der Informatik (vergl. z.B. [Sedgewick 1984] oder [Wirth 1986]). Entsprechende Algorithmen sind bei der Entwicklung von Betriebssystemen oder für die Auswertung von Datenbankabfragen entworfen worden. Obwohl ein Grossteil der heutigen Literatur sich bei Such- und Sortierprozessen auf den eindimensionalen Fall konzentriert, existieren in der Praxis viele mehrdimensionale Suchprobleme (Bestimmen nächster Nachbarn oder Punkt-im-Polygon-Test). Wir behandeln in diesem Kapitel wichtige Datenstrukturen und Algorithmen zur Darstellung und Bearbeitung geometrischer Sachverhalte, wie sie oft in der Computergrafik auftreten. Einen Überblick über das junge Fachgebiet geometrischer Datenstrukturen und Algorithmen gewinnt man in [Mehlhorn 1984], [Lee/Preparata 1984] und [Preparata/Shamos 1985].

Der Abschnitt 3.1 führt Effizienzkriterien ein, um die algorithmischen Methoden besser werten und vergleichen zu können. Im Abschnitt 3.2 beschreiben wir anhand von zwei Beispielen mehrdimensionale Datenstrukturen zur effizienten Speicherung geometrischer Daten. Zusätzlich illustrieren wir im Abschnitt 3.3 eine Interpretationshilfe für mehrdimensionale Daten. Wichtige geometrische Suchfragen werden im Abschnitt 3.4 erläutert, vor allem das Lokalisieren von Punkten in der Ebene. Algorithmen zur Überprüfung der Konvexität von Punktmengen oder zur Berechnung der konvexen Hülle bilden den Inhalt des Abschnitts 3.5. Anhand der Schnittberechnung geometrischer Objekte zeigen wir im Abschnitt 3.6 einige algorithmische Techniken wie Divide-et-Impera, Durchlauftechnik oder geometrische Transformationen. Der letzte Abschnitt 3.7 konzentriert sich auf Nachbarschaftsfragen.

3.1 Effizienzkriterien

Unter das Rechnen mit geometrischen Objekten fallen z.B. die folgenden Fragen: Wie schwierig ist es, den Schnitt von Strecken, Rechtecken oder beliebigen Polygonen in der Ebene zu berechnen? Lassen sich die entsprechenden Algorithmen auf höhere Raumdimensionen oder zur Bestimmung anderer geometrischer und topologischer Eigenschaften verallgemeinern? Was heisst "effizient entscheiden" oder "effizient berechnen"? Betrachten wir ein Beispiel: Wir wollen für n Strecken in der Ebene entscheiden, ob sie schnittfrei sind; gegebenenfalls sollen existierende Schnittpunkte berechnet werden. Die Effizienzfrage lautet deshalb: Ist es möglich, anstelle des einfachen

Prüfens jedes einzelnen Paares von Strecken, für die Entscheidungs- oder Schnittfrage weniger als $n*(n-1)/2$ Elementaroperationen zu gebrauchen? Welches sind dabei die oberen und unteren Schranken für Rechenzeit und Speicherplatz?

Wir setzen das folgende Modell als Berechnungsgrundlage voraus: Jeder Speicherplatz unseres idealisierten Rechners kann eine reelle Zahl mit beliebiger Stellenzahl fassen, wobei die indirekte Adressierung einer Speicherzelle eine Zeiteinheit benötigt. Zusätzlich sind die arithmetischen Operationen Addition, Subtraktion, Multiplikation, Division und die Vergleichsoperationen beliebig genau vorausgesetzt. Sie sollen zusammen mit den logischen Operationen ebenfalls eine Zeiteinheit beanspruchen. Daraus folgen primitive Operationen wie z.B. Test auf Kollinearität dreier Punkte oder Schnitt zweier Geraden in konstanter Zeit.

Zur Illustration betrachten wir ein Beispiel einer Entscheidung, welche konstante Zeit benötigt. Wir wollen wissen, ob beim Durchlaufen der Strecken eines geschlossenen Polygons im Gegenuhrzeigersinn bei den Eckpunkten jeweils eine Links- oder eine Rechtsdrehung nötig ist:

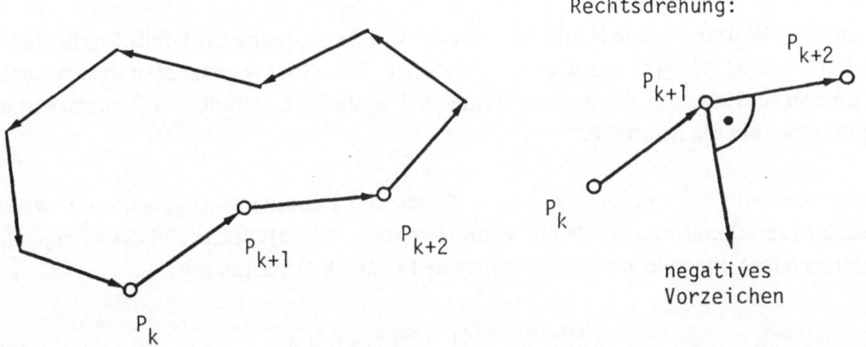

Abb. 3-1: Links- und Rechtsdrehungen beim Durchlaufen eines Polygons.

Diese Entscheidungsfrage können wir in konstanter Zeit beantworten, da keine trigonometrischen Berechnungen, sondern nur Elementaroperationen gebraucht werden. Zu einem Tripel P_k, P_{k+1} und P_{k+2} von Polygonpunkten berechnen wir die Funktion

$$S(P_k, P_{k+1}, P_{k+2}) := (X_{k+1} - X_k) * (Y_{k+2} - Y_{k+1}) + (X_{k+1} - X_{k+2}) * (Y_{k+1} - Y_k).$$

Nun gilt für S die folgende Aussage:

S = 0: Die Punkte P_k, P_{k+1} und P_{k+2} sind kollinear.
S < 0: P_{k+2} wird bezüglich P_k und P_{k+1} durch eine Rechtsdrehung besucht.
S > 0: P_{k+2} wird bezüglich P_k und P_{k+1} durch eine Linksdrehung besucht.

Das Vorzeichen der Funktion S lässt sich als Richtung des Vektorproduktes der beiden Vektoren (P_k,P_{k+1}) resp. (P_{k+1},P_{k+2}) auffassen. Bei negativem Vorzeichen wissen wir somit, dass es sich um eine Rechtsdrehung handelt bzw. dass der Winkel zwischen den beiden Polygonkanten (P_k,P_{k+1}) und (P_{k+1},P_{k+2}) innerhalb des Polygons gemessen grösser als 180 Grad ist.

Zeit- und Speicherplatzbedarf sind die beiden wichtigsten Masse bei der Untersuchung der Effizienz von Algorithmen. Diese Werte werden als Funktion des Inputs der Länge n (mit n gleich der Anzahl geometrischer Objekte) wie folgt definiert:

$O(g(n))$ beschreibt die Menge aller positivwertigen Funktionen f(n), für welche positive Konstanten C und k existieren mit

$$f(n) \leq C * g(n) \quad \text{für alle } n \geq k.$$

Mit anderen Worten ist eine Funktion f von der Grössenordnung $O(g)$, falls f(n) höchstens so schnell wächst wie g(n) mit n gegen Unendlich. Bei dieser sogenannten *asymptotischen Komplexität* sind also nur dominante Terme wichtig und die Notation $O(g)$ entspricht der Angabe einer oberen Schranke.

Analog wird mit der Notation $\Omega(g)$ eine Klasse von Funktionen ausgezeichnet, welche wenigstens so schnell wächst wie ein Vielfaches von g. $\Omega(g(n))$ beschreibt die Menge aller Funktionen f(n), für welche positive Konstanten C und k existieren mit

$$f(n) \geq C * g(n) \quad \text{für alle } n \geq k.$$

$\Omega(g)$ entspricht dem Konzept der unteren Schranke.

Durch die Angabe von oberen und unteren Schranken wird rein theoretisch ein Mass für die Effizienz definiert. Damit lässt sich das Verhalten des Zeit- und Speicherplatzbedarfs verschiedener Algorithmen vergleichen. Da bei der asymptotischen Komplexität nur dominante Terme interessieren, ist dieses Mass bei praktischen Problemen teilweise zuwenig aussagekräftig. Hinzu kommt, dass sich z.B. bei grossen Datenmengen der Aufwand für Vorarbeit aufgrund der Komplexitätsanalyse nur im Fall häufig durchgeführter Abfragen lohnt. Unter Vorarbeit versteht man die Anwendung von Sortierroutinen oder den Aufbau effizienzsteigernder Datenstrukturen.

3.2 Mehrdimensionale Datenstrukturen

Mehrdimensionale Datenstrukturen unterstützen den Zugriff auf Datensätze mit mehreren Schlüsselwerten. Einfache geometrische Objekte wie Punkte, Rechtecke, Kreise, Würfel, Zylinder, Kugeln etc. lassen sich in einer mehrdimensionalen Datenstruktur verwalten, indem man sie als Punkte eines höherdimensionalen Parameterraumes auffasst. Betrachten wir dazu ein Beispiel: Wir interessieren uns für achsenparallele Rechtecke in der Ebene, wie sie beim Entwurf integrierter Schaltungen vorkommen. Jedes Rechteck lässt sich z.B. eindeutig durch die Koordinaten des Mittelpunktes sowie durch halbe Länge und Breite beschreiben und identifizieren. Um einen effizienten Zugriff auf die Rechtecke zu gewährleisten, benötigt man eine vierdimensionale Datenstruktur mit zwei Schlüsselbereichen für die Mittelpunktskoordinaten und je einem Bereich für Längen- und Breitenmass. Abhängig von der Grösse des Datenbestandes muss eine solche mehrdimensionale Datenstruktur sekundäre Speichermedien miteinbeziehen. Im folgenden setzen wir stillschweigend grosse Datenbestände voraus, wie sie bei grafischen und geometrischen Anwendungen häufig vorkommen.

Im Gegensatz zu invertierten Dateien strebt man bei mehrdimensionalen Datenstrukturen an, dass keiner der Schlüssel als Primärschlüssel dient und dadurch die Reihenfolge bei der Speicherung der physischen Datensätze bestimmt. Man nennt eine mehrdimensionale Datenstruktur *symmetrisch*, wenn sie den Zugriff über mehrere Schlüssel ermöglicht, ohne einen bestimmten Schlüssel oder eine Schlüsselkombination zu bevorzugen. Im obigen Beispiel von Rechtecken in der Ebene ist wünschenswert, dass jeder der vier Schlüssel gleichberechtigt ist und bei einer konkreten Anfrage den Zugriff auf einzelne Datensätze unterstützt.

Um die Diskussion mehrdimensionaler Datenprobleme unabhängig von der jeweiligen Anwendung zu machen, setzen wir eine abstrakte Menge von Datensätzen mit k Schlüsseln voraus. Beim Vergleich dieser k-dimensionalen Datenstrukturen interessieren uns Qualitätsunterschiede für die folgenden Anfragearten:

Punktfrage: (exact match query)	Bei der Angabe von k Schlüsselwerten soll der entsprechende Datensatz gefunden werden, falls er existiert.
Teilpunktfrage: (partial match query)	Anstelle von k Schlüsseln gibt man eine Schlüsselkombination mit weniger als k Schlüsseln vor und interessiert sich für alle Datensätze, die der Schlüsselkombination genügen.

Bereichfrage: (exact range query)	**Für jeden der k Schlüssel spezifiziert man einen Bereich. Sämtliche Datensätze erfüllen die Anfrage, wenn ihre Schlüssel in den jeweiligen Bereichen liegen.**
Teilbereichfrage: (partial range query)	**Analog der Bereichfrage, wobei weniger als k Bereiche spezifiziert werden.**
Nachbarschaftsfrage: (nearest neighbor query)	**Bezüglich eines bestimmten Datensatzes und eines Abstandkriteriums (z.B. Euklidsche Metrikangaben bei geometrischen Daten) interessieren alle Datensätze, deren Schlüssel vom Referenzwert höchstens um den erlaubten Abstand abweichen.**

Im folgenden diskutieren wir k-dimensionale symmetrische Datenstrukturen aufgrund der obigen Anfragetypen. Grundsätzlich stehen zur Speicherung mehrdimensionaler Daten baumartige Datenstrukturen oder Adressberechnungsmethoden zur Verfügung. Wir erläutern deshalb je einen wichtigen Vertreter aus den beiden Klassen.

3.2.1 Baumstrukturen

K-dimensionale Bäume oder *k-d-Bäume* [Bentley 1975] sind binäre Bäume, deren Knoten Datensätze mit k-dimensionalen Schlüsseln enthalten. Seien k Schlüssel $K_1,...,K_k$ gegeben: Auf der obersten Ebene des Baumes entscheiden wir durch Vergleich mit dem ersten Schlüsselwert K_1, ob wir einen neuen Datensatz beim Einfügen im rechten oder linken Teilbaum ablegen. Der Datensatz kommt in den linken Teilbaum, falls sein K_1-Schlüssel kleiner als der entsprechende Wert im Knoten ist; analog wird der Datensatz mit einem Schlüssel grösser gleich K_1 im rechten Teilbaum abgespeichert. Auf der zweiten Stufe wird der zweite Schlüssel benützt etc. Schliesslich kann auf der Stufe k+1 der erste Schlüssel wieder als Diskriminator auftreten, bis der Datensatz Platz zur Speicherung findet.

Betrachten wir einen bestimmten Knoten eines k-d-Baumes, so sind die Schlüsselwerte in seinen zugehörigen Teilbäumen durch feste Grenzen eingeschränkt. Nehmen wir z.B. einen beliebigen Knoten R im rechten Teilbaum des Knotens P der Stufe j an, so gilt für die j-Komponente des k-dimensionalen Schlüssels

$$K_j(R) \geq K_j(P)$$

laut Definition des k-d-Baumes. Diese Tatsache kann man ausnützen, indem man jedem Knoten sogenannte Bereichskalen zuordnet. Eine *Bereichskala* umfasst für jede

Schlüsselkomponente des k-dimensionalen Schlüssels eine untere und eine obere Schranke. So lautet die Bereichskala des Wurzelelementes wie folgt:

$$B := (\ \min(K_1), \max(K_1), \min(K_2), \max(K_2), ..., \min(K_k), \max(K_k)\ )$$

Entsprechend den Datensätzen in den Knoten des k-d-Baumes werden die Bereichskalen sukzessive eingeschränkt. Fügen wir z.B. den Datensatz A in der Wurzel ein, so definieren die Nachfolgeknoten auf der ersten Stufe des k-d-Baumes die folgenden zwei Bereichskalen

$$\text{B-LEFT} = (\ \min(K_1), K_1(A), ..., \min(K_k), \max(K_k)\ ) \text{ und}$$
$$\text{B-RIGHT} = (\ K_1(A), \max(K_1), ..., \min(K_k), \max(K_k)\ ).$$

Als Beispiel betrachten wir einen 2-d-Baum, welcher Punkte in der Ebene gemäss Abb. 3-2 verwaltet. Seien die x-Werte als Schlüsselbereich K_1 aufgefasst, entsprechend die y-Werte als Schlüsselbereich K_2.

Die Datensätze mit den zweidimensionalen Schlüsseln werden nun in der alphabetischen Reihenfolge A,B,C,...,I eingefügt. Dabei vergleicht man beim Einstieg in den 2-d-Baum den jeweiligen Schlüssel des Datensatzes abwechselnd mit dem ersten und dem zweiten Schlüsselwert schon gespeicherter Datensätze. Die Bereichskalen, hier beschränkt auf je zwei Einträge für die Teilschlüssel K_1 und K_2, müssen nicht explizite pro Knoten abgelegt werden. Sie lassen sich beim Absteigen des 2-d-Baumes aus den Schlüsselwerten bereits besuchter Datensätze direkt berechnen. So ergeben sich beispielsweise auf der ersten Stufe des 2-d-Baumes die beiden Bereichskalen zu B-LEFT=(0,45,0,100) und B-RIGHT=(45,100,0,100).

Beim Suchen eines Datensatzes steigt man den Baum hinunter, bis man den Datensatz in einem Knoten findet oder erfolglos aus dem Baum fällt. Dabei kennen wir aufgrund schon besuchter Knoten die aktuellen Bereichskalen. Zusätzlich ändern sich die Schlüsselwerte beim Absteigen des Baumes zyklisch. Der Knoten der n-ten Stufe korrespondiert z.B. mit dem Schlüssel n*mod(k+1), falls wir den Wurzelknoten der nullten Stufe zuordnen.

Aufwendiger wird das Anfragen bei teilweise vorhandenen Schlüsselwerten (Teilpunktfrage). Falls ein bestimmter Schlüsselwert nicht spezifiziert ist, müssen bei den entsprechenden Knoten beide Söhne rekursiv konsultiert werden. Analoges gilt für Bereich- und Nachbarschaftsfragen.

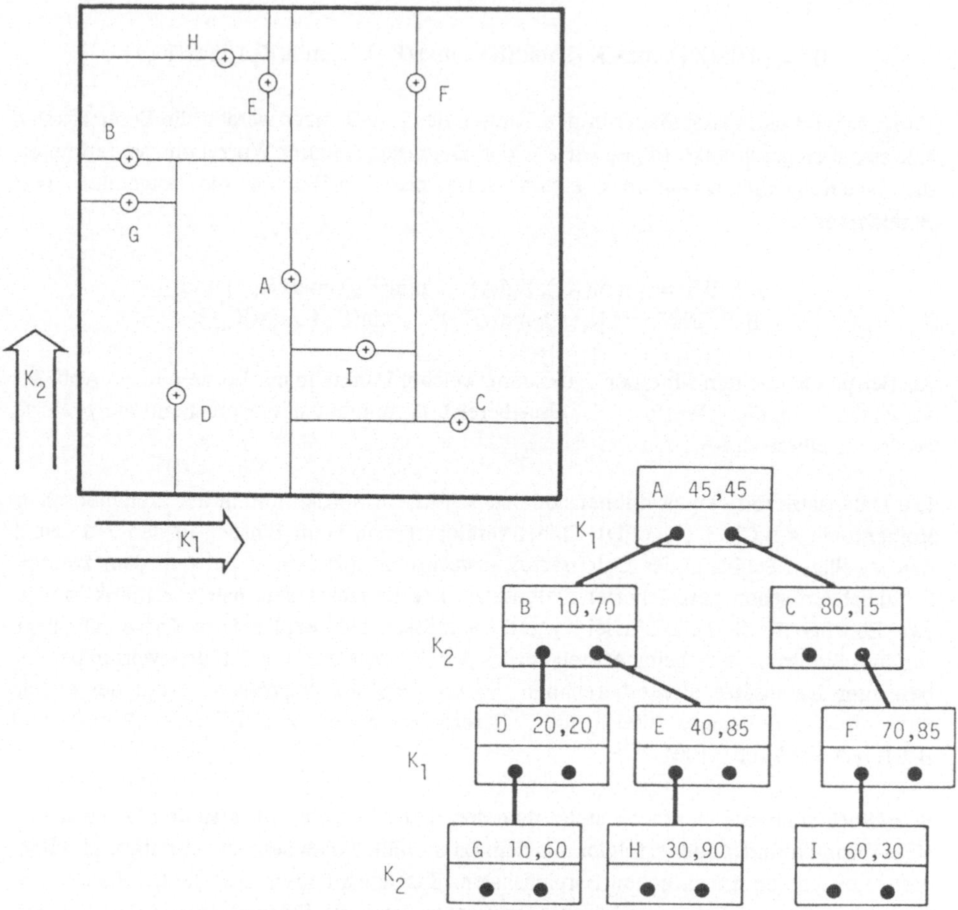

Abb. 3-2: Szenarium und 2-d-Baum für Punkte in der Ebene.

Wir betrachten als Beispiel eine beliebige Teilbereichfrage, definiert durch eine Anzahl t (mit t echt kleiner k) Schlüsselbereiche. Diese beschreiben einen t-dimensionalen Unterraum des k-dimensionalen Datenraumes und es gilt, sämtliche Datensätze in diesem Unterraum auszugeben. Dazu dient der Algorithmus 3-1 mit den folgenden Prozeduren: Für einen beliebigen Knoten des k-d-Baumes wird durch die Prozedur IN-REGION festgestellt, ob der zugehörige Datensatz vollständig innerhalb des Unterraumes der Teilbereichfrage liegt oder nicht. Dieser Inklusionstest lässt sich durch einfache Vergleiche zwischen den Grenzen des Unterraumes und den gefundenen Schlüsselwerten durchführen. Eine weitere Prozedur TEST-REGION stellt für eine bestimmte Bereichskala fest, ob der durch die Skalen definierte Teilraum den Unterraum der Anfrage schneidet oder nicht. Schliesslich gibt die Prozedur FOUND sämtliche Datensätze aus, welche im Unterraum gefunden werden.

```
ALGORITHMUS 3-1
(* Bereichfrage für k-d-Baum nach [Bentley 1975]                     *)

EINGABE:  P                              (* k-d-Baum                  *)
          U                              (* Suchregion                *)
          B                              (* Bereichskalen             *)
AUSGABE:  P                              (* Datensätze in U           *)

TREE-SEARCH(P,B):
BEGIN
     IF IN-REGION(P,U)
     THEN                                (* Ausgabe Datensatz         *)
        FOUND(P)
     j := DISCRIMINATOR(P)               (* Bereichskalen             *)
     B-LEFT( 2*j + 1 ) := Kj (P)
     B-RIGHT( 2*j ) := Kj (P)
     IF LEFT-SON(P)<>{} AND TEST-REGION(B-LEFT)
     THEN                                (* linker Sohn               *)
        TREE-SEARCH(LEFT-SON(P),B-LEFT)
     IF RIGHT-SON(P)<>{} AND TEST-REGION(B-RIGHT)
     THEN                                (* rechter Sohn              *)
        TREE-SEARCH(RIGHT-SON(P),B-RIGHT)
END (* Tree Search *)
```

Beim häufigen Einfügen und Löschen kann es vorkommen, dass der k-d-Baum ausartet. Zum Ausbalancieren muss dann für den Schlüsselbereich K_1 der Median gefunden werden (d.h. dasjenige Element, welches grösser als die eine Hälfte und kleiner als die andere Hälfte sämtlicher Schlüsselwerte von K_1 ist). Dieses Element bestimmt schliesslich das Wurzelelement, wobei die eine Hälfte in den linken Baumteil, die andere in den rechten zu liegen kommt. Nun geschieht der gleiche Vorgang mit dem Schlüsselbereich K_2 usw.

Bentley zeigt in seiner Arbeit [Bentley 1975], dass der Aufwand für das Einfügen eines beliebigen Datensatzes im Durchschnitt von der Ordnung $O(\log n)$ ist, wobei n die Anzahl gespeicherter Datensätze bzw. Knoten des k-d-Baumes bezeichnet. Ähnlicher Aufwand gilt für Löschung und Nachbarsuche. Bei Entartungen benötigt man einen Algorithmus zur Balancierung des k-d-Baumes vom Aufwand $O(n*\log n)$.

Die diskutierten Zeitschranken sind irrelevant, falls der Datenbestand sehr gross ist und auf Sekundärspeicher ausgelagert werden muss. In diesem Fall zeigen k-d-Bäume

Nachteile, da sie Bereich- oder Nachbarschaftsfragen kaum unterstützen. Der Grund liegt in der Baumstruktur selber, welche die Daten anstelle des Datenraums organisiert: Bei einem k-d-Baum erhöhen Baumtraversierungen die Anzahl Sekundärspeicherzugriffe, da zusammenhängende Suchregionen nicht mit zusammenhängenden physischen Seiten korrespondieren. Deshalb existieren Erweiterungen des k-d-Baumes, welche die genannten Nachteile entschärfen. Der in [Bentley 1979] beschriebene inhomogene k-d-Baum z.B. verwaltet die eigentlichen Datensätze in den Blättern und legt die Verzweigungsinformation in den internen Knoten ab. Weitere mehrdimensionale Baumstrukturen, welche sich für Sekundärspeicher eignen, sind k-d-B-Bäume [Robinson 1981] und mehrdimensionale B-Bäume [Scheuermann/Ouksel 1982].

Neben dem k-d-Baum und seinen Abwandlungen sind weitere baumartige Datenstrukturen entwickelt worden [Samet 1984], welche meistens Variationen von binären Bäumen darstellen. Beispielsweise ist der Segmentbaum (segment tree) ein binärer Baum minimaler Höhe über eine Menge von Intervallen. Verallgemeinerungen des Segmentbaumes sind in den Dimensionen zwei und drei der sogenannte Quadratbaum (quadtree) und der Oktagonbaum (octree); wir gehen auf den Oktagonbaum im Abschnitt 5.3.2 kurz ein.

3.2.2 Zellstrukturen

Im Gegensatz zu mehrdimensionalen Bäumen organisieren Zell- oder Gitterstrukturen nicht die Daten, sondern den zugrundeliegenden Datenraum. Wir beschreiben im folgenden die Gitterdatei [Nievergelt et al. 1984], welche den Datenraum durch ein orthogonales Gitter unterteilt.

Die *Gitterdatei* ist eine symmetrische Datenstruktur, da jede Raumdimension gleich behandelt wird. Datensätze mit k Schlüsselwerten $K_1,...,K_k$ fassen wir als Punkte im k-dimensionalen Raum auf. Ein Gitter unterteilt diesen k-dimensionalen Datenraum aufgrund eines Gitterverzeichnisses. Die Skalen des Gitterverzeichnisses sind k eindimensionale Bereiche $S_1,...,S_k$ und enthalten die Grenzen, die den zugrundeliegenden Datenraum aufteilen. Das Gitterverzeichnis selbst ist ein k-dimensionaler dynamischer Bereich und ordnet auf eindeutige Art den Gitterzellen die entsprechenden Datensätze zu, indem jede Gitterzelle die Adresse eines Datenblocks enthält. Um eine schlechte Speicherausnutzung zu vermeiden, können mehrere Gitterzellen auf einen Datenblock zeigen. Dabei muss jede Zellregion ein konvexes mehrdimensionales Rechteck bilden, da sonst beim dynamischen Verändern der Grenzen des Gitterverzeichnisses Konflikte entstehen könnten.

Zur Illustration betrachten wir dasselbe zweidimensionale Beispiel wie im Abschnitt 3.2.1. Der Einfachheit halber nehmen wir an, dass je zwei Datensätze in einem Datenblock Platz finden. Die Abb. 3-3 zeigt das zum Datenraum gehörende Gitterverzeichnis, wobei die Datensätze wiederum in der Reihenfolge A,B,C,...,I in die Gitterdatei eingefügt wurden. Entsprechend lauten die Skalen für den ersten Schlüssel $S_{11}=0$, $S_{12}=25$, $S_{13}=50$, $S_{14}=100$ und für den zweiten $S_{21}=0$, $S_{22}=50$, $S_{23}=100$, da zyklisch in Richtung K_1 und K_2 halbiert wurde. Unter anderem ist aus dem Beispiel ersichtlich, dass die beiden Zellen mit dem Datensatz A und D eine gemeinsame Zellregion definieren, da beide Datensätze in einem Datenblock Platz finden.

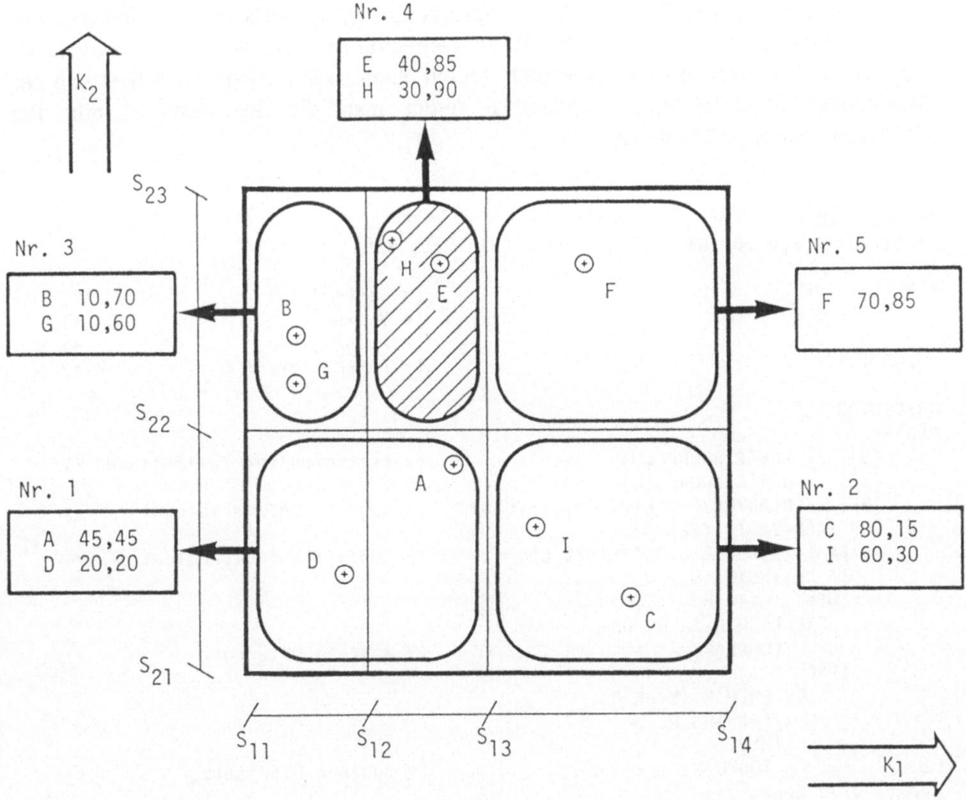

Abb. 3-3: Gitterverzeichnis mit zugehörigen Datenblöcken.

Da das Gitterverzeichnis im allgemeinen sehr gross ist, muss es wie die Daten auf Sekundärspeicher gehalten werden. Die Skalen hingegen sind klein und resident. Somit erfolgt ein Zugriff auf einen spezifischen Datensatz wie folgt: Mit den k Schlüsselwerten durchsucht man die Skalen und stellt fest, in welchem Intervall der jeweilige Schlüsselwert liegt. Die so bestimmten Intervalle erlauben einen direkten Zugriff auf die entsprechende Zelle oder Zellregion des Gitterverzeichnisses. Mit der gefundenen Adresse erhält man nach einem weiteren Zugriff den Datenblock und kann feststellen, ob er den gesuchten Datensatz enthält oder nicht. Auf alle Fälle ist bei diesem Vorgehen das *2-Diskzugriffprinzip* gewährleistet. Es sagt aus, dass eine beliebige Punktfrage höchstens zwei Zugriffe auf den externen Speicher benötigt: Der erste Zugriff führt zur richtigen Zelle, der zweite zum gesuchten Datenblock.

Möchten wir z.B. in der Abb. 3-3 den Datensatz mit dem Schlüssel (30,90) finden, so liegt K_1 zwischen den Skalen S_{12} und S_{13}, entsprechend liegt K_2 zwischen S_{22} und S_{23}. Ein erster Diskzugriff führt auf die schraffierte Zellregion im Gitterverzeichnis, welche als Adresse die Datenblocknummer 4 enthält. Durch einen zweiten Diskzugriff lässt sich der Datenblock Nr. 4 einlesen. Schliesslich findet man den Datensatz H mit den Schlüsselwerten $K_1=30$ und $K_2=90$.

```
ALGORITHMUS 3-2
(* Bereichfrage für Gitterdatei nach [Hinrichs 1985]                         *)

EINGABE:  GF                                     (* Gitterdatei              *)
          S                                      (* Skalen                   *)
          U                                      (* Suchregion               *)
AUSGABE:  R                                      (* Datensätze in U          *)

GRID-SEARCH:
BEGIN
     {Si} := LOWER-BOUNDS(U)                     (* Bestimmen der Zellregionen *)
     {Sj} := UPPER-BOUNDS(U)
     {Zk} := READ-GRID-DIRECTORY({Si,Sj})        (* Zugriff auf Verzeichnis  *)
     FOR EACH Zk IN {Zk} DO
        Rk := READ-GRID-BUCKET(Zk,GF)            (* Zugriff auf Datenblock   *)
        IF Rk INSIDE U
        THEN
          FOR EACH R IN Rk DO
              FOUND(R)                           (* Ausgabe Datensatz        *)
        ELSE
           FOR EACH R IN Rk DO
              IF R INSIDE U
              THEN
               FOUND(R)                          (* Ausgabe Datensatz        *)
END (* Grid Search *)
```

Neben dem 2-Diskzugriffprinzip für Punktfragen zeigt eine Gitterdatei auch bezüglich Teil- und Bereichfragen Vorteile [Hinrichs 1985]. Wird eine Suchregion wie im Algorithmus 3-2 durch Schlüsselbereiche definiert, so lassen sich je Schlüsselbereich obere und untere Skalenwerte durch einfache Vergleiche bestimmen. Die zu diesen

Skalenwerten gehörigen Intervalle führen mit READ-GRID-DIRECTORY auf die gesuchten Zellregionen des Gitterverzeichnisses. Jetzt liest man mit READ-GRID-BUCKET die Datenblöcke mit Hilfe der gefundenen Adressen ein. Falls der Bereich eines Datenblocks vollständig in der Suchregion liegt, gehören alle seine Datensätze zur gesuchten Datenmenge. Anderenfalls muss jeder Datensatz im Datenblock auf Inklusion mit der Suchregion getestet werden.

Natürlich wird beim Einfügen und Löschen von Datensätzen die Struktur der Gitterdatei, d.h. die Skalen und das Gitterverzeichnis, dynamisch verändert. Ein überlaufender Datenblock wird wie folgt auf zwei Datenblöcke verteilt: Durch eine (k-1)-dimensionale Hyperebene teilt man die entsprechende Gitterzelle, wobei man für jeden dieser Teile einen neuen Datenblock anlegt. Dabei müssen die Elemente des Gitterverzeichnisses und die Datensätze aus dem Überlaufdatenblock konsistent nachgeführt werden. Umgekehrt können Datenblöcke verschmolzen werden, wenn die Belegsquote unter eine bestimmte Schranke fällt.

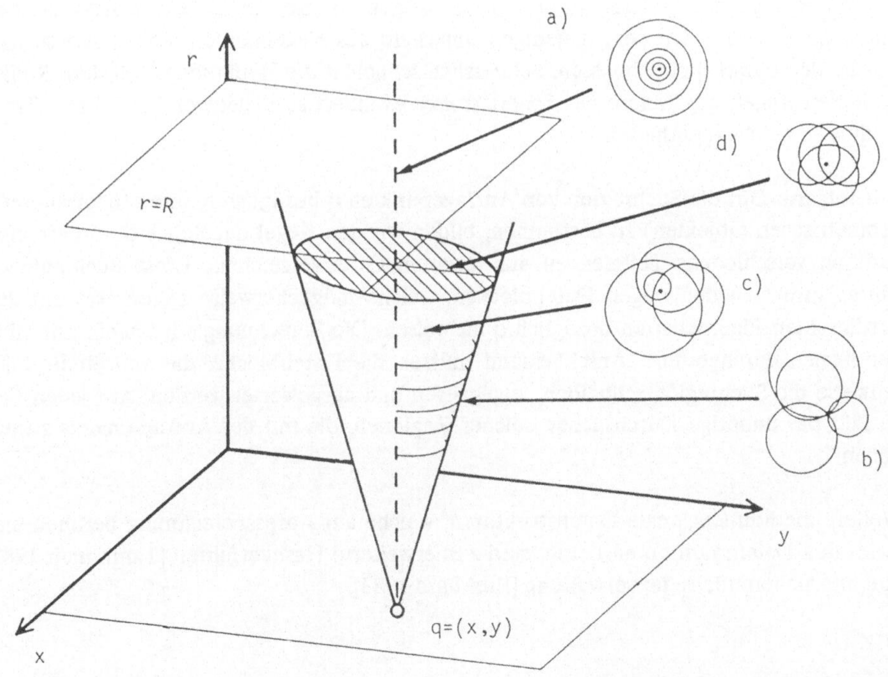

Abb. 3-4: Raumorganisation der Gitterdatei für Kreise in der Ebene.

Zur weiteren Illustration von Bereichfragen geben wir ein einfaches geometrisches Beispiel in Abb. 3-4. Kreise in der Ebene seien als dreidimensionale Punkte durch die Angabe der x- und y-Koordinaten ihrer Mittelpunkte und durch ihre Radien r in einer Gitterdatei gespeichert. Wir geben einen Anfragepunkt q=(x,y) in der Ebene vor und interessieren uns für sämtliche Datensätze der Gitterdatei, welche in einer geometrischen Beziehung zu q stehen. Mögliche Anfragen lauten:

a) Konzentrische Kreise: Welches sind die zu q konzentrischen Kreise?

b) Berührende Kreise: Welche Kreise schneiden den Punkt q?

c) Einschliessende Kreise: Gibt es Kreise, welche q umfassen?

d) Einschliessende Kreise mit festem Radius: Existiert ein Kreis mit fixem Radius R, welcher q enthält?

Die obigen Anfragen entsprechen Teilmengen des Kegels mit der Spitze q und einer Achse parallel zur r-Achse. Sämtliche Punkte der Kegelachse repräsentieren die zum Punkt q konzentrischen Kreise. Die Punkte auf dem Mantel des Kegels entsprechen den mit q koinzidenten Kreisen, diejenigen innerhalb des Kegelmantels stellen Kreise dar, welche den Punkt q einschliessen. Schliesslich schneidet die Hyperebene mit dem Radius r=R den Kegel; das Innere des Schnittkreises evaluiert so diejenigen Kreise mit fixem Radius R, welche q enthalten.

Wir folgern: Um die Suchregion von Anfragepunkten q bezüglich Kreisen (oder anderen geometrischen Objekten) zu bestimmen, bilden wir den Kegel mit Spitze q und erhalten dadurch verschiedene Teilmengen aus unserem Gitterverzeichnis. Diese Suchregionen führen direkt zu denjenigen Datenblöcken, welche möglicherweise Datensätze mit den gewünschten Eigenschaften bezüglich q aufweisen. Die Berechnung wird allein mit Hilfe der Skalen durchgeführt. Anschliessend müssen die Datenblöcke, die vollständig oder teilweise die Suchregion schneiden, zugegriffen und ausgewertet werden. Auf jeden Fall entfällt das unnötige Durchsuchen solcher Regionen, die mit der Anfrage nichts zu tun haben.

Weitere merhdimensionale Datenstrukturen, welche auf Adressberechnung beruhen und somit den Datenraum organisieren, sind z.B. erweiterte Hashverfahren [Tamminen 1982] und interpolierende Indexverwaltung [Burkhard 1983].

3.3 Interpretation mehrdimensionaler Daten

Bei der Bearbeitung mehrdimensionaler Daten ist eine Interpretation durch den Anwender schwierig, vor allem wenn es sich um Zahlenmaterial mit mehr als drei Parametern handelt. Zwar können einfache geometrische Objekte wie Rechtecke oder Kreise in der Ebene direkt interpretiert werden, ohne ihre Repräsentation im mehrdimensionalen Parameterraum zu konsultieren, doch sind die meisten mehrdimensionalen Daten nicht geometrischer Natur oder ihre Dimension sprengt unsere Vorstellungskraft. Sicher hilft eine Darstellung aller Paare von Parametern in der Ebene kaum weiter, wollen wir doch die mehrdimensionalen Daten in ihrer Gesamtheit darstellen. Wie können wir nun mehrdimensionale Daten grafisch veranschaulichen?

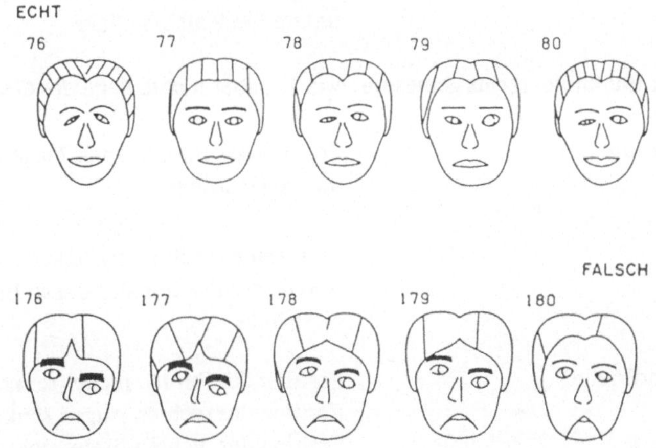

Abb. 3-5: Grafische Darstellung der Längenmasse von echten und gefälschten Banknoten.

Ein Vorschlag zur Darstellung mehrdimensionaler Daten beruht auf der Zuordnung der Datenwerte zu den Positions- und Lagewerten eines menschlichen Gesichts [Chernoff 1973]. Meistens werden dabei die beiden Gesichtshälften gesondert variiert, um die Empfindlichkeit unseres Sehvermögens auf Asymmetrie auszunutzen. So lassen sich für einen Gesichtsteil eine ganze Anzahl von Parametern definieren (z.B. Grösse und Schräge der Augen, waagrechte und senkrechte Verschiebung der Augen, Krümmung der Augenbrauen, Grösse und Stellung der Pupillen, Begrenzung des Gesichts und der Haare, Stellung der Nase, Öffnung und Krümmung des Mundes etc.). Die Werte der Gesichtsparameter werden als normierte Grössen zwischen 0 und 1 angenommen, wobei sich Zwischenwerte des entsprechenden Gesichtsteils interpolieren lassen. Damit gewinnt man einen Gesamteindruck mehrdimensionaler Daten, da die Parameter auffälligen Gesichtsteilen zugeordnet werden können.

Betrachten wir ein Beispiel aus dem Buch [Flury/Riedwyl 1983], welches die geometrischen Ausmasse von Banknoten untersucht. Als Längenmasse dienen sechs Parameter für die Grösse von Papierformat und Druckbild, sowie für die Lage des Druckbildes auf dem Papier. Im einzelnen führen die Autoren die folgenden Parameter ein und ordnen sie gleichzeitig mehreren Gesichtsparametern zu:

X_1: Länge der Banknote	**Schräge der Augen, Krümmung der Brauen, Schraffurwinkel der Haare.**
X_2: Breite der Banknote, links gemessen	Öffnung des linken Auges, Pupillengrösse, waagrechte Position des linken Auges, waagrechte Position der linken Braue, untere Gesichtslinie links.
X_3: Breite der Banknote, rechts gemessen	wie X_2, aber rechte Seite des Gesichts.
X_4: untere Randbreite	Position der Pupille links, Dichte der Brauen, untere Haarlinie.
$X_{4'} := -X_4$	senkrechte Position des linken Auges, senkrechte Position der linken Braue, Nase links.
X_5: obere Randbreite	Position der Pupille rechts, senkrechte Position des rechten Auges, senkrechte Position der rechten Braue, obere Haarlinie, Nase rechts.
X_6: Länge der Bilddiagonalen	Helligkeit der Haare, Öffnung des Mundes, Krümmung des Mundes.

Das Zahlenmaterial der Untersuchung von Flury und Riedwyl besteht aus je hundert echten und gefälschten Noten. Alle sechs ausgemessenen Parameter X_i werden zuerst durch eine lineare Transformation auf das Einheitsintervall abgebildet. Die Kenntnis der Korrelation und die Bedeutung der einzelnen Werteparameter werden vorausgesetzt, um die obige Zuordnung zu bilden.

Da X_2 und X_3 positiv korreliert sind, eignen sie sich für gesonderte Zuordnungen zu denselben Gesichtsparametern links und rechts. Asymmetrien aufgrund von X_2 und X_3 zeigen einen schrägen Schnitt in den zugrundeliegenden Banknoten. Aufgrund der negativen Korrelation der beiden Werte X_4 und X_5 führt man einen Hilfsparameter $X_{4'}$

ein mit $X_{4'} = -X_4$. $X_{4'}$ und X_5 haben betragsmässig den gleichen Korrelationskoeffizienten und lassen sich gesondert auf Gesichtsteile links und rechts abbilden.

In der Abb. 3-5 sind Beispiele aus der Menge der 200 ausgemessenen Banknoten gegeben; die echten befinden sich in der oberen Zeile, die gefälschten in der unteren. Die falschen Gesichter fallen gegenüber den echten durch einen stark hinuntergezogenen, zusammengekniffenen Mund auf und durch eine schwache Schraffur der Haare. Die falschen Gesichter weisen auch oft sehr starke Assymmetrien auf, z.B. bei den Augen.

Das Zeichnen von Gesichtern ist nur eine Methode zur Veranschaulichung von mehrdimensionalen Daten, Kleiner und Hartigan bauen aus mehrdimensionalen Daten beispielsweise stilisierte Bäume und Schlösser [Kleiner/Hartigan 1981]. Die Beispiele zeigen, wie mit Hilfe der Computergrafik versucht wird, mehrdimensionale oder geometrische Daten zu veranschaulichen und zu interpretieren. Weiterführende Literatur über grafische Methoden der multivariaten Statistik sind neben den gemachten Angaben in [Bertin 1977] und [Chambers et al. 1983] zu finden.

3.4 Inklusionsfragen

Inklusionsfragen fallen unter die Begriffe "geometrisches Suchen" oder "Lokalisieren von Punkten". Für eine gegebene Partition des Raumes in mehrere Regionen $R_1,...,R_n$ sei für eine beliebige Punktmenge $X_1,...,X_k$ zu berechnen, welcher Punkt in welcher Region liegt. Diese Inklusions- oder Lokalisierungsfrage hat einen allgemeinen Charakter. Beispielsweise möchte man Einträge in einer Datei aufsuchen, wobei gewisse Datenwerte $X_1,...,X_k$ als Teile eines mehrdimensionalen Schlüssels vorkommen. Fassen wir durch eine geometrische Interpretation jeden Eintrag in der Datei als einen Punkt in einem mehrdimensionalen Parameterraum auf, so bedeutet Lokalisieren von Punkten gleichzeitig Verarbeiten von Datenbankanfragen.

Als einfaches geometrisches Suchproblem behandeln wir im folgenden den Punkt-im-Polygon-Test und wichtige Verallgemeinerungen. Ein Polygon ist durch einen geschlossenen Streckenzug definiert, wobei sich der Polygonrand normalerweise nicht selbst schneiden darf. Orientieren wir den Streckenzug im Gegenuhrzeigersinn, so bezeichnen wir mit dem Inneren des Polygons die links vom Streckenzug liegende Fläche. Diese Vereinbarung soll ermöglichen, künftig vom Inneren, vom Äusseren oder vom Rand eines Polygons zu sprechen.

3.4.1 Punkt-im-Polygon-Test

Im zweidimensionalen Raum lautet die *Inklusionsfrage*: Entscheide, ob ein beliebiger Punkt X innerhalb, ausserhalb oder auf dem Rand eines gegebenen Polygons R liegt. Bei dieser Fragestellung wird es sich zeigen, dass Zeit- und Speicherkomplexität des gesuchten Algorithmus davon abhängig sind, ob R konvex und ob Vorarbeit für das Polygon R erlaubt ist oder nicht.

Das Jordansche Theorem für beliebige Polygone (bzw. geschlossene Kurven) sagt aus, dass jedes Polygon R die Ebene in zwei disjunkte Regionen "Inneres" und "Äusseres" von R teilt. Ist die Anzahl der echten Schnittpunkte eines beliebigen in X startenden Testrahls mit den Grenzstrecken ungerade, so liegt X innerhalb von R; anderenfalls ist X ein äusserer Punkt von R.

In der praktischen Anwendung des Jordanschen Theorems für Polygone können Entartungen auftreten. Probleme ergeben sich, wenn Eckpunkte von Polygonkanten direkt auf dem Teststrahl liegen (siehe Abb. 3-6). Als Teststrahl wählen wir der Einfachheit halber einen Strahl parallel zur x-Achse. Ein Schnittpunkt des Teststrahls mit einer Polygonkante wird gezählt, falls sich der tieferliegende Eckpunkt (gemessen bezüglich der y-Werte) der jeweiligen Polygonkante unterhalb des Teststrahls befindet. Mit dieser Regel liefert z.B. eine vollständig auf dem Teststrahl liegende Polygonkante keinen Beitrag beim Zählen von Schnittpunkten.

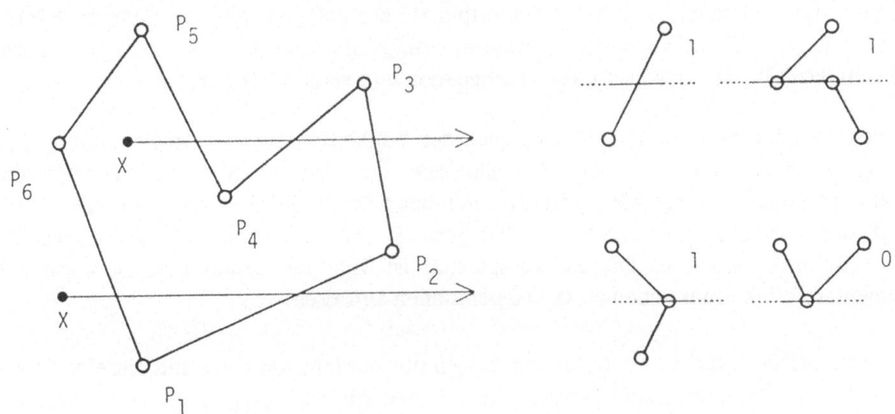

Abb. 3-6: Punkt-im-Polygon-Test und Zählstrategie bei Entartung.

```
ALGORITHMUS 3-3
(* Punkt-im-Polygon-Test nach Jordan                              *)

EINGABE:  R={P1,...,Pn}                   (* Polygon                *)
          X                               (* Testpunkt              *)
AUSGABE:  (X inside R) OR (X outside R)
          OR (X on R)

POINT-IN-POLYGON:
BEGIN
     T := RAY(X)                          (* Strahl durch X         *)
     Pn+1 := P1
     FOR i:=1 TO n DO
        Si := SEGMENT(Pi,Pi+1)
        Qi := INTERSECTION(T,Si)
        IF (Qi EQUAL X)
        THEN
          RETURN(X on R)                  (* X Randpunkt            *)
        IF (Qi ON Si) AND CONDITION
        THEN
          Counter := Counter + 1          (* Zählen der Schnittpunkte *)
     IF (Counter mod 2) = 0
     THEN
        RETURN(X outside R)               (* X ausserhalb R         *)
     ELSE
        RETURN(X inside R)                (* X innerhalb R          *)
END (* Point in Polygon *)
```

Der Algorithmus 3-3 verwendet eine Funktion INTERSECTION, welche den Schnittpunkt des Teststrahls mit der jeweiligen Polygonstrecke berechnet. In der Prüfregel CONDITION ist die oben beschriebene Zählstrategie enthalten. Die Zeitkomplexität des Algorithmus ist $O(n)$, da jede Strecke P_iP_{i+1} mit dem Teststrahl geprüft werden muss. Im schlimmsten Fall existieren n echte Schnittpunkte des Polygons mit dem Teststrahl. Falls wir das Polygon R nicht explizite speichern, beträgt die Speicherkomplexität $O(1)$. Dazu müssen die Polygonstrecken sukzessive eingelesen und verarbeitet werden.

Neben dem Jordanschen Theorem ist auch der Winkelsummentest von Bedeutung: Ein Punkt X liegt innerhalb von R, falls sich die Winkel zwischen benachbarten Sektorenstrahlen XP_i und XP_{i+1} auf 2π summieren. Ist die Winkelsumme identisch Null, liegt der Punkt X ausserhalb des Polygons R. Bei einem Randpunkt bildet die Winkelsumme gerade π. Die Zeitkomplexität ist von der Ordnung $O(n)$, wenn wir elementare Winkelfunktionen als $O(1)$ Operationen auffassen.

Algorithmische Vorarbeit zu leisten macht sich nur bezahlt, wenn ein und dieselbe Szene mehrfach auf Punktinklusion getestet wird. Setzen wir das Polygon als konvex voraus, können wir bei geeigneter Vorarbeit die Zeitkomplexität für den eigentlichen Inklusionstest auf $O(\log n)$ drücken. Unter einem konvexen Polygon R verstehen wir ein Polygon, dessen Fläche eine konvexe Menge bildet (siehe dazu Abschnitt 3.5).

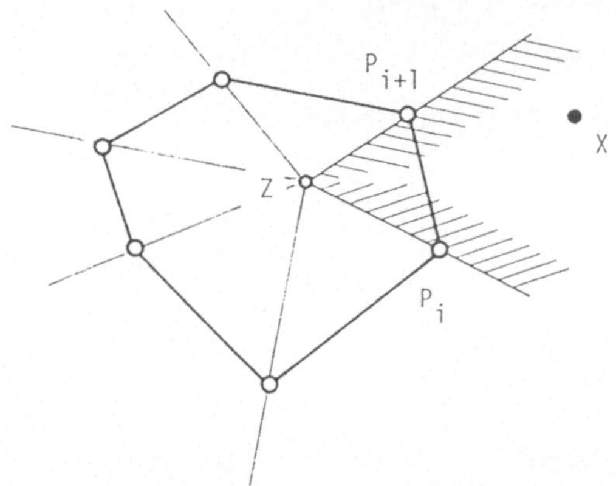

Abb. 3-7: Punktinklusion bei konvexen Polygonen.

In der Abb. 3-7 zeigen wir den Punkt-im-Polygon-Test für ein konvexes Polygon R mit den Polygonpunkten $P_1,...,P_n$. Zuerst konstruieren wir einen Punkt Z im Inneren des Polygons, indem wir z.B. den Schwerpunkt der Punkte P_1, P_2 und P_3 in der Zeit $O(1)$ bestimmen. Nun betrachten wir die n Strahlen, welche durch die Polygonpunkte laufen.

Bei einem konvexen Polygon bilden die Winkel der Strahlen eine *monotone Folge* z.B. bezüglich x-Achse und Zentrum Z. Dabei messen wir die Winkel von der x-Achse zu jedem Strahl Z_k im Gegenuhrzeigersinn. Seien Z_k die Sektoren von Z mit den Polygonpunkten P_k resp. P_{k+1}. Nach Einteilung des konvexen Polygons R in n Sektoren erlaubt nun binäres Suchen, für einen beliebigen Punkt X den zugehörigen Sektorabschnitt Z_i zu finden. Ein einfacher Vergleich mit der Grenzstrecke P_iP_{i+1} evaluiert X als inneren oder äusseren Punkt, je nachdem ob X links oder rechts der gerichteten Strecke P_iP_{i+1} liegt (vergl. die Funktion S aus Abschnitt 3.1). Sind die Punkte P_i, P_{i+1} und X kollinear, so liegt der Punkt X auf dem Rand des Polygons R.

```
ALGORITHMUS 3-4
(* Punkt-im-Polygon-Test nach [Shamos 1975]                              *)

EINGABE:  R={P1,...,Pn}                       (* konvexes Polygon          *)
          X                                   (* Testpunkt                 *)
AUSGABE:  (X inside R) OR (X outside R)
          (X on R)

PREPROCESSING:
BEGIN
     Z := INNER-POINT(R)                      (* Konstruktion des Zentrums  *)
     SORT(P1,...,Pn)
     Pn+1 := P1
     FOR k:=1 TO n DO
        Zk:=PARTITION(Z,Pk,Pk+1)              (* Konstruktion der Sektoren  *)
END (* Preprocessing *)

POINT-INCLUSION:
BEGIN
     Zi := BINARY-SEARCH(Z1,...,Zn)           (* Suchen des Sektors von X   *)
     CASE S(Pi,Pi+1,X) OF
        Zero:        RETURN(X on R)           (* X Randpunkt               *)
        Positive:    RETURN(X inside R)       (* X innerhalb R             *)
        Negative:    RETURN(X outside R)      (* X ausserhalb R            *)
END (* Point Inclusion *)
```

Der Algorithmus 3-4 beansprucht Zeit O(logn) und verlangt Speicherplatz O(n). Vorarbeit benötigt O(n*logn), falls die Punkte P_i zufällig vorliegen und zuerst sortiert werden müssen. Im Normalfall ist das Polygon R durch eine geordnete Punktfolge $P_1,...,P_n$ gegeben, was die Vorarbeit auf O(n) reduziert.

Obiger Algorithmus gilt auch für eine Klasse nicht konvexer Polygone, genannt Sternpolygone. Ein *Sternpolygon* R liegt vor, wenn ein innerer Punkt Z existiert, so dass sämtliche Strecken ZP_k für $k=1,...,n$ vollständig im Innern des Polygons R verlaufen. Mit anderen Worten ist vom Zentrum Z aus der gesamte Rand eines sternförmigen Polygons sichtbar. Die durch die Strecken ZP_k gebildeten Strahlen bilden gerade die gewünschten

Sektorenabschnitte Z_k und erweitern damit den Algorithmus 3-4 von konvexen Polygonen auf sternförmige. Die Menge der inneren Punkte Z mit der beschriebenen Eigenschaft nennt man den *Kern* eines Polygons, auf dessen Bestimmung wir im Abschnitt 3.6.3 näher eingehen.

3.4.2 Lokalisieren von Punkten

Die erzielte Reduktion der Zeitkomplexität im Falle konvexer oder sternförmiger Polygone motiviert, auf Kosten der Vorarbeit das Auffinden von Punkten zu verallgemeinern. Wir behandeln jetzt einen Algorithmus mit Zeitaufwand O(logn), welcher einen gegebenen Punkt in einer beliebigen Partition der Ebene (oder des Raumes) lokalisiert. Unter *Partition der Ebene* versteht man eine vollständige, paarweise disjunkte Überdeckung der Ebene mit beliebigen Polygonflächen. Der Einfachheit halber betrachten wir ein einzelnes Polygon, welches die Ebene in eine äussere und in eine innere Region unterteilt. Gleichzeitig nehmen wir an, dass unser Suchpunkt X nicht auf dem Rand der Partition liegt.

Jedes ebene Polygon R mit n Grenzpunkten kann durch n-1 horizontale (oder vertikale) *Streifen* gemäss der Abb. 3-8 unterteilt werden. Diese lassen sich durch ihre y-Werte während der Vorarbeit sortieren. Wichtig ist die Eigenschaft, dass innerhalb eines horizontalen Streifens sich keine Polygonkanten von R schneiden. Somit unterteilt jeder Streifen das Polygon in eine Menge von Trapezen oder Dreiecken. Je zwei Kanten eines zu R gehörenden Trapezes oder Dreiecks sind trivialerweise Teilkanten des ursprünglichen Polygons. Ordnen wir diese Teilkanten bzw. die entsprechenden Polygonkanten von links nach rechts, so können wir für einen beliebigen Punkt X=(x,y) durch binäres Suchen zuerst bezüglich y- und dann bezüglich x-Wert das gesuchte Trapez oder Dreieck in der Zeit O(logn) finden.

Wir bestimmen nun den Aufwand für die Vorarbeit. Zuerst sortiert man die Polygonpunkte nach aufsteigender y-Koordinate und bildet den Bereich VERTEX. Die Verarbeitung der jeweiligen Streifen erfolgt ebenfalls von unten nach oben. Für jede Teilkante innerhalb eines Streifens erfolgt ein Eintrag in einen binären, höhenbalancierten Baum EDGE-TREE (z.B. AVL-Baum), basierend auf der Links-Rechts-Ordnung. Überschreiten wir eine Streifengrenze, so führt wenigstens eine der schon verarbeiteten Kanten nicht in den neuen Streifen, während die meisten weiterlaufen.

Natürlich können beim Übertritt in einen neuen Streifen auch neue Polygonkanten gemäss Abb. 3-8 starten. Eines steht jedenfalls fest: Jede weiterführende Kante erhält die Links-Rechts-Ordnung beim Übergang.

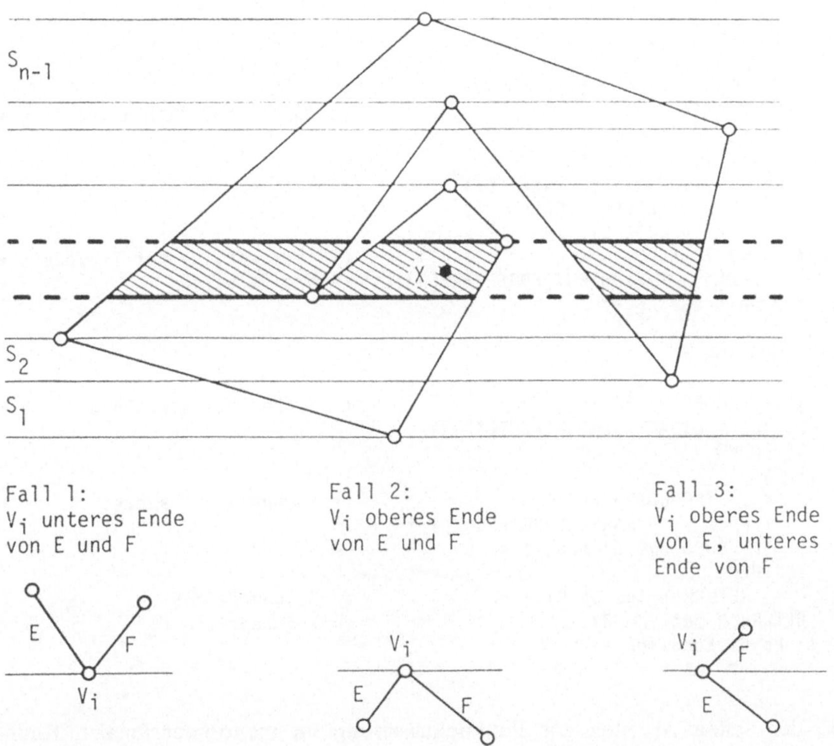

Abb. 3-8: Einteilung in Streifen und Fallunterscheidung bei Streifenübergang.

Wir müssen beim Streifenwechsel lediglich terminierende Kanten mit DELETE löschen und startende Kanten mit INSERT einfügen. Da jede Kante genau einmal eingefügt und gelöscht wird, ist der Aufwand O(n∗logn). Mit Hilfe des höhenbalancierten Binärbaumes kann nun die Datenstruktur für jeden Streifen als eine Liste SLAB von Polygonkanten aufgebaut werden. Da für n Punkte O(n) Streifen existieren und jeder Streifen linearen Aufwand benötigt, resultiert ein totaler Aufwand von O(n∗n) für Zeit und Speicher.

```
ALGORITHMUS 3-5
(* Lokalisieren von Punkten bei Streifenzerlegung nach [Shamos 1978]     *)

EINGABE:  R={P1,...,Pn}                        (* Polygon                *)
          X                                    (* Testpunkt              *)
AUSGABE:  (X inside R) OR (X outside R)

PREPROCESSING:
BEGIN
     VERTEX[i] := SORT-BY-YCOORDINATE(P1,...,Pn)
     EDGE-TREE[j]:                             (* Aufbau des Suchbaumes  *)
     FOR i=1 TO n DO
        CASE VERTEX[i] OF
          1:   INSERT(E), INSERT(F)
          2:   DELETE(E), DELETE(F)
          3:   DELETE(E), INSERT(F)
     FOR i=1 TO n DO                           (* Konstruktion der Trapeze *)
        SLAB[i,j] := OUTPUT(EDGE-TREE[j])      (* pro Streifen           *)
END (* Preprocessing *)

POINT-LOCATION:
BEGIN
     y := YCOORDINATE(X)                       (* Suchen des Streifens   *)
     Strip := BINARY-SEARCH(VERTEX[i])
     IF FOUND
     THEN
        x := XCOORDINATE(X)                    (* Suchen des Trapezes    *)
        Trapez := BINARY-SEARCH(SLAB[i,j])
        IF FOUND AND (j mod 2) <> 0
        THEN
          RETURN(X inside R)                   (* X innerhalb R          *)
     RETURN(X outside R)                       (* X ausserhalb R         *)
END (* Point Location *)
```

Eine der ersten Arbeiten zur Punktlokalisierung im mehrdimensionalen Raum von [Dopkin/Lipton 1976] verwendet die obige Methode der "Marmorplatte" (slab method). Verschiedene Autoren haben diese Technik aufgegriffen und verfeinert (vergl. [Lee/Preparata 1984]); wir beschreiben dazu einen weiteren Algorithmus im nächsten Abschnitt.

3.4.3 Monotone Kettenzerlegung

In der Ebene lautet die *Lokalisierungsfrage*: Finde in einer Menge M paarweise disjunkter Polygonflächen (d.h. Partition der Ebene) dasjenige Polygon, welches einen gegebenen Punkt X enthält. Im schlimmsten Fall müssten sämtliche Polygone nach der Jordanschen Methode durchgetestet werden. In [Lee/Preparata 1977] ist ein effizienterer Algorithmus vorgestellt, welcher die Polygonkanten durch Vorarbeit in monotone Ketten anordnet. Ein Kantenzug K wird *monoton bezüglich einer Geraden* L genannt (Abb. 3-9), wenn die Ordnung der auf L projizierten Punkte des Kantenzuges gleich der Ordnung der Punkte auf dem Kantenzug ist.

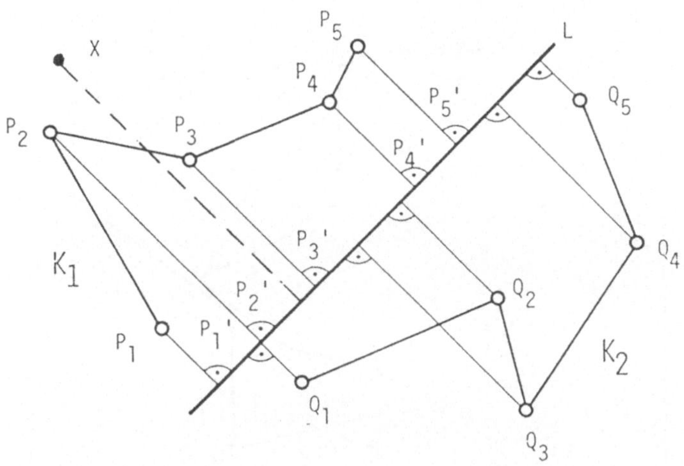

Abb. 3-9: Monotone und nicht monotone Ketten K_1 und K_2.

Um den Punkt X bezüglich der Kette K_1 zu lokalisieren, projiziert man X auf L. Durch binäres Suchen findet man das zu X gehörende Intervall [P_2',P_3']. Ein einfacher Vergleich evaluiert schliesslich, auf welcher Seite der Kante P_2P_3 der Punkt X liegt. Im gesamten resultiert ein Aufwand von $O(\log k_1)$, falls k_1 die Anzahl der Kanten der Kette K_1 bezeichnet. Aufgrund des logarithmischen Aufwandes ist das Lokalisieren von Punkten mit Hilfe monotoner Ketten vielversprechend.

Nun wollen wir einen beliebigen Punkt X in einer durch monotone Ketten $K_1,...,K_k$ definierten Partition lokalisieren, ohne auf die Konstruktion dieser Kettenzerlegung näher einzugehen.

Die Ketten seien gemäss Abb. 3-10 von links nach rechts durchnummeriert und monoton bezüglich der y-Achse. Wir wählen einen binären Suchbaum, bei welchem die Ketten K_i aufgrund der Links-Rechts-Ordnung in den Knoten abgelegt sind. Um das zu X gehörende Polygon R_x zu finden, bestimmen wir vorerst die beiden Nachbarketten K_l und K_r von X durch binäres Suchen. Für X wird nun die Projektion von K_r auf die y-Achse genommen, und durch ein weiteres binäres Suchen findet man die entsprechende Kante des Polygons R_x analog obiger Überlegung. Bei der Annahme von k Ketten kann für X das Gebiet zwischen den beiden Nachbarketten in O(logk) ermittelt werden, und das Auffinden der Kante geschieht in der Zeit O(logn), falls der Kantenzug n Kanten enthält. Somit resultiert ein Gesamtaufwand für die Zeit von O(logk*logn).

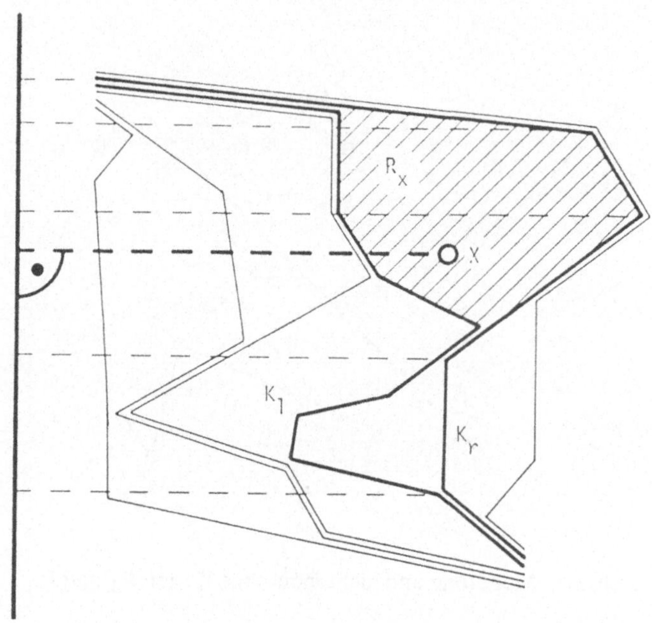

Abb. 3-10: Kettenzerlegung und Punktlokalisierung.

Falls man die Redundanz in einer durch die Kettenzerlegung gegebenen Partition beseitigt, lässt sich die Vorarbeit in linearer Zeit und mit linearem Speicher realisieren. Schliesslich kann durch geschickte Kombination des Suchens in x- und y-Richtung auch die Zeit des Suchalgorithmus selbst auf O(logn) heruntergedrückt werden [Edelsbrunner et al. 1984].

3.5 Konvexität und konvexe Hülle

Eine Menge M heisst *konvex*, wenn für je zwei Punkte x und y aus M die Verbindungsstrecke zu M gehört. Beispielsweise sind eine Strecke selbst, eine Kugel $x_1^2+x_2^2+...+x_n^2 \leq 1$ oder ein Halbraum $a_1*x_1+...+a_n*x_n > b$ konvexe Mengen. Die *konvexe Hülle* H(M) einer Menge M ist die kleinste konvexe Menge, welche M enthält. Intuitiv kann man sich die konvexe Hülle von Punkten in der Ebene als das innere Gebiet eines elastischen Bandes vorstellen, das um die Punkte gelegt und dann zusammengezogen wird. Die Form des Bandes entspricht dem kleinsten konvexen Polygon, welches sämtliche Punkte in der Ebene umfasst. Da ein Durchschnitt konvexer Mengen M_i mit i=1,..,n selbst konvex ist, lautet eine gebräuchliche Definition der konvexen Hülle einer Menge M wie folgt:

$$H(M) := \cap_{i=1,...,n} M_i,\ M_i \text{ konvex},\ M \subset M_i.$$

Da die meisten geometrischen Objekte unendlich viele Punkte umfassen bzw. da unendlich viele Mengen M_i mit der Eigenschaft $M \subset M_i$ existieren, sind die obigen Definitionen der Konvexität bzw. der konvexen Hülle für algorithmische Untersuchungen unbrauchbar. Dieser Abschnitt diskutiert deshalb die Begriffe "Konvexität" und "konvexe Hülle" aus der Sicht des Algorithmikers.

3.5.1 Prüfen auf Konvexität

Wir beschränken uns vorerst auf ebene Problemstellungen und fragen uns, was Konvexität von Polygonen bedeutet.

Bei Polygonen können wir uns beim Inklusionstest anstelle beliebiger Punktepaare und zugehöriger Verbindungsstrecken auf die Diagonalen beschränken. Ein Polygon R heisst *konvex*, wenn sämtliche Diagonalen des Polygons im Inneren von R verlaufen. Eine Diagonale ist eine Strecke zwischen je zwei nicht benachbarten Polygonpunkten. Anstelle der Überprüfung sämtlicher Diagonalpunkte als innere Punkte fordern wir, dass mindestens ein Punkt jeder Diagonale (z.B. der Mittelpunkt) im Inneren von R liegt und dass sämtliche Schnittpunkte der Diagonalen mit den Polygonkanten lediglich Polygonpunkte ergeben.

In Abb. 3-11 ist R_2 nicht konvex, da der Inklusionstest des Punktes P_1 der Diagonalen D_1 negativ ist. Bei der Diagonalen D_2 liegt zwar der Mittelpunkt P_2 im Inneren von R_2, doch schneidet die Diagonale D_2 den Rand von R_1 in einem unerlaubten Punkt. Beide Überprüfungen der Diagonalen D_1 und D_2 bestätigen, dass R_2 konkav sein muss.

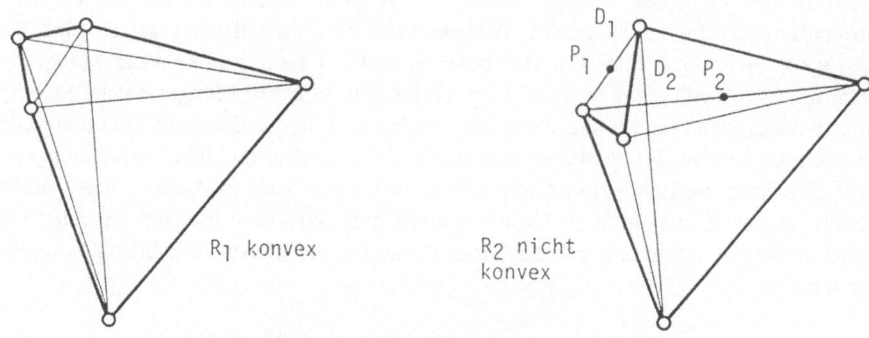

Abb. 3-11: Überprüfung der Konvexität von Polygonen.

Wie sieht ein einfacher Algorithmus zur Überprüfung der Konvexität aus? Algorithmen zum Punkt-im-Polygon-Test kennen wir bereits aus dem Abschnitt 3.4. Da $n*(n-3)/2$ Diagonalen in einem Polygon mit n Kanten existieren, verlangt die Zeit zur Konstruktion der Diagonalen den Aufwand $O(n*n)$, also insgesamt $O(n^3)$ zur primitiven Überprüfung der Konvexitätseigenschaft.

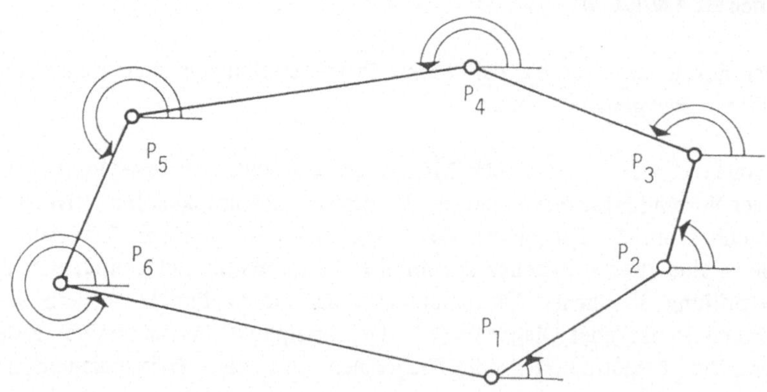

Abb. 3-12: Monoton zunehmende Winkelsequenz als Konvexitätskriterium.

Überlegen wir nun, wieviele Elementaroperationen im Minimum zur Konvexitätsprüfung nötig sind. Sicher müssen wir sämtliche Polygonpunkte in Betracht ziehen, d.h. eine

Minimalforderung wäre k*n Operationen bei einer Konstanten k. Bleibt nämlich ein beliebiger Punkt P_i eines konvexen Polygons R unberücksichtigt, so könnten wir diesen Punkt P_i verschieben und dadurch die Konvexität zerstören. Somit haben wir zwei Schranken gefunden: Ein Prüfalgorithmus für Konvexitätsfragen beliebiger, sich nicht selbst schneidender Polygone in der Ebene verlangt mindestens linearen Aufwand; zudem kennen wir einen Algorithmus mit Aufwand $O(n^3)$. Existiert nun ein besserer Algorithmus zwischen diesen Grenzen?

Betrachten wir Abb. 3-12 und stellen wir uns die Entscheidungsfrage "Ist Polygon R konvex oder nicht?". Falls die im Gegenuhrzeigersinn gebildete Winkelsequenz der Kanten bezüglich der x-Achse (startend vom tiefliegendsten Punkt P_1 aus) eine monoton zunehmende Folge bildet, ist R konvex. Mit dieser Charakterisierung haben wir einen Algorithmus mit Zeitaufwand $O(n)$ für unsere Entscheidungsfrage gefunden. Mit anderen Worten dürfen bei einem konvexen Polygon nur Linksdrehungen auftreten, falls wir den Rand des Polygons ablaufen.

```
ALGORITHMUS 3-6
(* Prüfen auf Konvexität                                        *)

EINGABE:  R={P1,...,Pn}                      (* Polygon           *)
AUSGABE:  (R convex) OR (R not convex)

CONVEXITY:
BEGIN
     Pn+1 := P1
     FOR i:=1 TO n DO
        IF S(Pi, Pi+1, Pi+2) < 0
        THEN
          RETURN(R not convex)                (* unerlaubte Rechtsdrehung*)
     RETURN(R convex)
END (* Convexity *)
```

Die Funktion S evaluiert, ob ein Spaziergang auf dem Rand von R ausschliesslich Linksdrehungen als Richtungsänderungen umfasst. Gemäss Abschnitt 3.1 entspricht S>0 einer Links-, S<0 einer Rechtsdrehung und S=0 keinem Richtungswechsel.

3.5.2 Die Fächermethode von Graham

Einer der ersten Algorithmen zur Berechnung der konvexen Hülle von n Punkten in der Ebene mit Zeitaufwand $O(n*\log n)$ und Speicher $O(n)$ stammt von [Graham 1972].

Der Algorithmus arbeitet wie folgt: Ein innerer Punkt Z der Menge M wird als Zentrum dreier nicht kollinearer Punkte P_x, P_y und P_z aus M bestimmt (Abb. 3-13). Falls kein Tripel nicht kollinearer Punkte existiert, ist die Menge M selbst kollinear und der Algorithmus stoppt. Die konvexe Hülle ist in diesem Fall eine Strecke. Falls ein Zentrum Z existiert, sortiert man sämtliche Punkte nach aufsteigendem Winkel bezüglich Z. Dazu wählt man als ersten Punkt einen Punkt der konvexen Hülle, beispielsweise den Punkt P_1 mit maximaler x-Koordinate; falls mehrere solche Punkte vorhanden sind, wählt man darunter denjenigen mit minimaler y-Koordinate.

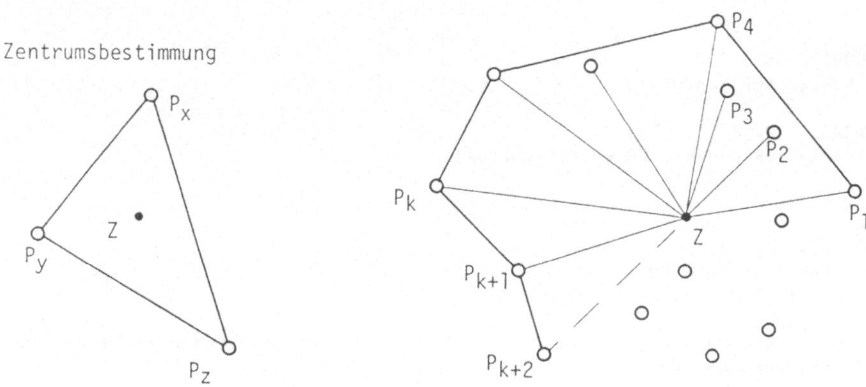

Abb. 3-13: Sukzessives Bilden der konvexen Hülle.

Wir durchlaufen nun im Gegenuhrzeigersinn die sortierten Punkte $P_1,...,P_n$. Betrachten wir die drei Punkte P_k, P_{k+1} und P_{k+2} aus der Abb. 3-13: Falls P_{k+2} eine Linksdrehung bezüglich P_k und P_{k+1} erzwingt, schreiten wir weiter und zählen den neuen Punkt P_{k+2} zur Kandidatenmenge. Anderenfalls liegt der mittlere Punkt P_{k+1} nicht in der konvexen Hülle und er kann gelöscht werden. Beim Löschen von P_{k+1} erfolgt ein "Backtracking" durch Konsultation der drei Punkte P_{k-1}, P_k und P_{k+2} etc.

```
ALGORITHMUS 3-7
(* Bestimmen der konvexen Hülle nach [Graham 1972]                              *)

EINGABE:  M={P1,...,Pn}:                              (* Menge von Punkten      *)
AUSGABE:  H(M)={P1,...,Pm}:                           (* konvexe Hülle          *)

SCAN:
BEGIN
     Z := INNER-POINT(P1,...,Pn)                      (* Schwerpunktkonstruktion*)
     IF M COLLINEAR
     THEN
        H(M) := LINE(P1,...,Pn)
        RETURN
     P1 := START-POINT(P1,...Pn)
     PointList := SORT(Z,P1;P2,...,Pn)                (* Sortieren der Punkte   *)
     Pk := P1
     WHILE NEXT(Pk) <> P1 DO                          (* Abschreiten der        *)
        Pk+1 := NEXT(Pk)                              (* Kandidatenmenge        *)
        Pk+2 := NEXT(Pk+1)
        IF S(Pk,Pk+1,Pk+2)>0                          (* Linksdrehung           *)
        THEN
          Pk := Pk+1
        ELSE
          DELETE Pk+1 IN PointList                    (* unerlaubter Punkt      *)
          IF Pk <> P1
          THEN
             Pk := PREV(Pk)                           (* Zurückschreiten        *)
     H(M) := PointList
END (* Scan *)
```

Obwohl ein Zurückschreiten möglich ist, erfolgt das Durchlaufen der Punkte in linearer Zeit. Da jeder Punkt P_i höchstens einmal in die Punktliste der konvexen Hülle eingefügt bzw. gelöscht werden kann, ist der Aufwand nie grösser als 2*n. Insgesamt dominiert der Sortierschritt den Graham-Algorithmus, was im Endeffekt zu Zeitaufwand O(n*logn) und Speicherplatz O(n) führt.

3.5.3 Konvexe Hülle durch Stützgerade

Es ist schwierig, den Algorithmus von Graham auf nicht ebene, d.h. höherdimensionale Problemstellungen zu übertragen. Zusätzlich ist der Algorithmus bei der dynamischen Veränderung der Menge M schlecht geeignet, da der Sortierschritt dominant ist.

Der Algorithmus von [Jarvis 1973] behebt die angesprochenen Mängel. Er beruht auf der Methode der Stützgeraden. Eine Gerade L heisst *Stützgerade* der Menge M, wenn sie zwei Punkte P_q und P_r aus M enthält, so dass alle übrigen Punkte aus M entweder im linken oder im rechten Halbraum von L liegen. Natürlich gehört eine Stützgerade L zum Rand der konvexen Hülle H(M).

Wie kann man eine Stützgerade aus einer Menge M von Punkten konstruieren? Wie im vorhergehenden Abschnitt 3.5.2 finden wir einen Startpunkt P_q, welcher zur konvexen Hülle H(M) gehört. Dazu suchen wir in linearer Zeit einen zweiten Punkt P_r mit der Eigenschaft, dass sämtliche Punkte von M in einer Halbebene der durch P_q und P_r gebildeten Geraden L liegen.

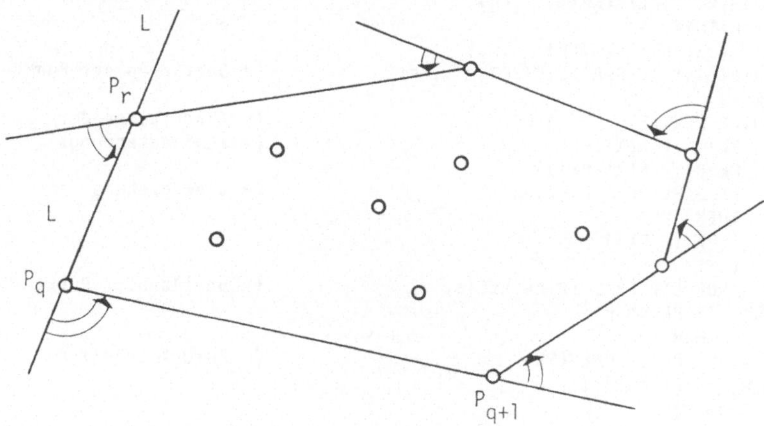

Abb. 3-14: Rotation der Stützgeraden zur Bildung der konvexen Hülle.

Der nächste Punkt wird gemäss Abb. 3-14 wie folgt gefunden: Aus der Menge M wählt man denjenigen Punkt P_{q+1}, dessen Verbindungsgerade durch P_q den kleinsten Winkel mit L bildet. Die Zeit zur Konstruktion der konvexen Hülle beträgt O(k∗n), falls k die Anzahl der Rotationen der Geraden L bezeichnet. Der Parameter k entspricht also auch der Anzahl Punkte aus M, die auf der konvexen Hülle H(M) liegen. Dadurch erhalten wir im schlimmsten Fall einen Aufwand O(n∗n), falls nämlich sämtliche Punkte aus M zum Rand der konvexen Hülle selbst gehören.

```
ALGORITHMUS 3-8
(* Konvexe Hülle durch Stützgerade nach [Jarvis 1973]                      *)

EINGABE:  M={P1,...,Pn}               (* Menge von Punkten                *)
AUSGABE:  H(M)={P1,...,Pm}            (* konvexe Hülle                    *)

SUPPORTING-LINE:
BEGIN
     Pq := START-POINT(P1,...,Pn)     (* Konstruktion der Stützgeraden    *)
     L  := LINE(Pq,Pr)
```

```
    H(M) := {Pq}
    REPEAT
       Pq+1 := SMALLEST-ANGLE(L; M-H(M))(* Rotation der Stützgeraden     *)
       L := LINE(Pq,Pq+1)
       H(M) := H(M) + {Pq+1}            (* Punkte auf der konvexen Hülle  *)
    UNTIL Pq+1 = Pr
END (* Supporting Line *)
```

Die Methode der Stützgeraden besitzt Verallgemeinerungen im k-dimensionalen Raum. Beispielsweise existiert im dreidimensionalen Raum zu einem Punkt aus der konvexen Hülle einer Menge M eine Stützebene, welche ebenfalls rotiert werden kann. Da ein konvexes Polyeder mit n Ecken höchstens 3*n-6 Kanten enthält und die Rotation linearen Aufwand verlangt, ergibt dies einen O(n*n) Algorithmus [Chand/Kapur 1970].

3.5.4 Rekursive Bestimmung der konvexen Hülle

Eine andere Methode zur Konstruktion der konvexen Hülle einer Menge M ist die folgende: Wir teilen M rekursiv in zwei ungefähr gleich grosse Mengen M_1 und M_2 auf, bilden je die konvexen Hüllen $H(M_1)$ und $H(M_2)$ und vereinigen schliesslich die Teilresultate. Da

$$H(M_1) \cup H(M_2) \subset H(M_1 \cup M_2)$$

gilt, erhalten wir die gesuchte konvexe Hülle der Vereinigungsmenge $M=M_1 \cup M_2$ durch den konvexen Abschluss $H(H(M_1) \cup H(M_2))$.

Wir betrachten eine Menge M von m Punkten in der Ebene und berechnen die konvexe Hülle H(M) nach der Divide-et-Impera-Methode [Preparata/Hong 1977]. Sämtliche Punkte aus M seien bezüglich aufsteigender x-Koordinate sortiert. Wir halbieren die Menge M in zwei disjunkte Mengen M_1 und M_2 aufgrund der x-Werte der gegebenen Koordinaten. Die konvexen Hüllen $H(M_1)$ der Menge M_1 und $H(M_2)$ der Menge M_2 werden auf rekursive Art berechnet. Der Vereinigungsschritt konstruiert die konvexe Hülle $H(H(M_1) \cup H(M_2))$, wobei die Tangentenkonstruktion gemäss der Abb. 3-15 erfolgt.

Wir zeigen nun, dass die Tangentenkonstruktion für die zwei konvexen Polygone $H(M_1)$ und $H(M_2)$ in linearer Zeit $O(m_1+m_2)$ geschieht, falls m_1 die Kardinalität von M_1 und m_2 diejenige von M_2 bezeichnet. Dazu setzen wir die beiden Polygone $H(M_1)=\{P_1,...P_{m1}\}$ und $H(M_2)=\{Q_1,...,Q_{m2}\}$ im Gegenuhrzeigersinn sortiert voraus, startend mit P_1 als Punkt mit minimaler x-Koordinate aus M_1 resp. Q_1 als Punkt mit minimaler x-Koordinate aus M_2. Die Hilfstangente P_1Q_1 gilt als Startposition zur Konstruktion der gesuchten unteren Tangente. Die Konstruktionsregel für die untere Tangente lautet: Halte wenn immer möglich die Hilfstangente links fest und wandere im Gegenuhrzeigersinn rechts weiter, anderenfalls halte rechts fest und gehe links im Gegenuhrzeigersinn weiter, solange die Monotonieeigenschaft der jeweiligen Rotationswinkel erhalten bleibt.

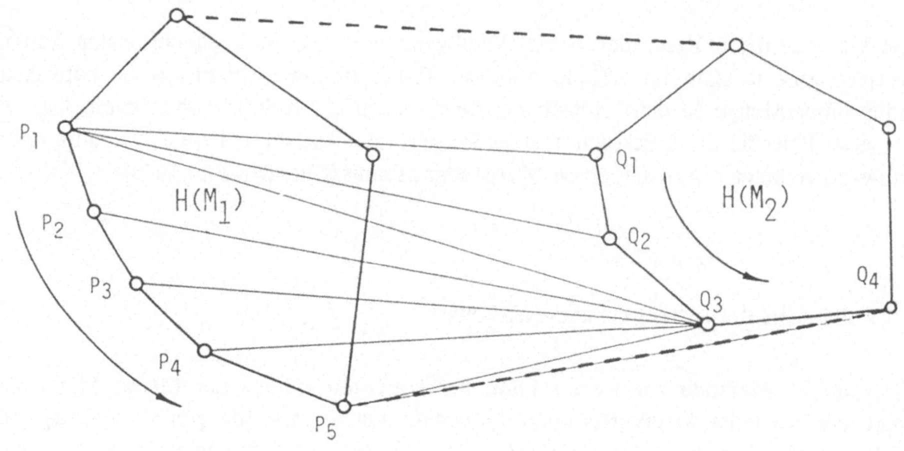

Abb. 3-15: Bildung der konvexen Hülle durch Divide-et-Impera-Technik.

Betrachten wir dazu das konkrete Beispiel aus der Abb. 3-15: Wir starten mit der Hilfstangente P_1Q_1 und durchlaufen die Punkte Q_i im Gegenuhrzeigersinn bis zu Q_3. Der Punkt Q_4 wird noch nicht besucht, da die Hilfstangente P_1Q_4 die Monotonie der Drehwinkel bezüglich P_1 verletzen würde. Anschliessend rotieren wir Q_3P_1 um Q_3, bis wir aufgrund der Monotonie die Hilfstangente Q_3P_5 erhalten. Eine letzte Rotation von P_5Q_3 um P_5 liefert die gesuchte untere Tangente P_5Q_4. Diese Konstruktion gilt auf analoge Art auch für die obere Tangente und benötigt je linearen Aufwand, da jeder Punkt nur einmal weiter gesetzt werden kann.

Wir schätzen nun den totalen Zeitaufwand und bezeichnen mit T(n) die Zeit zur Berechnung der konvexen Hülle der Menge $M = M_1 \cup M_2$:

$$T(1) = \text{konstant}$$
$$T(n) = 2 * T(n/2) + V(n/2,n/2)$$

V ist die Zeit für den Vereinigungsschritt, gemäss oben also von linearer Ordnung. Somit ist $T(n) = O(n * \log n)$, d.h. der Sortierschritt ist dominant.

```
ALGORITHMUS 3-9
(* Konvexe Hülle durch Divide-et-Impera nach [Preparata/Hong 1977]      *)

EINGABE:  M={P1,...,Pn}                     (* Menge von Punkten        *)
AUSGABE:  H(M)={P1,...,Pm}                  (* konvexe Hülle            *)

MERGE(H(M1),H(M2)):
BEGIN
    Pi := LEFTMOST(H(M1))                   (* Hilfstangente PiQi       *)
    Qi := LEFTMOST(H(M2))
    LOOP                                    (* Rotieren der Hilfstangenten*)
      WHILE ANGLE(Qi,Qi+1)>0 DO
        Qi := Qi+1
      IF ANGLE(Pi,Pi+1)<0
      THEN
        Pi := Pi+1
      ELSE
        EXIT
    TB := [Pi,Qi]                           (* untere Tangente TB       *)
    ...
    TT := ...                               (* obere Tangente           *)
    H(M) := COMBINE(H(M1),H(M2),TB,TT)
    RETURN(H(M))
END (* Merge *)

CONVEX-HULL(M):
BEGIN
    IF CARD(M)<3                            (* Abbruchkriterium         *)
    THEN
      RETURN(M)
    ELSE
      M1 := SPLIT(M)                        (* Aufteilen der Mengen     *)
      M2 := M - M1
      H(M1) := CONVEX-HULL(M1)              (* rekursive Aufrufe        *)
      H(M2) := CONVEX-HULL(M2)
      T := MERGE(H(M1),H(M2))               (* Vereinigungsschritt      *)
      RETURN(T)
END (* Convex Hull *)
```

Der Algorithmus 3-9 mit Aufwand O(n*logn) gilt für die Konstruktion von zwei- und dreidimensionalen konvexen Hüllen. In [Kirkpatrick/Seidel 1982] ist ein Algorithmus zum Aufbau einer konvexen Hülle in der Ebene mit Zeitaufwand O(n*logk) beschrieben, wobei $k \leq n$ die Anzahl Punkte aus M bezeichnet, welche auf der konvexen Hülle H(M) liegen.

3.6 Schnittalgorithmen in der Ebene und im Raum

Unter das Thema Schnittberechnung fallen eine ganze Anzahl von Fragestellungen: Schnitt von Geraden oder Strecken, Schnitt von Rechtecken, konvexen Polygonen, Sternpolygonen oder beliebigen Polygonen, Durchschnitt von Halbräumen, Schnitt von Polyedern etc. Aus dieser Vielfalt von Schnittproblemen greifen wir einige wenige heraus. Dabei legen wir Wert auf verschiedene algorithmische Methoden für gleiche oder ähnliche Schnittprobleme: Den Schnitt von achsenparallelen Strecken lösen wir mit der Divide-et-Impera-Technik; Schnittpunkte beliebiger Strecken in der Ebene berechnen wir, indem wir die Ebene mit einer Lauflinie parallel zur y-Achse von links nach rechts durchlaufen; schliesslich führen wir den Schnitt von Halbräumen auf die Bestimmung der konvexen Hülle von Punkten zurück!

3.6.1 Schnitt von achsenparallelen Objekten

Zusammenhängende Teilmengen des k-dimensionalen Raumes, welche sich als kartesische Produkte von Intervallen der Koordinatenachsen bilden lassen, werden *achsenparallele Objekte* genannt. Im eindimensionalen Fall entspricht dies Punkten und Intervallen, in der Ebene erhalten wir Punkte, horizontale bzw. vertikale Strecken und achsenparallele Rechtecke etc.

Das Studium effizienter Algorithmen für die Klasse achsenparalleler Objekte ist vor allem beim Entwurf integrierter Schaltungen (VLSI) von zentraler Bedeutung. Wegen der Komplexität des Entwurfprozesses wird eine Schaltung in mehreren Hierarchiestufen geplant. Die einzelnen Zellen dieser Abstraktionsstufen lassen sich meistens durch achsenparallele Rechtecke umschreiben. Wegen der Grösse der Datenmenge ist es beim Entwurf integrierter Schaltungen schwierig und aufwendig, eine platzsparende Auslegung der einzelnen Zellen zu finden und die Anordnung der Zellen auf Funktionalität zu prüfen. Aus diesen Gründen ist man an effizienten Algorithmen für Rechteckgeometrie interessiert.

Wir beschränken uns auf den zweidimensionalen Fall und untersuchen das folgende Schnittproblem: Gegeben sei eine Menge achsenparalleler Objekte in der Ebene, finde alle Paare sich schneidender Objekte. Eine Divide-et-Impera-Technik verlangt, die Objektmenge in zwei etwa gleich grosse Teilmengen zu zerlegen. Wird dies ungeschickt gemacht, kann der Vereinigungsschritt nach dem erfolgreichen Lösen der Teilprobleme den Aufwand unvernünftig erhöhen. Ein wichtiges Prinzip bei achsenparallelen Objekten ist deshalb das folgende: Jede Strecke resp. jedes Rechteck mit x-Ausdehung ungleich

Null wird durch sein linkes und rechtes Ende dargestellt. Diese Darstellungsform vereinfacht die Teilung der Objektmenge bezüglich x-Koordinaten, da eine zur y-Achse parallele Teilgerade keine neuen Schnittobjekte einführt - die beiden Enden eines Objektes werden unabhängig behandelt.

Der Algorithmus [Güting/Wood 1984] für den Schnitt einer Menge M von achsenparallelen Strecken basiert auf der obigen Idee und arbeitet wie folgt: Wähle eine x-Koordinate, die die Menge M von horizontalen und vertikalen Strecken in zwei Teilmengen M_1 und M_2 zerlegt. Als rekursive Invariante gilt, dass INTERSECTION(M_1) alle Schnitte zwischen sämtlichen Strecken, die mindestens einen Endpunkt in M_1 haben, ausgibt. Haben wir durch INTERSECTION(M_1) und INTERSECTION(M_2) die jeweiligen Schnittpunkte berechnet, so müssen wir nur noch prüfen, ob Schnitte zwischen horizontalen Strecken in M_1 und vertikalen Strecken in M_2 (bzw. umgekehrt) vorliegen. Betrachten wir dazu eine einzelne Strecke S_x gemäss der Abb. 3-16, so ist die folgende Fallunterscheidung möglich:

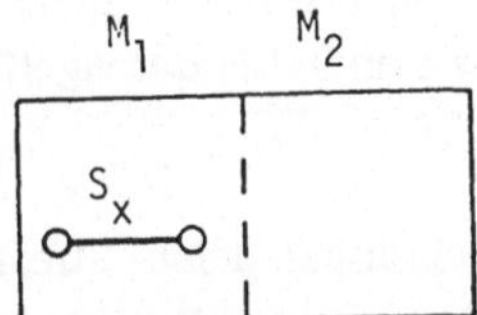

Beide Endpunkte von S_x liegen in M_1: S_x schneidet keine Strecke in M_2.

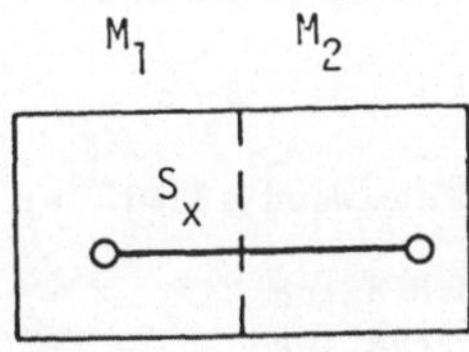

Linker Endpunkt in M_1, rechter in M_2: Aufgrund der rekursiven Invariante sind sämtliche Schnittpunkte gefunden, da S_x sowohl in M_1 als auch in M_2 vorkommt.

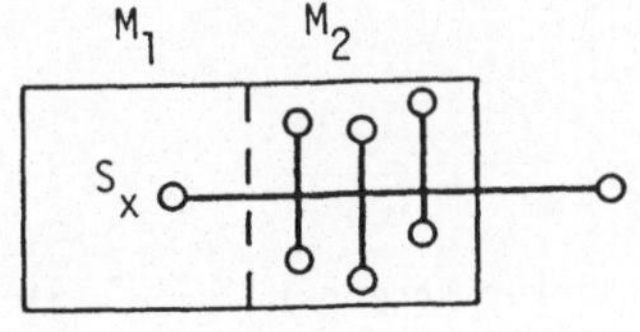

Linker Endpunkt in M_1, kein Endpunkt in M_2: S_x durchläuft die ganze Menge M_2 und schneidet alle vertikalen Strecken in M_2, deren y-Intervall die y-Koordinate von S_x umfassen.

Abb. 3-16: Fallunterscheidung für Schnitt achsenparalleler Strecken.

Da nur der letzte Fall von Interesse ist, führen wir die folgenden Mengen ein:

L_i: Menge von y-Koordinaten aller linken Endpunkte in M_i, deren rechter Endpunkt nicht in M_i liegt.

R_i: Menge von y-Koordinaten aller rechten Endpunkte in M_i, deren linker Endpunkt nicht in M_i liegt.

V_i: Menge von y-Intervallen, d.h. Projektionen auf die y-Achse aller vertikalen Strecken von M_i.

Der Vereinigungsschritt lässt sich also wie folgt zusammenfassen: Es interessieren lediglich die y-Koordinaten der linken Endpunkte in M_1 bzw. der rechten Endpunkte in M_2 und die y-Intervalle der vertikalen Strecken. Die durchzuführende Operation muss eine Menge von Paaren (c,i) bestimmen, d.h.

$$C \times I := \{(c,i) \mid \text{Koordinate c aus C, Intervall i aus I mit i enthält c}\}$$

für eine Menge von Koordinaten C und eine Menge von Intervallen I. Diese Operation muss sowohl für die linken Endpunkte in M_1 als auch für die rechten in M_2 durchgeführt werden.

Der folgende Algorithmus zum Schnitt einer Menge achsenparalleler Strecken klassifiziert zuerst die ursprünglich gegebenen Menge in Teilmengen L, R und V zu $M = L \cup R \cup V$. Als Abbruchkriterium der Rekursion dient die Kardinalität der Menge M. Liegen mindestens zwei Strecken vor, wird INTERSECTION nochmals aufgerufen:

```
ALGORITHMUS 3-10
(* Schnitt von achsenparallelen Strecken in der Ebene [Güting/Wood 1984]  *)

EINGABE:  L,R                          (* Menge von y-Koordinaten          *)
          V                            (* Menge von y-Intervallen          *)
          M=L+R+V                      (* M sortiert bezüglich x           *)
AUSGABE:  T                            (* Menge von Schnittpaaren          *)

INTERSECTION(M,L,R,V):
BEGIN
     IF CARD(M)=1
     THEN
        CASE M OF
          1: L:={x}, R:={}, V:={}      (* M=(x,y) linker Endpunkt          *)
          2: L:={}, R:={y}, V:={}      (* M=(x,y) rechter Endpunkt         *)
          3: L:={}, R:={}, V:={[y1,y2]} (* M=(x,y1,y2) vertikale Strecken  *)
```

```
    ELSE
      M1 := SPLIT(M)                  (* Aufteilen bezüglich x-Koordinate*)
      M2 := M - M1
      INTERSECTION(M1,L1,R1,V1)       (* Aufruf Schnittalgorithmus      *)
      INTERSECTION(M2,L2,R2,V2)
      Contact := L1 * R2              (* Vereinigungsschritt            *)
      L := (L1-Contact) + L2
      R := R1 + (R2-Contact)
      V := V1 + V2
      OUTPUT((L1-Contact) x V2)       (* Paarbildung für linke Endpunkte *)
      OUTPUT((R2-Contact) x V1)       (* Paarbildung für rechte Endpunkte*)
END (* Intersection *)
```

Betrachten wir nochmals den Vereinigungsschritt im Algorithmus 3-10. In der Variablen CONTACT fassen wir mittels Durchschnittbildung $L_1 \cap R_2$ die Menge horizontaler Strecken zusammen, die je einen Endpunkt in M_1 und einen in M_2 besitzen. Laut der Definition der Menge L_i resp. R_i dürfen diese "kontaktierenden" Strecken in den entsprechenden Mengen natürlich nicht vorkommen und müssen deshalb abgezogen werden (L_1-CONTACT resp. R_2-CONTACT). Schliesslich berechnen wir mit OUTPUT die Menge der Schnittpaare von horizontalen und vertikalen Strecken.

Der Zeitbedarf von INTERSECTION angewandt auf eine Menge von n Elementen ist für sämtliche Operationen beim Durchlaufen zweier paralleler Datenstrukturen $O(n)$, ausser für die OUTPUT-Operationen. Falls k Paare von Strecken ausgegeben werden, beträgt der Aufwand für den OUTPUT $O(n+k)$. Gesamthaft resultiert für das Schnittproblem achsenparalleler Strecken bei der Divide-et-Impera-Technik ein Zeitaufwand von $O(n*\log n+k)$ und ein Speicheraufwand von $O(n)$. In [Güting/Wood 1984] ist ein Algorithmus für das Schnittproblem achsenparalleler Rechtecke mit derselben Zeit- und Speicherkomplexität gegeben. Zusätzlich können dieselben Algorithmen zur Mass- und Konturberechnung verwendet werden.

3.6.2 Schnittberechnung mit der Durchlauftechnik

Eine grundlegende Schwierigkeit bei geometrischen Problemstellungen ist, dass die Objekte in der Ebene oder im Raum keiner natürlichen Ordnung unterliegen. Was bedeutet beispielsweise bei einer Menge beliebiger Polygone in der Ebene, ein Polygon R_1 liegt "vor oder nach", "über oder unter" bzw. "links oder rechts" eines anderen Polygons R_2? Zeichnet man die Schwerpunkte der Polygone aus, so lassen sich gewisse Polygone bezüglich ihrer Schwerpunktskoordinaten vergleichen. Dies führt zu einer partiellen Ordnung, die sich nicht direkt zu einer totalen Ordnung erweitern lässt. Unter einer totalen Ordnung einer Menge geometrischer Objekte versteht man die Eigenschaft, zwei beliebige Objekte jederzeit vergleichen zu können.

Trotz den erwähnten Schwierigkeiten interessiert man sich beim Studium von Datenstrukturen und Algorithmen für geordnete Mengen von Objekten, um effiziente Such- und Sortierverfahren anwenden zu können. Im Fall von achsenparallelen Strecken haben wir bereits gesehen, dass wir durch das Auszeichnen der Endpunkte jeder horizontalen Strecke zwei unabhängige Repräsentationen erhalten und damit eine Ordnung bezüglich der x-Achse einführen können (angenommen es gibt keine zwei Strecken mit identischen x-Koordinaten!).

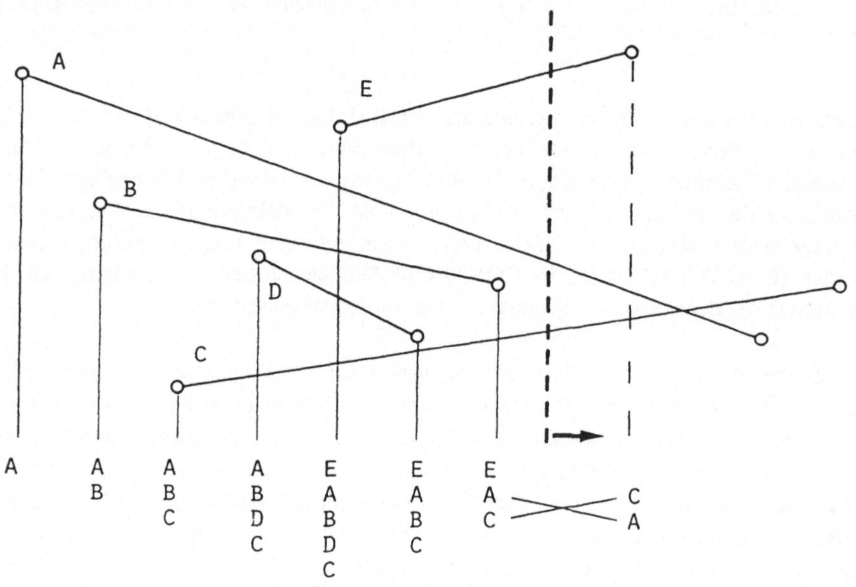

Abb. 3-17: Ordnungsrelation beim Durchlaufalgorithmus.

Shamos und Hoey demonstrieren in [Shamos/Hoey 1976] auf anschauliche Art, wie sich eine totale Ordnung beim Entscheidungsproblem "Sind n beliebige Strecken in der Ebene schnittfrei?" konstruieren lässt. Die Grundidee lautet wie folgt: Eine Lauflinie L parallel zur y-Achse überstreicht die Ebene von links nach rechts. Dabei werden nur die Endpunkte der Strecken betrachtet, wobei vertikale Strecken ausgeschlossen sind. Zusätzlich dürfen keine drei Strecken einen gemeinsamen Schnittpunkt haben. Bei dieser ebenen *Durchlauftechnik* (plane sweep) wird festgestellt, ob eine Strecke bezüglich der y-Achse über einer anderen liegt oder umgekehrt (Abb. 3-17). Die Aussage "Segment u liegt über Segment v" ist eine Ordnungsrelation und führt zu einer totalen Ordnung. Sobald diese im Laufe der Zeit (d.h. beim Abstreichen der Ebene) verletzt wird, müssen Koinzidenzen vorliegen. In [Shamos/Hoey 1976] ist ein Durchlaufalgorithmus gegeben, welcher in Zeit $O(n*\log n)$ entscheidet, ob n Strecken schnittfrei sind.

Die Idee der Durchlauftechnik ist bei vielen algorithmischen Fragen aus der Geometrie anwendbar. Sie kann nicht nur für die Entscheidungsfrage "Liegen n Strecken schnittfrei vor?" sondern auch für Schnittberechnungen direkt verwendet werden. Betrachten wir nun den weiterreichenden Algorithmus von [Bentley/Ottmann 1979] zur Schnittberechnung von n Strecken $S_1,...,S_n$. Der Einfachheit halber nehmen wir dabei an, dass sich keine drei Strecken in einem Punkt schneiden und dass keine vertikalen Strecken existieren. Wählen wir die Lauflinie L parallel zur y-Achse und durchlaufen wir die Ebene von links nach rechts, so sind aufgrund der gemachten Annahmen Entartungsfälle ausgeschlossen.

Bei der Durchlauftechnik genügt es, die Lauflinie L von links nach rechts von sogenannten Transitionspunkten zu Transitionspunkten zu verschieben. Die Transitionspunkte einer ebenen Szene mit beliebigen Strecken sind die Anfangs- und Endpunkte der Strecken sowie die gesuchten Schnittpunkte. Beim Durchlaufen einer Szene von Transitionspunkt zu Transitionspunkt haben wir die Garantie, dass innerhalb von Transitionspunkten keine topologischen Veränderungen auftreten. Zusätzlich sprechen wir von den aktiven Strecken einer Lauflinie L und bezeichnen damit alle Strecken, welche von L in einem bestimmten Transitionspunkt geschnitten werden. Mit dieser Terminologie definieren wir die folgenden Datenstrukturen:

X-Warteschlange: Transitionspunkte: Endpunkte der Strecken rechts von der Lauflinie L nach x-Koordinaten sortiert resp. schon entdeckte Schnittpunkte.

Y-Tabelle: Aktive Strecken: Strecken S_k geordnet nach y-Koordinate des Schnittpunktes von S_k mit der Lauflinie L.

Die Lauflinie L wird nun von Transitionspunkt zu Transitionspunkt gemäss den Einträgen in der X-Warteschlange positioniert; einige neue x-Werte können beim Entdecken von Schnittpunkten hinzukommen. Auf der X-Warteschlange gibt es deshalb die Operationen:

min(p): Finde p mit minimaler x-Koordinate und lösche p in der X-Warteschlange.

put(p): Füge einen neuen Punkt p am entsprechenden Ort bezüglich x-Koordinate ein.

In jedem Transitionspunkt wird die Y-Tabelle nachgeführt. Die Y-Tabelle ist ein binärer Suchbaum, der die aktiven Strecken enthält. Dieses Verzeichnis stellt die folgenden Operationen zur Verfügung:

find(p): Gegeben ein Punkt p auf der Lauflinie L, finde das Intervall auf L, welches p enthält.

insert(s): Füge eine Strecke s in die Y-Tabelle ein.

delete(s): Lösche eine Strecke s in der Y-Tabelle.

succ(s): Gebe zu einer Strecke s die benachbarte Strecke über s.

pred(s): Gebe zu einer Strecke s die benachbarte Strecke unter s.

change(s_i,s_j): Vertausche die Strecke s_i mit s_j in der Y-Tabelle.

Die Elementaroperationen find, insert, delete, succ und pred sind O(logn) Operationen; change kann durch geschickte Anpassung des Suchbaumes auf O(logn) reduziert werden.

Mit den definierten Datenstrukturen und Operationen sieht der Schnittalgorithmus für beliebige Strecken in der Ebene wie folgt aus:

```
ALGORITHMUS 3-11
(* Schnittberechnung von Strecken nach [Bentley/Ottmann 1979]           *)

EINGABE:  X-Queue=[(x1,y1),....,(x2n,y2n)]  (* Eckpunkte nach x sortiert  *)
          Y-Table={}                        (* aktive Strecken            *)
AUSGABE:  {p}                               (* Menge von Schnittpunkten   *)

SWEEP:
BEGIN
    WHILE X-Queue <> {} DO
       p := min(X-Queue)
       CASE p OF
         Startpoint(Sj):                    (* Startpunkt einer Strecke   *)
              insert(Sj)
              Si := succ(Sj)
              Sk := pred(Sj)
              Pji := INTERSECT(Sj,Si)
              Pjk := INTERSECT(Sj,Sk)
              IF Pji <> 0 THEN put(Pji)
              IF Pjk <> 0 THEN put(Pjk)
         Endpoint(Sj):                      (* Endpunkt einer Strecke     *)
              Si := succ(Sj)
              Sk := pred(Sj)
              delete(Sj)
              Pik := INTERSECT(Si,Sk)
              IF Pik=RIGHT-OF(L)
              THEN
                 put(Pik)
```

```
        Crosspoint(Si,Sj):                      (* Schnittpunkt zweier Strecken*)
            change(Si,Sj)
            Sh := succ(Sj)
            Sk := pred(Si)
            Pjh := INTERSECT(Sj,Sh)
            Pik := INTERSECT(Si,Sk)
            IF Pjh=RIGHT-OF(L)
            THEN
              put(Pik)
            IF Pik=RIGHT-OF(L)
            THEN
              put(Pik)
            OUTPUT(p)
END (* Sweep *)
```

Zur Analyse der Zeitkomplexität setzen wir n Strecken voraus, und mit s bezeichnen wir die Anzahl der gesuchten Schnittpunkte. Wir stellen fest, dass im Algorithmus 3-11 die Schleife für jeden Start- und Endpunkt sowie für jeden Schnittpunkt einmal durchlaufen wird, d.h. 2*n+s mal. Die Operationen auf der X-Warteschlange erfordern eine Aufwand O(logn+s). Die Operationen der Y-Tabelle verlangen den Aufwand O(logn), was zu einem zeitlichen Gesamtaufwand von O((n+s)*logn) führt. Der Speicherbedarf ist O(n+s) für die X-Warteschlange (Reduktion auf O(n) nach [Brown 1981] möglich!) und O(n) für die Y-Tabelle.

Die Klasse von Durchlaufalgorithmen ist sehr allgemein, besonders für zweidimensionale Fragestellungen. In [Nievergelt/Preparata 1982] ist ein O((n+s)*logn) Algorithmus für beliebig geschlossene Polygonfiguren gegeben. Zum Lösen verschiedener geometrischer und topologischer Fragen wie das Berechnen von Flächeninhalt, Kontur, Zusammenhang oder einer Triangulation wird neben der X-Warteschlange und der Y-Tabelle eine anwendungsbezogene Datenstruktur unterhalten. Auch die Verallgemeinerung von Durchlaufalgorithmen auf dreidimensionale Fragen gelingt beispielsweise für den Schnitt eines beliebigen Polyeders mit einem konvexen [Mehlhorn/Simon 1985]. Die Konvexität ist in diesem Fall notwendig, um eine totale Ordnungsrelation definieren zu können.

3.6.3 Geometrische Transformationen für Halbraumschnitt

Eine wichtige Methode zur Lösung algorithmischer Probleme basiert auf geometrischen Transformationen. Anstelle des direkten Lösens des ursprünglichen Problems werden die Objekte in einem geeignet transformierten Raum untersucht. Betrachten wir dazu ein Beispiel in der Ebene (Abb. 3-18). Jedem Punkt $p=(p_x,p_y)$ in der Ebene kann eine Gerade T(p) in einem transformierten Raum zugeordnet werden, deren Punkte die Gleichung

$y=p_x*x-p_y$ erfüllen. Die Transformation T können wir auch dazu verwenden, Geraden g der Form $y=g_1*x+g_2$ in Punkte $T(g):=(g_1,-g_2)$ zu überführen.

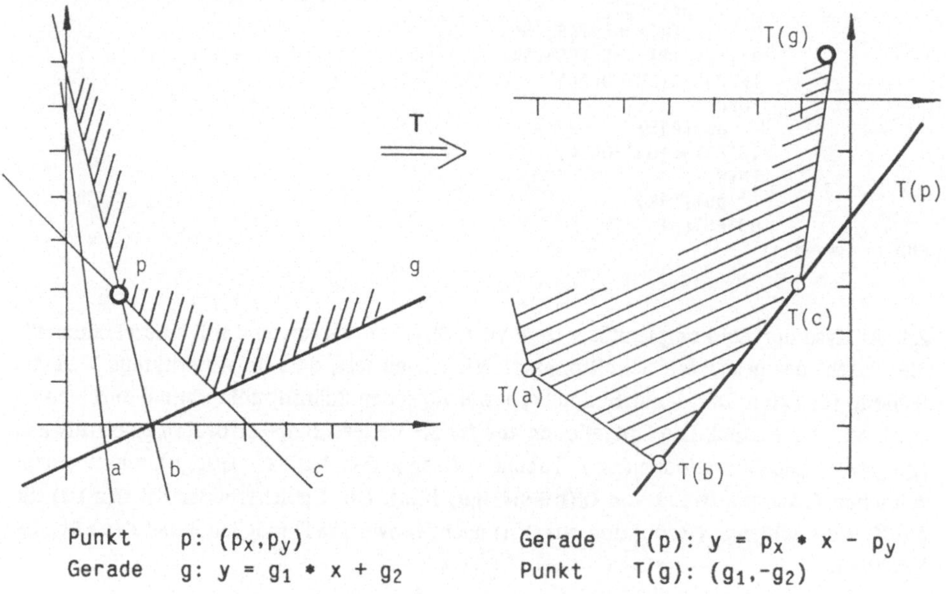

Abb. 3-18: Geometrische Transformation von Punkten und Geraden.

Der Vorteil der Transformation leitet sich aus der folgenden Eigenschaft ab: Liegt der Punkt p über der Geraden g, so liegt der Punkt T(g) über der Geraden T(p) und umgekehrt. Zudem werden Koinzidenzen erhalten, d.h. liegt ein Punkt p auf der Geraden g, so geht die Gerade T(p) durch den Punkt T(g). Diese Dualität erlaubt nun, algorithmische Aspekte je nach Wunsch im Ursprungsraum oder im dualen Raum zu behandeln.

Als Anwendungsbeispiel geometrischer Transformationen behandeln wir den Schnitt von Halbräumen. Der Einfachheit halber nehmen wir an, dass die Grenzgeraden der Halbräume mit einer Richtung ausgezeichnet sind; dies erlaubt uns, von linken bzw. rechten Halbräumen einer Geraden zu sprechen. Der Durchschnitt von Halbräumen ist deshalb von Interesse, weil damit der Kern eines Polygons berechnet werden kann. Zum Kern gehören alle inneren Polygonpunkte, von welchen aus der gesamte Rand des Polygons sichtbar bleibt.

Es gilt die folgende Aussage: Der Kern eines im Gegenuhrzeigersinn orientierten Polygons ist der Durchschnitt seiner linken Halbräume. Zur Bestimmung des Kerns stellen wir fest, dass gewisse Halbebenen redundant vorkommen. Die Halbebene H_k in Abb. 3-19 heisst *redundant*, wenn zwei Halbebenen H_i und H_j mit den folgenden Eigenschaften existieren:

i) Die Grenzgerade des Halbraumes H_k liegt über dem Schnittpunkt der beiden Grenzgeraden von H_i bzw. H_j.

ii) Die Steigung der Grenzgeraden von H_k liegt zwischen den entsprechenden Steigungen der Grenzgeraden von H_i bzw. H_j.

In der dualen Ebene besteht natürlich eine analoge Aussage: Ein Punkt P_k im dualen Raum ist dann redundant, wenn er unter einer Strecke bestimmt durch zwei Punkte P_i und P_j liegt. Das "unter einer Strecke" liegen entspricht der Bedingung i), die Forderung "zwischen zwei Punkten (bezüglich x-Achse)" entspricht ii).

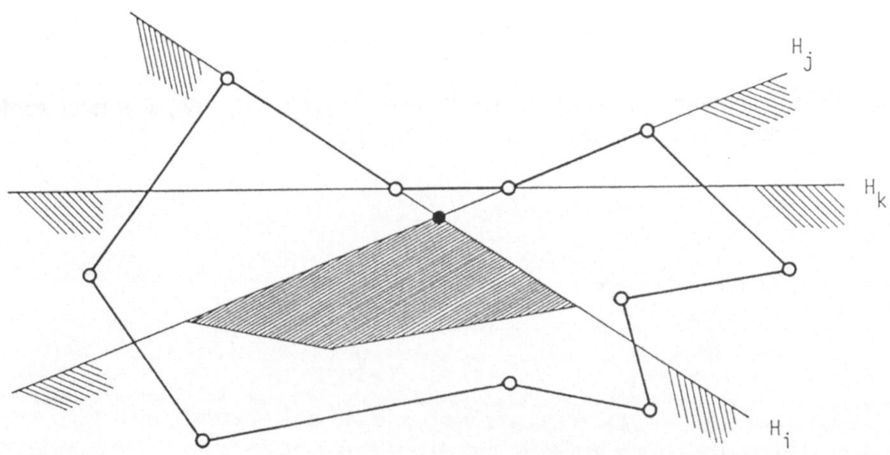

Abb. 3-19: Der Kern eines Polygons als Durchschnitt von Halbräumen.

In [Brown 1979] wird gezeigt, dass die nicht redundanten Halbräume mit den Punkten der konvexen Hülle (je zweier Hälften) im Dualraum korrespondieren. Das Problem "Durchschnitt von Halbräumen" ist also auf die Frage "Bestimmung der konvexen Hülle von Punkten" zurückgeführt (vergl. Abb. 3-18). Da die Berechnung der konvexen Hülle von n Punkten in der Ebene den Zeitaufwand $O(n*\log n)$ beansprucht, kann der Durchschnitt von n Halbräumen mit Hilfe geometrischer Transformationen in $O(n*\log n)$ Zeit bestimmt werden.

3.7 Nachbarschaften und Zerlegungsprobleme

Ein wichtiges geometrisches Suchproblem ist das sogenannte Postamtproblem: Unter n Punkten $M=\{P_1,...,P_n\}$ in der Ebene (Postämter) bestimme man zu einem vorgegebenen Punkt q den nächsten Punkt aus M. Ein eleganter Zugang zum Postamtproblem geschieht mit Hilfe von Voronoi-Diagrammen. Diese unterteilen die Ebene in Äquivalenzklassen, indem sie jedem Punkt P_i sein Voronoi-Polygon V_i zuordnen. Das Suchen des nächsten Nachbarn kann auf das Bestimmen des entsprechenden Voronoi-Polygons zurückgeführt werden (Punktlokalisierung!).

Betrachten wir n Punkte $P_1,...,P_n$ in der Ebene. Das *Voronoi-Polygon* des Punktes P_i ist die Menge aller Punkte der Ebene, die näher bei P_i liegen als bei den übrigen Punkten P_j mit $i \neq j$. Es kann wie folgt gemäss der Abb. 3-20 konstruiert werden: Wir bestimmen zu je zwei Punkten P_i und P_j mit $i \neq j$ die Mittelsenkrechte und den Halbraum $H(P_i,P_j)$, welcher den Punkt P_i einschliesst. Bilden wir den Durchschnitt der dadurch gebildeten Halbräume, so erhalten wir das Voronoi-Polygon:

$$V_i = \cap_{j=1,...,n \text{ mit } j \neq i} H(P_i,P_j).$$

Die Ebene kann nun vollständig mit den Voronoi-Polygonen $V_1,...,V_n$ überdeckt werden; dies führt zum *Voronoi-Diagramm* der Punkte $P_1,...,P_n$.

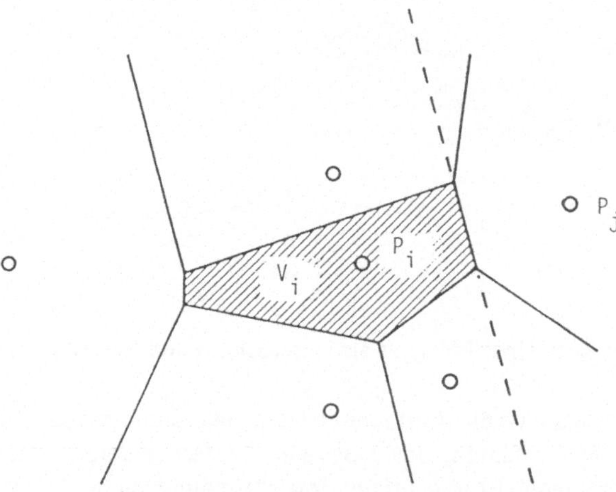

Abb. 3-20: Voronoi-Polygon und -Diagramm.

Zur algorithmischen Konstruktion des Voronoi-Diagramms stellen wir fest, dass ein Diagramm aus höchstens O(n) Teilen besteht, auch wenn ein einzelnes Voronoi-Polygon schon $O(n)$ Polygonkanten haben kann. Ein Voronoi-Polygon lässt sich als Durchschnitt von Halbräumen gemäss Abschnitt 3.6.3 in der Zeit $O(n*\log n)$ bilden; für das Diagramm würden wir somit Zeit $O(n^2*\log n)$ benötigen. Wir skizzieren nun, wie die Konstruktion des Diagramms ebenfalls in der Zeit $O(n*\log n)$ gelingt.

In [Shamos/Hoey 1975] ist ein Divide-et-Impera-Algorithmus angegeben, der die Menge $M=\{P_1,...,P_n\}$ aufteilt, um rekursiv das Voronoi-Diagramm VD(M) aus den Teilmengen $VD(M_1)$ und $VD(M_2)$ zu erhalten. Der schwierigste Schritt ist zu zeigen, dass die Vereinigung von $VD(M_1)$ mit $VD(M_2)$ in linearer Zeit möglich ist. Dazu muss eine Trennlinie T mit der Eigenschaft

$$VD(M) = (VD(M_1) \cap T^+) \cup (VD(M2) \cap T^-)$$

konstruiert werden, wenn T^+ den rechts von T liegenden Teil der Ebene und T^- den links von T liegenden Teil bezeichnet.

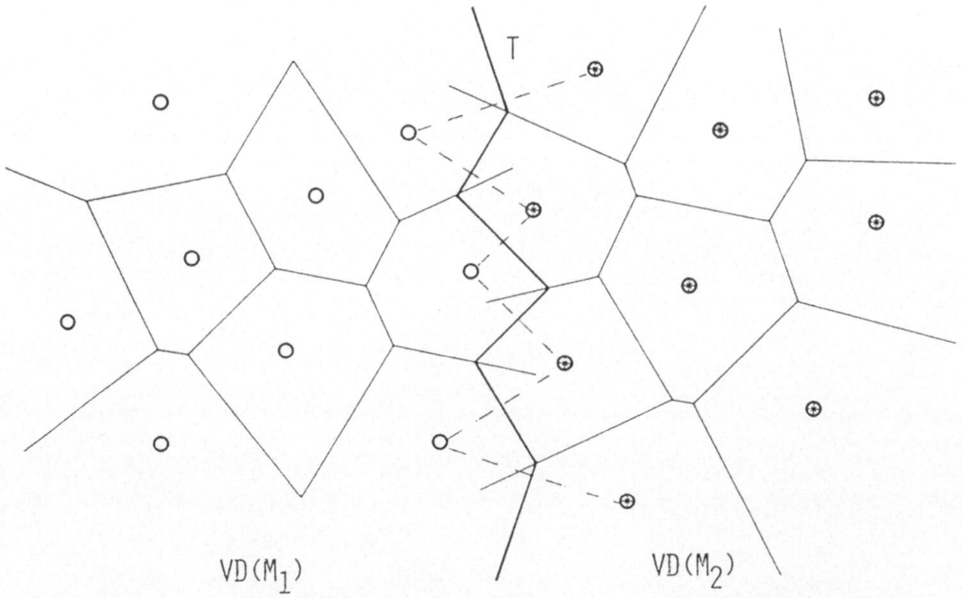

Abb. 3-21: Trennlinie T zweier Voronoi-Diagramme $VD(M_1)$ und $VD(M_2)$.

Die Trennlinie wird mit Hilfe der konvexen Hüllen von M_1 und M_2 schrittweise aufgebaut. Aufgrund der Eigenschaft, dass die Voronoi-Polygone konvex sind, beansprucht der Vereinigungsschritt von $VD(M_1)$ mit $VD(M_2)$ den Zeitaufwand

$O(m_1+m_2)$, wenn m_i die Kardinalität der Menge M_i bezeichnet (vergl. Abschnitt 3.5.4). Somit resultiert der totale Zeitaufwand O(n*logn) zur Konstruktion des Voronoi-Diagramms der Menge M.

Betrachten wir nun die Zeit- und Speicherkomplexität des Postamtproblems selbst. Da ein Voronoi-Diagramm eine Partition der Ebene darstellt, kann ein Punkt z.B. mit Hilfe monotoner Ketten (siehe Abschnitt 3.4.2) in der Suchzeit O(logn) und mit Zusatzspeicher O(n) lokalisiert werden. Somit lässt sich das Postamtproblem mit O(n) Speicher, O(n*logn) Vorarbeitzeit und O(logn) Suchzeit bewältigen.

Das Voronoi-Diagramm einer Menge von Punkten liefert automatisch eine Triangulation. Mit solchen Zerlegungen lassen sich ebenfalls effiziente Algorithmen zum Lokalisieren von Punkten finden [Kirkpatrick 1983].

4 Approximation von Kurven und Flächen

Ersetzt man ein Zeichenbrett durch einen zweidimensionalen Grafikschirm, so kann man analog der gewohnten manuellen Arbeitsweise technische Zeichnungen rechnergestützt erstellen. Neben der neuen Handhabungstechnik anstelle von Zirkel und Lineal verlangt ein grafischer Arbeitsplatz mit einer adäquaten Benutzerschnittstelle keine zusätzlichen Kenntnisse vom Anwender. Mit der Übertragung manueller Techniken auf rechnergestützte ist der Einsatz eines grafischen Systems hingegen noch nicht erschöpft.

Die Darstellung von analytisch nicht einfach beschreibbaren Flächen eröffnet ein neues Anwendungsfeld. Für den Modellbau von Fahrzeugen, Flugzeugen oder Schiffen sowie für Fertigungsverfahren wie Giessen, Schmieden oder Tiefziehen lassen sich Interpolations- und Approximationsmethoden zur Beschreibung von Flächenstücken verwenden. Wir gehen im folgenden auf diese Verfahren näher ein, welche speziell für das rechnergestützte Entwerfen von sogenannten *Freiformflächen* entwickelt wurden.

Der Abschnitt 4.1 diskutiert wichtige Begriffe zur Flächenbeschreibung, nämlich Parameterdarstellungen und implizite Beschreibungen von Kurven und Flächen. Im Abschnitt 4.2 gehen wir aus historischen Gründen zuerst auf die Modellierung von Kurven mittels kubischen Polynomen ein, bevor wir die Bézier-Kurven beliebigen Grades besprechen. Abschnitt 4.3 verallgemeinert die Methode von Bézier und behandelt die stückweise Approximation von Kurven durch Polynome mittels B-Splinefunktionen. Die Darstellung von Flächen nach Bézier oder mit B-Splines behandeln wir im Abschnitt 4.4. Der letzte Abschnitt 4.5 gibt einen Vergleich der beiden erläuterten und in der Praxis meistgebrauchten Verfahren der Kurven- und Flächenmodellierung.

4.1 Parameterdarstellung

Die Parameterdarstellung von Kurven und Flächen wird bei grafischen Anwendungen gegenüber impliziten Beschreibungen bevorzugt. Zum Beispiel lassen sich einzelne Kurven- und Flächenpunkte längs Parameterlinien sukzessive berechnen und auf Bildschirmkoordinaten transformieren (inkrementelle Methode). Auf der anderen Seite verlangen implizite Kurven- und Flächendefinitionen oft das aufwendige Lösen von Gleichungssystemen für jeden einzelnen Punkt. Als weiterer Vorteil von Parameterdarstellungen gegenüber anderen Darstellungsformen ist die Möglichkeit, einzelne Kurven- und Flächenstücke beim rechnergestützten Entwurf stückweise zu beschreiben und aneinanderzuheften. Die Übergänge bei solchen Nahtstellen lassen sich je nach Anforderung durch mathematische Verfahren ausgleichen.

Die einfachste *Parameterdarstellung* einer Geraden ist durch die lineare Vektorfunktion

$$r = a + t * b$$

gegeben. Wir ersetzen nun t durch eine beliebige Funktion f(t) und erhalten den Ortsvektor r als Vektorfunktion r(t) des Parameters t, welche sich als Parameterdarstellung einer Raumkurve interpretieren lässt. Äquivalent dazu ist die Angabe von drei unabhängigen Funktionen $f_1(t)$, $f_2(t)$ und $f_3(t)$ bezogen auf ein kartesisches Koordinatensystem mit den Basisvektoren i, j und k:

$$r(t) = f_1(t) * i + f_2(t) * j + f_3(t) * k$$

Die Koordinaten des laufenden Punktes lassen sich entsprechend durch die folgenden Gleichungen beschreiben:

$$(*) \qquad x = f_1(t),\ y = f_2(t) \text{ und } z = f_3(t)$$

Es ist offensichtlich, dass eine Raumkurve keine eindeutige Parameterdarstellung besitzt, da die Wahl der Parameterfunktion beliebig sein kann. Im allgemeinen lässt sich jedoch der Parameter t aus den Gleichungen (*) eliminieren und man erhält als Resultat die Gleichung der Form

$$f(x,y,z) = 0,$$

d.h. die sogenannte *implizite Gleichung* der Raumkurve.

Die Ableitung der Vektorfunktion r(t) ergibt sich, indem man einzeln ihre Komponenten ableitet. Mehrfache Ableitungen sind auf analoge Art möglich. Die Parameterdarstellung ist besonders geeignet und einfach für die Berechnung von Ableitungen, falls für die Parameterfunktion ein Polynom gewählt wird. Polynome höheren Grades beschreiben komplexe Kurven, doch führt eine steigende Anzahl von Koeffizienten bei der numerischen Berechnung zu Problemen und Effizienzeinbussen. Aus diesen Gründen haben sich beim interaktiven Generieren von Kurven- und Flächenstücken kubische Polynome sehr gut bewährt. Sie genügen den Qualitätsansprüchen und weisen einen kleinen Grad auf.

Einen ausgezeichneten Überblick über die gebräuchlichen Methoden zum rechnergestützten Entwurf von Kurven und Flächen liefert der Artikel von [Böhm et al. 1984]. Mathematische Grundlagen und Verfahren sind im Buch [Faux/Pratt 1981] und in [Barnhill/Riesenfeld 1974] zusammengestellt; neuere Arbeiten finden sich in [Barnhill/Böhm 1983].

4.2 Approximation von Kurven durch Polynome

Seit den Anfängen der Computergrafik versucht man, Kurven und Flächen auf effiziente Art darzustellen. Besondere Bedeutung kommt der interaktiven Definition von Kurven- und Flächengebilden zu. Zur Beschreibung von Kurvenstücken können z.B. Tangential- und Krümmungseigenschaften vom Benutzer verlangt werden. Die Wirkung solcher Parametergrössen ist jedoch intuitiv schwer abzuschätzen. Das Bézier-Verfahren schlägt deshalb einen anderen Weg ein, indem der Benutzer eine erste Approximation einer Kurve durch eine Menge von Kontrollpunkten definiert. Anschliessend lässt sich diese Kurve interaktiv durch das Verschieben einzelner Kontrollpunkte in die gewünschte Form bringen.

4.2.1 Kubische Kurven

Die Approximation von Kurven durch kubische Polynome lässt sich in allgemeiner Form durch die Vektorfunktion

$$(*) \qquad r(t) = a_0 + t * a_1 + t^2 * a_2 + t^3 * a_3 \qquad \text{mit } 0 \leq t \leq 1$$

ausdrücken. Von allen polynomialen Funktionen zur Beschreibung nicht-planarer Raumkurven weisen die kubischen den minimalsten Grad auf. Ihr Kurvenverlauf lässt sich durch vier Bestimmungsstücke beeinflussen. Je nach Wahl der vier Koeffizienten sind verschiedene Klassen kubischer Kurven entstanden.

Zum Entwurf von Kurven (und Flächen) für den Flugzeugbau verwendete Ferguson die obige Parameterdarstellung [Ferguson 1964], wobei er die vier Koeffizientenvektoren durch die Ortsvektoren des Anfangs- und des Endpunktes sowie durch die beiden Tangentenvektoren in diesen Punkten ausdrückte:

$$\begin{aligned} a_0 &= r(0) \\ a_1 &= r'(0) \\ a_2 &= -3\,r(0) + 3\,r(1) - 2r'(0) - r'(1) \\ a_3 &= 2\,r(0) - 2\,r(1) + r'(0) + r'(1) \end{aligned}$$

Substituiert man die ursprünglichen Koeffizientenvektoren a_0, a_1, a_2 und a_3 durch die obigen Ausdrücke, so erhält man das Gleichungssystem:

$$r(t) = (1 \; t \; t^2 \; t^3) * \begin{pmatrix} 1 & 0 & 0 & 0 \\ 0 & 0 & 1 & 0 \\ -3 & 3 & -2 & -1 \\ 2 & -2 & 1 & 1 \end{pmatrix} * \begin{pmatrix} r(0) \\ r(1) \\ r'(0) \\ r'(1) \end{pmatrix}$$

Diese symbolische Vektorgleichung umfasst auf der rechten Seite die Multiplikation von skalaren Grössen mit Vektorgrössen. Die Multiplikation wird nach den gewohnten Regeln der Matrizenrechnung definiert, wobei nur je eine Matrix mit Vektorelementen auftreten darf. Wir benutzen diese gemischte Matrizenmultiplikation, damit die Vektorgleichung einfach und kompakt erscheint [Faux/Pratt 1981].

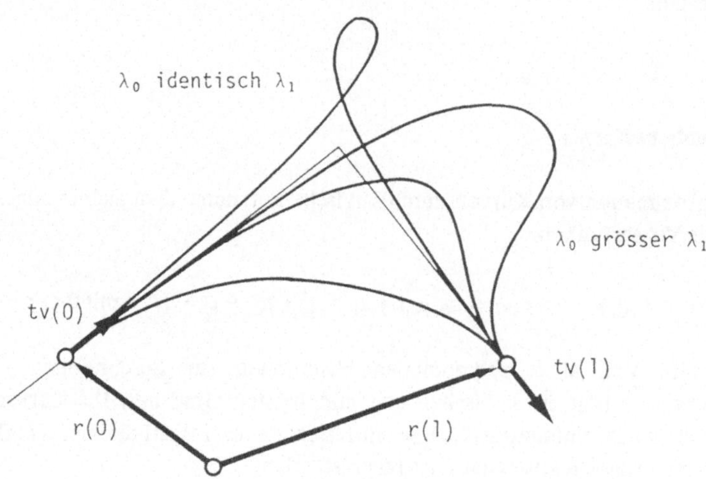

Abb. 4-1: Einfluss der Längenparameter λ_0 und λ_1 auf den Kurvenverlauf.

Beim interaktiven Entwurf von Kurvenstücken nach Ferguson ist der Kurvenverlauf durch die Wahl der Orts- und Tangentenvektoren bestimmt. Wir betrachten normierte Tangentenvektoren

$$tv(0) := r'(0) / |r'(0)| \quad \text{und} \quad tv(1) := r'(1) / |r'(1)|$$

und erhalten damit die Gleichungen

$$r'(0) := \lambda_0 * tv(0) \quad \text{und} \quad r'(1) := \lambda_1 * tv(1).$$

Die beiden gegebenen Ortsvektoren beeinflussen zusammen mit den Richtungen der Tangentenvektoren und den Grössen der beiden Parametern λ_0 und λ_1 den

Kurvenverlauf gemäss Abb. 4-1. Wählt man grosse Werte für λ_0 und λ_1, so ist der Kurvenverlauf entsprechend länger durch die Tangentenvektoren $tv(0)$ und $tv(1)$ bestimmt. Unterschiedliche Längen der beiden Parameter λ_0 und λ_1 führen zu unterschiedlichen Krümmungen beim Anfangs- resp. beim Endpunkt des jeweiligen Kurvenstücks.

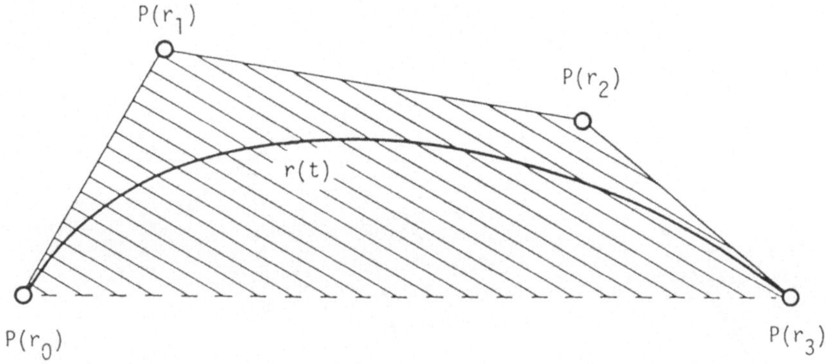

Abb. 4-2: Charakteristisches Polygon mit zugehöriger Bézier-Kurve.

Durch eine andere Umformung der kubischen Gleichung (*) stösst man auf die Kurvenbeschreibung von Bézier:

$$r(t) = (1-t)^3 * r_0 + 3t(1-t)^2 * r_1 + 3t^2(1-t) * r_2 + t^3 * r_3 \quad \text{mit } 0 \leq t \leq 1.$$

Die Bézier-Kurve beruht auf der Wahl der Koeffizienten

$$\begin{aligned} a_0 &= r_0 \\ a_1 &= -3r_0 + 3r_1 \\ a_2 &= 3r_0 - 6r_1 + 3r_2 \\ a_3 &= -r_0 + 3r_1 - 3r_2 + r_3 \end{aligned}$$

und man erhält in Matrixschreibweise die Vektorfunktion

$$r(t) = (1 \ t \ t^2 \ t^3) * \begin{pmatrix} 1 & 0 & 0 & 0 \\ -3 & 3 & 0 & 0 \\ 3 & -6 & 3 & 0 \\ -1 & 3 & -3 & 1 \end{pmatrix} * \begin{pmatrix} r_0 \\ r_1 \\ r_2 \\ r_3 \end{pmatrix}$$

Man bezeichnet das durch die vier Ortsvektoren r_0, r_1, r_2 und r_3 aufgespannte Polygon als *charakteristisches Polygon* (Abb. 4-2) der Bézier-Kurve. Die Kurve selbst läuft durch den

Anfangspunkt $P(r_0)$ und den Endpunkt $P(r_3)$. Die jeweiligen Tangentenvektoren in diesen Punkten spannen bis auf einen Faktor je eine Seite r_1-r_0 resp. r_3-r_2 des charakteristischen Polygons auf.

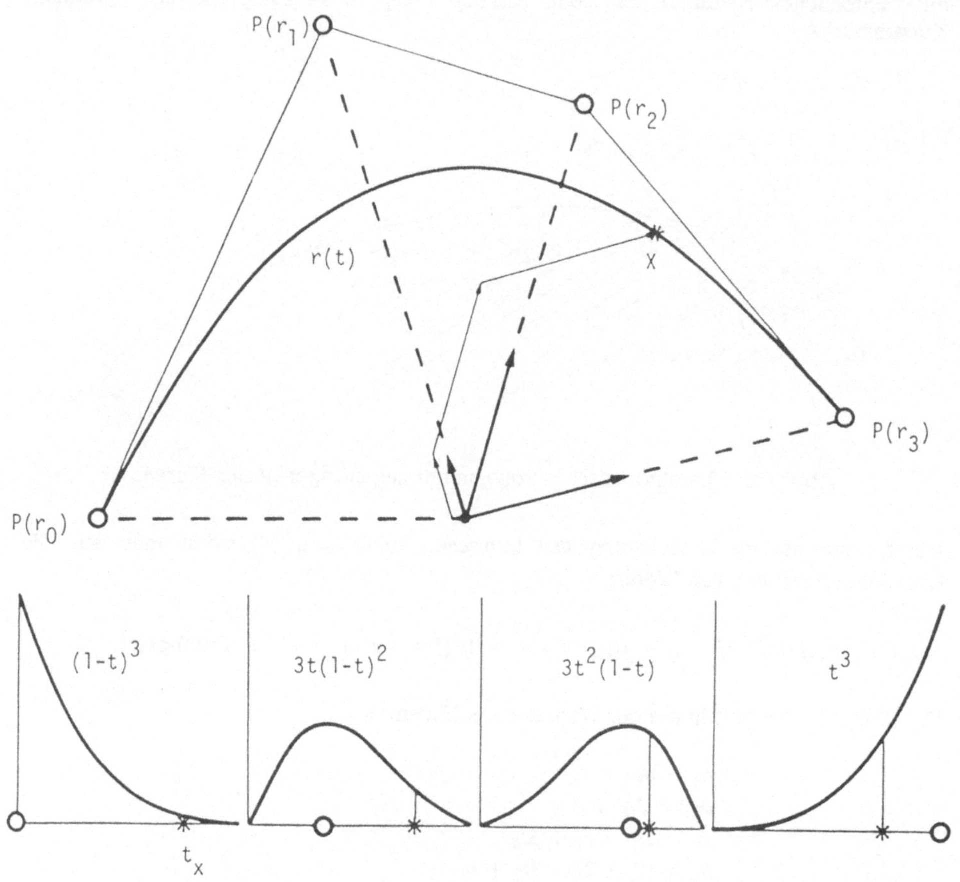

Abb. 4-3: Einfluss der Mischfunktionen auf den Kurvenverlauf.

Um eine Bézier-Kurve interaktiv zu entwerfen, können beispielsweise zuerst die beiden Eckpunkte des charakteristischen Polygons festgelegt werden. Durch die Wahl der inneren Punkte $P(r_1)$ und $P(r_2)$ lassen sich die entsprechenden Längen der Tangentenabschnitte r_1-r_0 resp. r_3-r_2 und damit die Krümmungseigenschaften verändern. Falls alle Punkte des charakteristischen Polygons kollinear sind, entspricht der Bézier-Kurve eine Gerade. Beim Zusammenlegen der beiden Punkte mit den Ortsvektoren r_1 und r_2 erhält man als weiteren Spezialfall eine Parabel zweiter Ordnung.

Der Verlauf der Bézier-Kurve wird gemäss der Vektorgleichung durch die vier Ortsvektoren r_0, r_1, r_2 und r_3 resp. die *Mischfunktionen* $(1-t)^3$, $3t(1-t)^2$, $3t^2(1-t)$ und t^3 bestimmt (Abb. 4-3). Der Anfangspunkt $P(r_0)$ hat die grösste Auswirkung auf den Verlauf für $t=0$, der Endpunkt $P(r_3)$ für $t=1$ und die Zwischenpunkte $P(r_1)$ resp. $P(r_2)$ entsprechend den Graphen ihrer Mischfunktionen bei $t=1/3$ und $t=2/3$.

Da jede der Mischfunktionen auf dem ganzen Parameterbereich $0<t<1$ von Null verschieden ist, spricht man von *globaler Kontrolle* der Bézier-Kurve durch die Stützpunkte des charakteristischen Polygons. Mit anderen Worten wird durch die Veränderung eines einzigen Stützpunktes der Kurvenverlauf überall beeinflusst.

Eine wichtige Eigenschaft gibt sich aus der Tatsache, dass die Mischfunktionen sich in jedem Punkt auf Eins summieren. Dadurch erscheint die Bézier-Kurve innerhalb der konvexen Hülle der Stützpunkte des charakteristischen Polygons (vergl. Abb. 4-2).

Als weitere Klasse kubischer Kurven gelten die *rationalen Kurven* [Faux/Pratt 1981]. Wie der Name sagt, handelt es sich dabei um eine Bruchdarstellung von Polynomen, d.h. Zähler wie Nenner sind Polynome. Der Vorteil dieser Kurvendefinition liegt in ihrer Allgemeinheit und in der Eigenschaft, dass rationale Kurven unter projektiven Transformationen invariant bleiben.

4.2.2 Bézier-Kurven vom Grad m

Durch die Angabe von m+1 Kontrollpunkten, gegeben durch die Ortsvektoren r_i mit $i=0,\dots,m$ erhält man die allgemeine Vektorform der *Bézier-Kurve* vom Grad m:

$$(*) \quad r(t) = \Sigma_{i=0,\dots,m}\ m!\,/\,i!\,(m-i)! * t^i * (1-t)^{m-i} * r_i \text{ für } 0 \le t \le 1.$$

Man bezeichnet die Mischfunktionen zusammen mit den Binomialkoeffizienten als *Bernsteinpolynome*:

$$B_{i,m}(t) := m!\,/\,i!\,(m-i)! * t^i * (1-t)^{m-i}$$

um die Vektorformel (*) zu vereinfachen.

Aufgrund der Eigenschaften der Bernsteinpolynome lassen sich entsprechend die Eigenschaften der Bézier-Kurven herleiten. Beispielsweise sind sämtliche Bernsteinpolynome positiv und zerlegen die Einheit, d.h. es gilt:

$$\Sigma_{i=0,\dots,m} B_{i,m}(t) = 1.$$

Diese Eigenschaft folgt direkt aus der Beziehung $(a+b)^m = \Sigma_{i=0,\dots,m}\, m! \,/\, i!\, (m-i)! * a^i * b^{m-i}$ mit a:=t und b:=(1-t). Für ein beliebiges, aber festes t ist somit die Summe der Koeffizienten der Vektoren r_i mit i=1,...,m identisch Eins.

Weiter gilt die Symmetrieeigenschaft der Bersteinpolynome

$$B_{i,m}(t) = B_{m-i,m}(1-t),$$

und die Ableitung eines Bernsteinpolynoms lässt sich als Differenz zweier Bernsteinpolynome ausdrücken

$$d/dt\, B_{i,m}(t) = m * (B_{i-1,m-1}(t) - B_{i,m-1}(t)).$$

Setzen wir die Ableitung identisch Null, so erhalten wir die Bedingung für die Maximalwerte der Bernsteinpolynome bei

$$t = i/m$$

mit i=1,...,m-1 resp. bei t=0 und t=1 mit i=0 und i=m.

Diskutieren wir nun die Eigenschaften der Bézier-Kurve (*) selbst: Der Grad der Bézier-Kurve ist durch die Anzahl der Kontrollpunkte definiert. Je mehr Stützpunkte zur Definition einer Bézier-Kurve eingeführt werden, desto grösser wird der Grad und entsprechend der Aufwand zur Generierung der Kurve. Dabei geht die Bézier-Kurve immer durch den Anfangspunkt $P(r_0)$ und den Endpunkt $P(r_m)$. Ausserdem verläuft sie tangential in diesen Punkten bezüglich des charakteristischen Polygons, da für die Ableitungen in den Punkten t=0 und t=1 die Gleichungen $r'(0)=m*(r_1 - r_0)$ resp. $r'(1)=m*(r_m - r_{m-1})$ gemäss den Ableitungsformeln gelten.

Anstelle einer Bézier-Kurve mit hohem Grad lassen sich auch mehrere kleineren Grades definieren und zusammensetzen. Dabei müssen natürlich End- und Anfangspunkt aufeinanderfolgender Stützpolygone übereinstimmen. Aufgrund der oben beschriebenen Tangentialeigenschaft in den Endpunkten erzwingt man z.B. einen einmal-stetig differenzierbaren Übergang, indem man die entsprechenden Seiten der beiden charakteristischen Polygone geradlinig wählt (vergl. Abb. 4-4). Koinzidenz und Kollinearität genügen hingegen nicht, wenn zusätzliche Krümmungseigenschaften an den Nahtstellen gewünscht werden.

Die Kontrollpunkte haben einen *globalen* Einfluss auf den Verlauf der Bézier-Kurve. Diese Tatsache folgt direkt aus der Definition der Bernsteinpolynome: Jedes Polynom ist auf dem Parameterbereich $0<t<1$ nie identisch Null und beeinflusst deshalb den Kurvenverlauf überall. Lokale Änderungen einer Bézier-Kurve sind nicht möglich.

Aufgrund der Positivität der Bernsteinpolynome und der Zerlegung der Einheit gewichten die Mischfunktionen den Kurvenverlauf nie übermässig. Die Bézier-Kurve verläuft innerhalb der *konvexen Hülle* der Ortsvektoren r_i mit $i=0,...,m$.

Wir diskutieren nun Bedingungen zur n-mal-stetigen Differenzierbarkeit C^n beim Zusammensetzen von Bézier-Kurven. Seien $x(u)$ mit Stützpunkten $P_0,...,P_n$ und Parameterbereich $[u_0,u_1]$ sowie $y(u)$ mit Stützpunkten $Q_0,...,Q_m$ und Parameterbereich $[u_1,u_2]$ zwei Bézier-Kurven. Notwendige und hinreichende Bedingungen für einen mehrfach-stetig differenzierbaren Übergang beim Zusammensetzen der beiden Kurven $x(u)$ und $y(u)$ an der Stelle $u=u_1$ sind in der Abb. 4-4 zusammengefasst.

Bei der Bedingung C^0 müssen die beiden charakteristischen Polygone in den Eckpunkten übereinstimmen, d.h. $P_n=Q_0$.

Die Bedingung C^1 verlangt nicht nur Koinzidenz, sondern das Übereinstimmen der ersten Ableitungen:

$$n * (P_n - P_{n-1}) = m * (Q_1 - Q_0).$$

Mit anderen Worten müssen die Punkte P_{n-1}, $P_n=Q_0$ und Q_1 kollinear sein. Analog entwickelt man Bedingungen für mehrfach-stetige Differenzierbarkeit. So gilt im Fall von C^2 die Beziehung:

$$n * (n-1) * (P_{n-2} - 2P_{n-1} + P_n) = m * (m-1) * (Q_0 - 2Q_1 + Q_2)$$

Führen wir einen neuen Hilfspunkt D gemäss der Abb. 4-4 ein, so erhalten wir die Vektorformel:

$$2P_{n-1} - P_{n-2} = D = 2Q_1 - Q_2$$

Die beiden Punkte P_{n-1} resp. Q_1 halbieren also die Verbindungen von D nach P_{n-2} resp. von D nach Q_2.

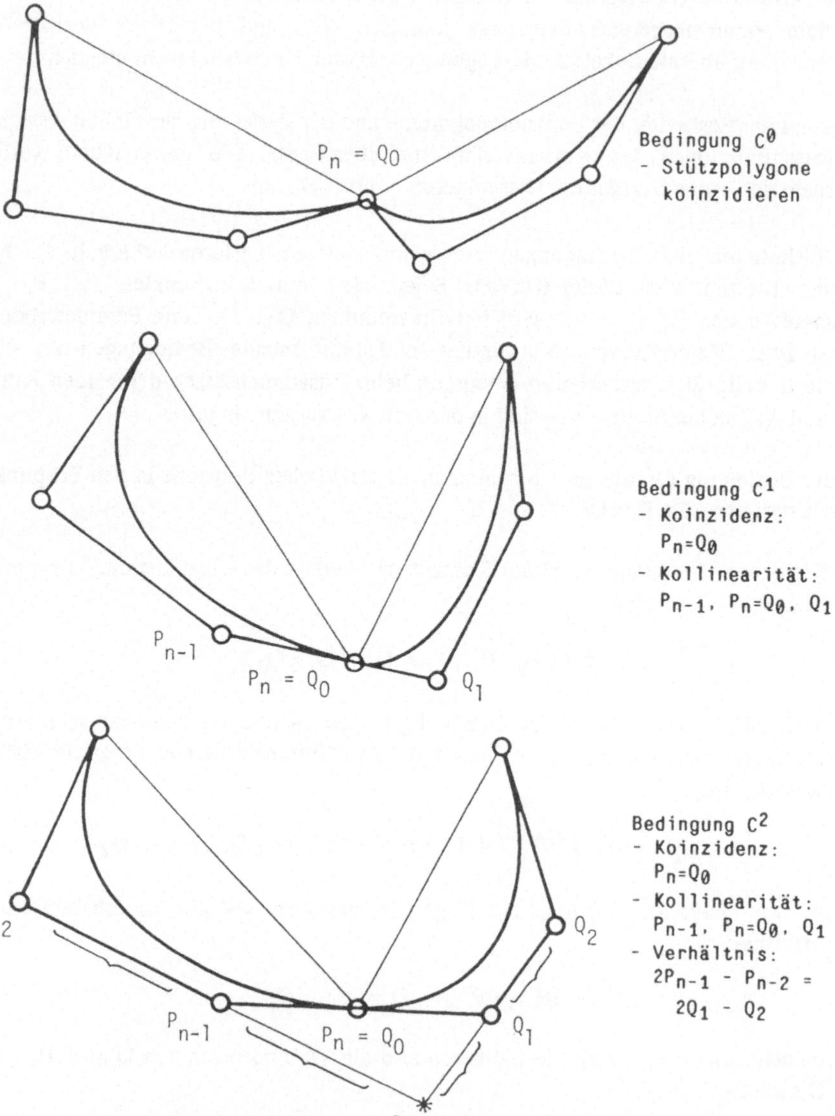

Abb. 4-4: Stetige und stetig differenzierbare Übergänge beim Zusammensetzen von Bézier-Kurven.

Die Bedingungen zur n-mal stetigen Differenzierbarkeit beim Zusammenheften von Bézier-Kurven stehen im engen Zusammenhang mit dem sogenannten De Casteljau-Algorithmus (vergl. [Böhm/Gose 1977]). Dieser berechnet einzelne Kurvenpunkte durch sukzessives Unterteilen des charakteristischen Polygons in bestimmten Verhältnissen. Wir beschreiben ihn im folgenden Abschnitt.

4.2.3 Rekursiver Algorithmus von De Casteljau

Wir definieren einen rekursiven Algorithmus zur Erzeugung von Bézier-Kurven, indem wir die Summe (*) aus Abschnitt 4.2.2 aufspalten:

$$r(t) = (1-t)^m * r_0 + \Sigma_{i=1,\dots,m-1}\ m! / i!\,(m-i)! * t^i * (1-t)^{m-i} * r_i + t^m * r_m$$

Nun verwenden wir die Beziehung

$$m! / i!\,(m-i)! = (m-1)! / i!\,(m-i-1)! + (m-1)! / (i-1)!\,(m-i)!$$

und beschreiben die obige Summe durch zwei Teilsummen

$$r(t) = (1-t) * \{(1-t)^{m-1} * r_0 + \Sigma_{i=1,\dots,m-1}\ (m-1)! / i!\,(m-i-1)! * t^i * (1-t)^{m-i-1} * r_i\} +$$
$$t * \{ \Sigma_{i=1,\dots,m-1}\ (m-1)! / (i-1)!\,(m-i)! * t^{i-1} * (1-t)^{m-i} * r_i + t^{m-1} * r_m \}.$$

Schliesslich erhalten wir mit der Notation $r(t) := r(t)[r_0,\dots,r_m]$ die Rekursionseigenschaft

$$r(t)[r_0,\dots,r_m] = (1-t) * r(t)[r_0,\dots,r_{m-1}] + t * r(t)[r_1,\dots,r_m],$$

welche wir umschreiben zu

$$(*)\quad r(t)[r_0,\dots,r_m] = r(t)[r_0,\dots,r_{m-1}] + t * (r(t)[r_1,\dots,r_m] - r(t)[r_0,\dots,r_{m-1}]).$$

Eine Bézier-Kurve vom Grad m lässt sich aufgrund von (*) durch zwei Bézier-Kurven vom Grad m-1 definieren, indem man für ein bestimmtes t die zugehörigen Punkte verbindet und die Verbindungsstrecke im Verhältnis t teilt.

Die geometrische Interpretation des De Casteljau-Algorithmus ist in der Abb. 4-5 gegeben: Jede Generation von Stützpunkten ist z.B. für t=0.25 als Menge von Viertelspunkten der Seiten des charakteristischen Polygons definiert. Natürlich können anstelle von t=0.25 andere Werte für t gewählt und die entsprechenden Kurvenpunkte gefunden werden. Falls durch wiederholte Rekursion ein einziger Stützpunkt übrig bleibt, so ist dieser ein Kurvenpunkt.

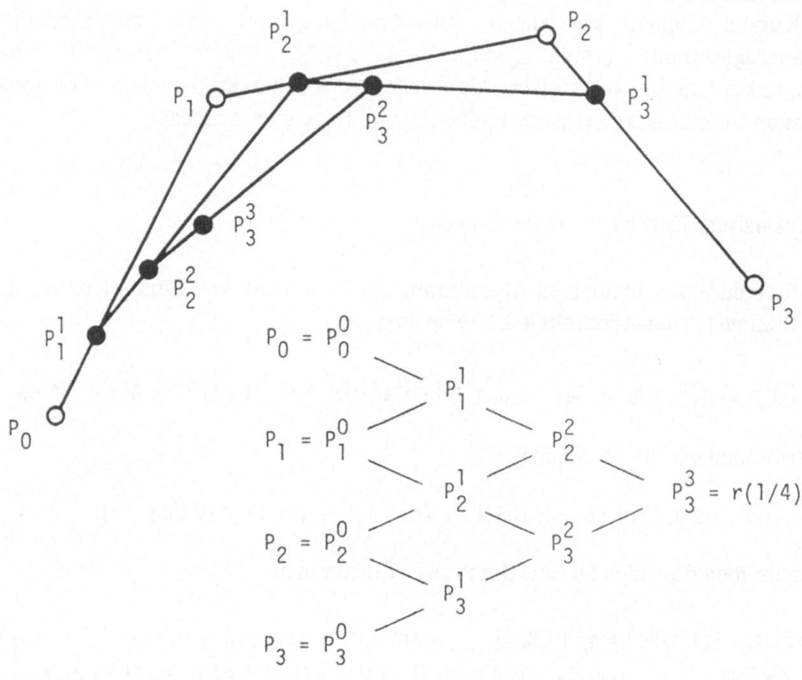

Abb. 4-5: Geometrische Interpretation des Rekursionsschemas von De Casteljau für Bézier-Kurve vom Grad m=3 und Parameterwert t=1/4.

```
ALGORITHMUS 4-1
(* Bézier-Kurvenpunkte nach De Casteljau                              *)

EINGABE:  P0,...,Pm                        (* alte Stützpunkte         *)
AUSGABE:  PT                               (* Bézier-Kurvenpunkte      *)

CASTELJAU:
BEGIN
     FOR t=0 TO 1 BY DT DO                 (* Schrittgrösse DT         *)
        n := m
        WHILE n>0 DO
          FOR i:=0 TO n-1 DO               (* Rekursionseigenschaft    *)
             Qi := Pi + t * (Pi+1 - Pi)    (* für neue Stützpunkte Qi  *)
          n := n-1
          FOR i:=0 TO n DO
             Pi := Qi
        PT := P0                           (* Kurvenpunkt PT           *)
        DISPLAY(PT)                        (* für bestimmtes t         *)
END (* Casteljau *)
```

Der Algorithmus 4-1 ist für eine Bézier-Kurve mit grossem Grad nicht sehr effizient. Durch die folgende Umformung der ursprünglichen Definition einer Bézier-Kurve (*) aus Abschnitt 4.2.2 lassen sich die Kurvenpunkte effizienter generieren:

$$r(t) = (1\text{-}t)^m * \{ (t/1\text{-}t) * (\Sigma_{i=1,\ldots,m}\ m!\ /\ i!\ (m\text{-}i)!\ * (t/1\text{-}t)^{i-1} * r_i) + r_0 \} \text{ für } 0 \leq t \leq 1.$$

Diese Form der Berechnung ermöglicht einen schnellen Algorithmus, da die Binomialkoeffizienten und die Werte für $(1\text{-}t)^m$ resp. $t/(1\text{-}t)$ vorberechnet werden können.

```
ALGORITHMUS 4-2
(* Berechnung der Bézier-Kurve nach dem Horner-Schema                         *)

EINGABE:  P0,...,Pm                          (* alte Stützpunkte              *)
          BCMI                               (* Binomialkoeffizienten         *)
                                             (* m!/i!(m-i)!                   *)
AUSGABE:  PT                                 (* Bézier-Kurvenpunkte           *)

HORNER:
BEGIN
   FOR t=0 TO 0.5 BY DT DO                   (* für t zwischen 0 und 1/2     *)
      CTM := EVALUATE((1-t)^m)
      Q0 := Pm
      FOR i=1 TO m DO
         Qi := t/(1-t) *Qi-1 + BCMI * Pm-i   (* neue Stützpunkte Qi           *)
      PT := CTM * Qm
      DISPLAY(PT)
   FOR t=0.5 TO 1 BY DT DO                   (* für t zwischen 1/2 und 1     *)
      TM := EVALUATE(t^m)
      Q0 := P0
      FOR i:=1 TO m DO
         Qi := (1-t)/t * Qi-1 + BCMI * Pi    (* neue Stützpunkte Qi           *)
      PT := TM * Qm
      DISPLAY(PT)
END (* Horner *)
```

Der Algorithmus 4-2 basierend auf dem Horner-Schema ist gemäss [Pavlidis 1982] dem De Casteljau-Algorithmus 4-1 vorzuziehen, falls der Grad der Bézier-Kurve m etwa grösser als 5 ist und falls viele Kurvenpunkte (mit kleiner Schrittgrösse) berechnet werden müssen.

4.3 Stückweise Approximation durch Polynome

Splinekurven sind stückweise polynomiale Kurven mit stetig differenzierbaren Nahtstellen. Eine bekannte Klasse von Splinekurven bilden die B-Splines; diese sind Verallgemeinerungen von Bézier-Kurven. Eine der wichtigsten Eigenschaften der B-Splines besteht darin, dass sie nur in einem Teil des Parameterbereichs von Null verschieden sind. Sie weisen also einen lokalen Träger auf und garantieren, dass sich Änderungen von B-Splinekurven nur lokal auswirken. Die B-Splinekurven und -flächen dienen vor allem zur Definition von Freiformflächen im Schiffsbau, im Flugzeug- und Automobilbereich oder beim rechnergestützten Entwurf von Gebrauchsgegenständen. Im folgenden beschreiben wir die Grundlagen und Eigenschaften der B-Splinekurven etwas ausführlicher anhand der B-Splinefunktionen.

4.3.1 B-Splinefunktionen

Fürs Zusammensetzen von Kurvenstücken existieren verschiedene Verfahren. Die Lagrange-Interpolation z.B. legt ein Polynom vom Grad n+1 durch vorgegebene Punkte $x_0,...,x_n$. Diese Interpolation ist anfällig auf Oszillationen bei grossem n. Die Interpolation mit Splines hingegen beschreibt zusammengesetzte Kurven durch Polynome kleinen Grades, wobei Stetigkeitsforderungen an den Übergängen gelten [De Boor 1978]. Dieses Verfahren hat sich nicht nur für Interpolationsprobleme bewährt, sondern vor allem auch für den rechnergestützten Entwurf von Kurven und Flächen.

Sei $T=(t_0,...,t_n)$ ein Vektor von reellen Zahlen mit $t_i \leq t_{i+1}$. Eine Funktion S heisst polynomiale *Splinefunktion vom Grad k-1* (resp. von der Ordnung k), falls die folgenden zwei Bedingungen gelten:

1) Auf jedem Teilintervall $[t_i,t_{i+1}]$ ist S ein Polynom vom Grad k-1.
2) S ist (k-2)-mal stetig differenzierbar, d.h. S gehört zur Klasse C^{k-2}.

Die einzelnen Punkte t_i nennt man Knotenpunkte, der Vektor T wird Knotenvektor genannt. Damit können wir die Menge aller Splinefunktionen als (n+k-1)-dimensionalen Vektorraum auffassen. Eine Splinefunktion vom Grad k-1, für welche sämtliche Knotenpunkte ganzzahlig sind und welche überall ausser auf k Intervallen verschwindet, heisst *Basis-Spline* oder *B-Spline vom Grad k-1*. Die Basis der B-Splinefunktionen ist durch folgende Rekursionsformel definiert:

$$(*) \qquad N_{i,1}(t) := \begin{cases} 1 & \text{falls } t_i \leq t \leq t_{i+1} \\ 0 & \text{sonst} \end{cases}$$

$$N_{i,k}(t) := \left((t - t_i) / (t_{i+k-1} - t_i) \right) * N_{i,k-1}(t) + \left((t_{i+k} - t) / (t_{i+k} - t_{i+1}) \right) * N_{i+1,k-1}(t) \text{ für } k>1.$$

Zur Berechnung der B-Splinefunktionen müssen wir die Rekursionsformel (*) auswerten (mit der Konvention 0/0: =0). Ein Ausschnitt des Rekursionsschemas sieht z.B. wie folgt aus:

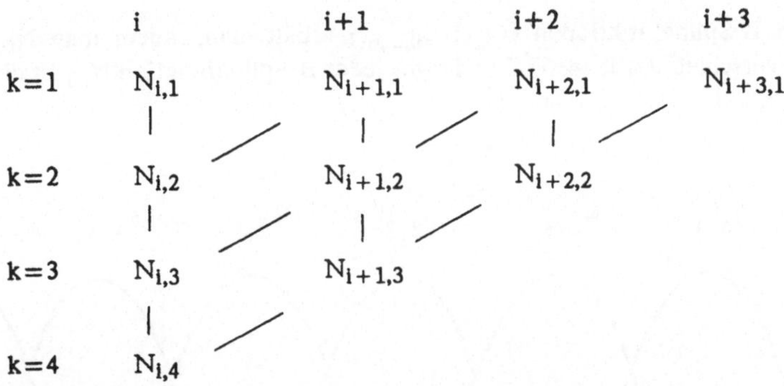

Aus diesem Diagramm folgern wir, dass eine B-Splinefunktion vom Grad k-1 höchstens in k Intervallen ungleich Null ist. Zum Beispiel ist $N_{i,4}(t)$ in vier Intervallen ungleich Null, da die B-Splinefunktion nur von den Basisfunktionen $N_{i,1}$, $N_{i+1,1}$, $N_{i+2,1}$ und $N_{i+3,1}$ abhängig ist. Diese Eigenschaft ist ausschlaggebend für die *Lokalität* der B-Splinekurve (siehe nächsten Abschnitt).

Ein Knotenvektor T kann identische Knoten enthalten, bis zur Mehrfachheit j mit $j \leq k$. Falls wir

$$t_i = t_{i+1} = \ldots = t_{i+j}$$

wählen, reduzieren wir damit die Differenzierbarkeit der Basisfunktion $N_{i,k}$ im Punkt t_i zu C^{k-j}.

Aus der Definition (*) können sogenannte periodische und nicht-periodische B-Splinefunktionen hergeleitet werden.

Bei einer Basis $\{N_{i,k}\}_{i=0,\ldots,n-1}$ *periodischer B-Splinefunktionen* ist der Knotenvektor T ein Vektor mit ganzzahligen Komponenten der Form:

$$T = (0, 1, \ldots, n).$$

Als Beispiel periodischer B-Splinefunktionen betrachten wir den quadratischen Fall. Die Rekursionsformel lautet z.B. für

$$N_{0,3}(t) := \begin{cases} 1/2 * t^2 & \text{für } 0 \leq t \leq 1 \\ 3/4 - (t - 3/2)^2 & \text{für } 1 \leq t \leq 2 \\ 1/2 * (3 - t)^2 & \text{für } 2 \leq t \leq 3 \end{cases}$$

Die übrigen B-Splinefunktionen $\{N_{i,3}\}_{i=0,\ldots,n-1}$ erhält man, indem man $N_{0,3}$ zyklisch nach rechts verschiebt (Abb. 4-6). Der Träger jeder B-Splinefunktion $N_{i,3}$ ist ein Intervall der Form $[t_i, t_{i+3}]$.

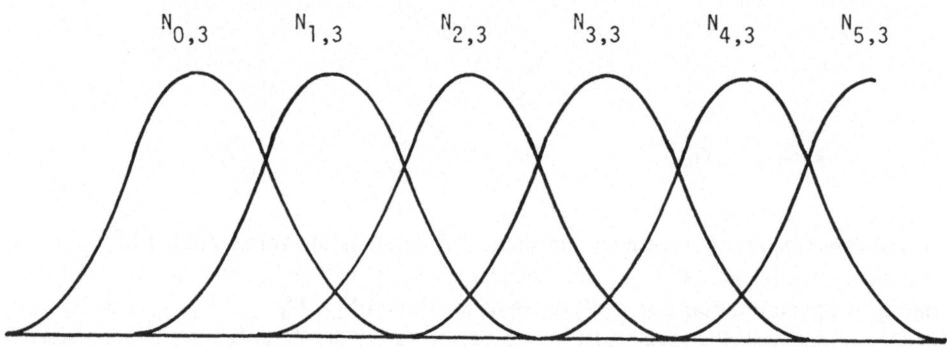

Abb. 4-6: Periodische B-Splinefunktionen für k=3.

Allgemein lassen sich B-Splinefunktionen durch den einfachen Ausdruck

$$N_{i,k}(t) := N_{0,k}\,(\,(t-i+n+1) \bmod (n+1)\,)$$

herleiten, wobei der Parameter t von 0 bis n+1 läuft.

Bei den *nicht-periodischen B-Splinefunktionen* hat die Basis $\{N_{i,k}\}_{i=0,\ldots,k+n-2}$ den Knotenvektor

$$T = (\underbrace{0, 0, \ldots, 0}_{k\ \text{mal}}, 1, 2, \ldots, n-1, \underbrace{n, n, \ldots, n}_{k\ \text{mal}}),$$

d.h. die Knotenwerte sind k-fach im Anfangs- und im Endpunkt bewertet.

Die Knotenwerte von t_0 bis t_{n+k} können z.B. durch die folgende Regel festgelegt werden:

$$\begin{array}{ll} t_i = 0 & \text{falls } i<k \\ t_i = i-k+1 & \text{falls } k \leq i \leq n \\ t_i = n-k+2 & \text{falls } i>n \end{array}$$

Betrachten wir ein Beispiel einer Basis nicht-periodischer B-Splinefunktionen vom Grad k=3 und von der Dimension n=5. Der Knotenvektor hat nach obiger Regel die Komponenten T=(0,0,0,1,2,3,4,4,4) und seine B-Splinefunktionen sind in der Abb. 4-7 aufgezeigt.

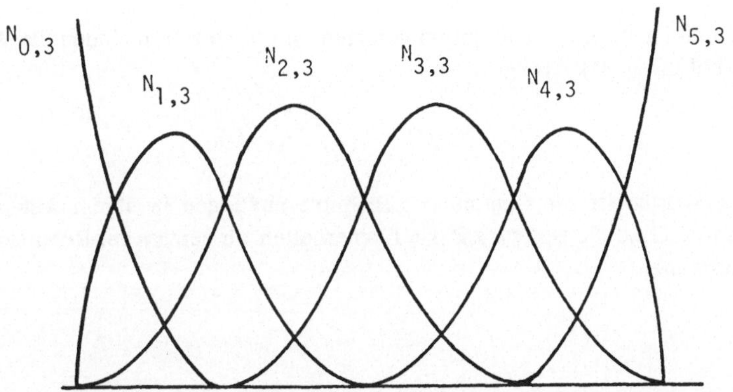

Abb. 4-7: Nicht-periodische B-Splinefunktionen für k=3.

Der Spezialfall einer Basis nicht-periodischer B-Splinefunktionen mit dem Knotenvektor

$$T = (\underbrace{0, 0, \ldots, 0}_{k\ \text{mal}}, \underbrace{1, 1, \ldots, 1}_{k\ \text{mal}})$$

ist degeneriert und berücksichtigt lediglich Anfangs- und Enpunkt mit Mehrfachheit k. Die dazugehörenden B-Splinefunktionen haben die Form

$$N_{i,k}(t) = (k-1)! \,/\, i!\,(k-i-1)! \ * \ t^i \ * \ (1-t)^{k-i-1} \quad \text{mit } i=0,1,\ldots,k-1$$

und entsprechen den Bernsteinpolynomen [Gordon/Riesenfeld 1974]. Die B-Splinefunktionen lassen sich also als Verallgemeinerungen der Bernsteinpolynome auffassen.

Analog zu den Bernsteinpolynomen gilt für die B-Splinefunktionen die Eigenschaft der Zerlegung der Einheit, d.h.

$$\Sigma_{i=\dots} N_{i,k}(t) = 1.$$

Die Summation über i wird nicht explizite angegeben, da jede B-Splinefunktion vom Grad k-1 höchstens k Beiträge für jedes t beisteuert. Die Behauptung für die Zerlegung der Einheit lässt sich aufgrund der Rekursionsformel (*) durch Induktion beweisen. Summieren wir die B-Splinefunktionen z.B. von i=j bis zu i=m, so erhalten wir die Gleichung:

$$\Sigma_{i=j,\dots,m} N_{i,k}(t) = ((t - t_j)/(t_{j+k-1} - t_j)) * N_{j,k-1}(t) + \Sigma_{i=j+1,\dots,m} N_{i,k-1}(t) + ((t_{m+k} - t)/(t_{m+k} - t_{m+1})) * N_{m+1,k-1}(t)$$

Wählen wir nun j genügend klein und m genügend gross, so verschwinden die Werte von $N_{j,k-1}(t)$ und $N_{m+1,k-1}(t)$. Also gilt:

$$\Sigma_{i=\dots} N_{i,k}(t) = \Sigma_{i=\dots} N_{i,k-1}(t).$$

Mit anderen Worten ist die Summe der B-Splinefunktionen in einem festen Punkt t unabhängig vom Grad. Setzen wir z.B. k=1, so erhalten wir gemäss der Rekursionsformel (*) die Behauptung.

4.3.2 B-Splinekurven

In Parameterform lassen sich *B-Splinekurven* vom Grad k-1 durch die folgende Vektorformel definieren:

$$r(t) := \Sigma_{i=0,\dots,n} N_{i,k}(t) * r_i$$

Die Stütz- oder Kontrollpunkte r_i heissen *De Boor-Punkte* und das zugehörige Polygon mit diesen Ecken heisst *De Boor-Polygon* oder Stützpolygon. Für die B-Splinekurven gilt ebenfalls, dass der Anfangs- und der Enpunkt des Stützpolygons auf der Kurve selbst liegt und dass die Kurve in diesen Punkten tangential zu den jeweiligen Seiten des Stützpolygons verlaufen.

Wir diskutieren nun weitere Eigenschaften der B-Splinekurven anhand der B-Splinefunktionen. Sämtliche B-Splinefunktionen $N_{i,k}(t)$ sind positiv, haben lokalen Träger und sind (k-2)-mal stetig differenzierbar gemäss ihrer Definition. Bei der Manipulation eines Punktes des Stützpolygons wirken sich somit Änderungen der B-Splinekurve nur lokal, d.h. in höchstens k Abschnitten aus.

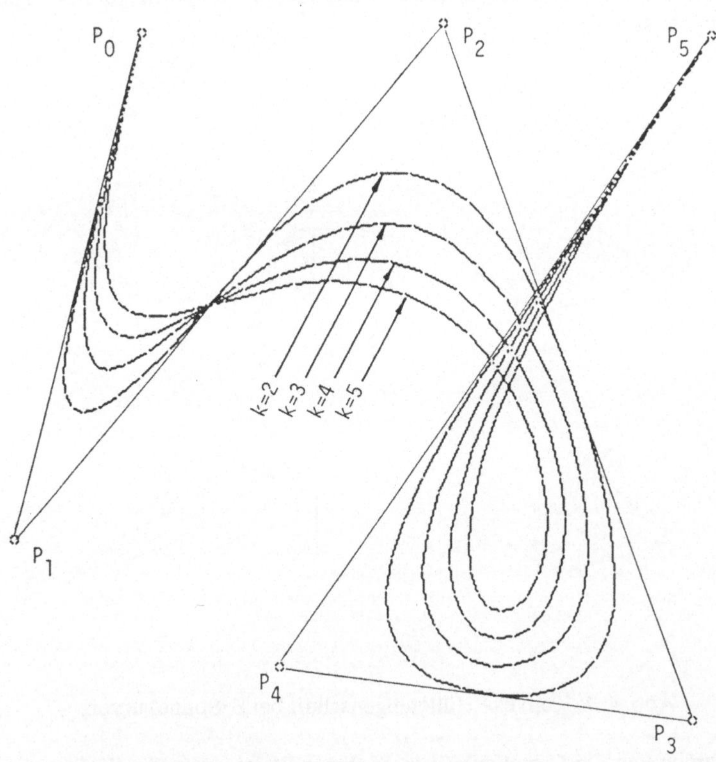

Abb. 4-8: Nicht-periodische B-Splinekurven für k=2,3,4,5 und n=5.

Man spricht von periodischen resp. nicht-periodischen B-Splinekurven, wenn sich diese auf periodische resp. nicht-periodische B-Splinefunktionen beziehen. Periodische B-Splinekurven sind nützlich für das interaktive Generieren von geschlossenen B-Splinekurven, die nicht-periodischen eignen sich für offene Kurven. In der Abb. 4-8 zeigen wir einige Beispiele nicht-periodischer B-Splinekurven mit unterschiedlicher Stetigkeit, generiert mit dem Programmpaket SURFACE [De Maria/Petry 1985].

Die Eigenschaft der Lokalität wirkt sich bei der konvexen Hülleneigenschaft aus. Da die B-Splinefunktionen positiv sind und die Einheit zerlegen, liegt die entsprechende B-Splinekurve vollständig innerhalb des konvexen Polygons seiner Stützpunkte. Aufgrund der Lokalität der B-Splinefunktionen gilt hingegen eine differenziertere Aussage: Für eine B-Splinekurve vom Grad k-1 liegt ein Kurvenpunkt stets in der konvexen Hülle seiner k Nachbarpunkte des Stützpolygons (Abb. 4-9). Somit müssen die Punkte der B-Splinekurve in der Vereinigung aller konvexen Hüllen entsprechender Stützpunkte des De Boor-Polygons liegen.

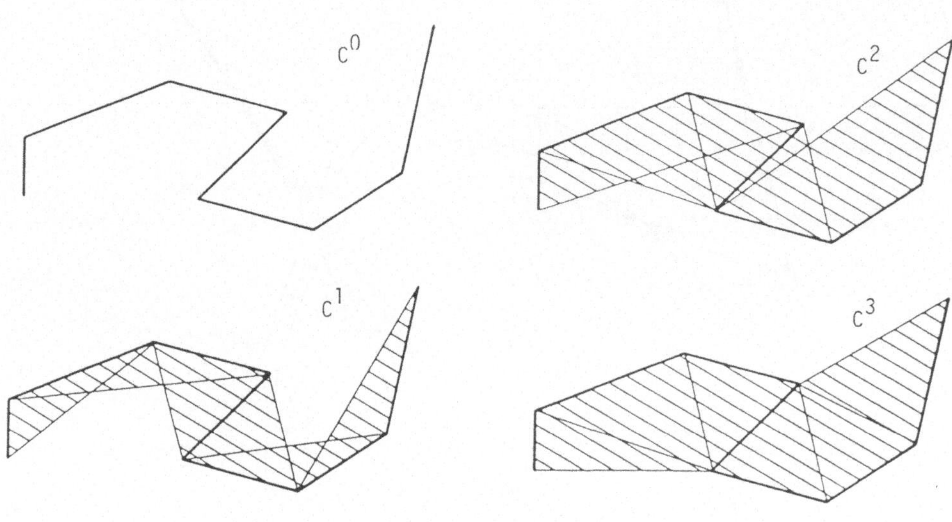

Abb. 4-9: Konvexe Hülleneigenschaft bei B-Splinekurven.

Der Algorithmus von De Casteljau gilt in analoger Weise auch für die Berechnung von B-Splinekurven resp. deren Ableitungen (siehe z.B. [Böhm 1984]). Eine Verallgemeinerung der bis jetzt diskutierten B-Splinekurven bilden die sogenannten *nicht-uniformen* B-Splinekurven [Cohen et al. 1980]. Sie sind über eine Basis von Funktionen definiert, deren Knotenvektor nicht ganzzahlige Komponenten besitzt. Die Abstände der Komponenten sind also nicht uniform. Dieses Verfahren erlaubt, neue Knoten einzuführen, mehrfache Knoten zu verwenden und die Vielfachheit bestimmter Knoten zu verändern. Durch die Einführung von sogenannten *rationalen* B-Splinekurven (siehe z.B. [Tiller 1983]) ergibt sich weiter die Möglichkeit, Kegelabschnitte wie Kreise, Ellipsen oder Parabeln exakt zu beschreiben. Die Methode beruht auf einer Bruchdarstellung der Basispolynome.

4.4 Approximation von Flächen

Als Freiformflächen bezeichnet man Flächen, die sich interaktiv und nach den Wünschen des Benutzers gestalten lassen. Verfahren für Freiformflächen stützen sich nicht auf Grundflächen wie Ebenen, Kegel, Kugeln oder Zylinder ab, sondern z.B. auf Bézier- und B-Spline-Methoden. Der Benutzer eines solchen Entwurfssystems steht also selbst vor der Aufgabe, die genaue Form der gewünschten Fläche interaktiv zu definieren oder abzuändern.

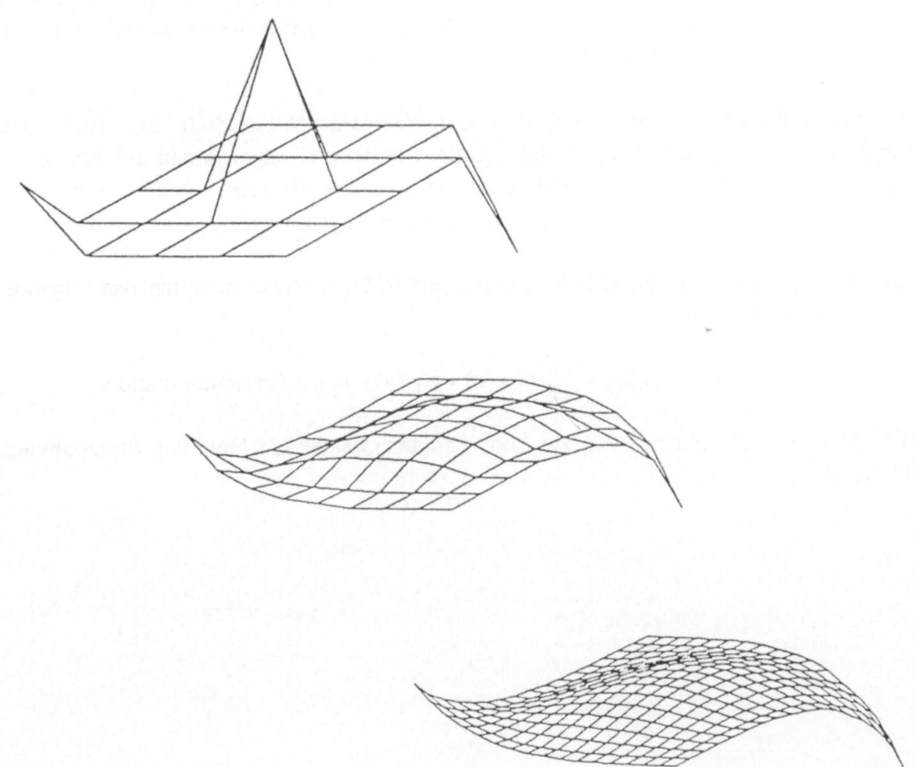

Abb. 4-10: Bézier-Flächengenerationen nach De Casteljau.

Wählt man Parameterdarstellungen zur Definition von Kurven, so lassen sich Flächen durch Projektionen einzelner Parameterlinien auf dem Bildschirm darstellen. Dabei verlangen gewisse Verfahren für Freiformflächen erhebliche mathematische Vorkenntnis oder grosse Vorstellungskraft. Nicht zuletzt sind wegen diesen Schwierigkeiten Bézier- und B-Spline-Methoden fürs interaktive Generieren von Flächen studiert worden [Lane/Riesenfeld 1980]. Beide Methoden basieren nämlich auf der Festlegung von Stützpunkten durch den Benutzer, wodurch sich der Flächenverlauf kontrollieren lässt.

Die allgemeine Form einer *Bézier-Fläche* ist durch die folgende Vektorformel gegeben:

$$r(u,v) = \Sigma_{i=0,\ldots,m} \Sigma_{j=0,\ldots,n} B_{i,m}(u) * B_{j,n}(v) * r_{ij} \text{ für Parameter u und v.}$$

Das charakteristische Polygonnetz r_{ij} definiert eine Menge von $(n+1)\times(m+1)$ Stützpunkten. Es lassen sich verschiedene Bézier-Flächen stückweise zusammensetzen, wobei dieselben Regeln wie bei den Bézier-Kurven gelten.

Die Bézier-Flächen können aufgrund der Konvergenzeigenschaft mit Hilfe des Algorithmus von de Casteljau gebildet werden. Als Beispiel zeigen wir in der Abb. 4-10 drei aufeinanderfolgende Generationen von Bézier-Flächen, welche mit dem Programmpaket SURFACE [De Maria/Petry 1985] erzeugt wurden.

Die Verallgemeinerung von B-Splinekurven auf *B-Splineflächen* ist durch das folgende kartesische Produkt definiert:

$$r(u,v) = \Sigma_{i=0,\ldots,m} \Sigma_{j=0,\ldots,n} N_{i,k}(u) * N_{j,l}(v) * r_{ij} \text{ für Parameter u und v.}$$

Auch hier arbeitet man mit den De Boor-Punkten, welche ein Netz von Stützpunkten definieren.

4.5 Vergleich von Bézier- und B-Spline-Methoden

Anwender von interaktiven Systemen verlangen für die Kurven- und Flächendefinition einfache Verfahren mit hoher Benutzerfreundlichkeit. Im folgenden geben wir deshalb die wichtigsten Kriterien bei der Modellierung von Kurven und Flächen, um die diskutierten Bézier- und B-Spline-Methoden vergleichen zu können:

1) Beeinflussung des Kurvenverlaufs

Kontroll- oder Stützpunkte dienen der Festlegung oder Veränderung des Kurven- und Flächenverlaufs. Bézier- wie B-Spline-Methoden benutzen ein Kontrollpolygon resp. ein -netz. Diese Punkte geben dem Benutzer die Möglichkeit, den Verlauf der Kurven und Flächen direkt zu beeinflussen; er muss sich also nicht um abstrakte Parameter wie Längen von Tangentenvektoren oder Krümmungswerte kümmern.

2) Globale oder lokale Kontrolle

Ein Benutzer kann die Form von Kurven- oder Flächenstücken durch Verschieben von Stützpunkten kontrollieren. Bei der Bézier-Methode wirken solche Änderungen auf den gesamten Verlauf der Kurven oder Parameterlinien. Im Gegensatz dazu geschieht bei der B-Spline-Methode die Kontrolle lokal, d.h. Veränderungen einzelner Stützpunkte sind auf lokale Umgebungen beschränkt.

3) Vermeidung von Oszillation

Bézier- wie B-Spline-Methoden weisen kleine Variation auf. Beide Verfahren approximieren lineare Funktionen exakt und es lässt sich zeigen, dass der Schnitt einer Bézier- oder B-Spline-Approximation mit irgendeiner beliebigen Geraden nicht mehr Schnittpunkte ergibt, als die primitiven Bernsteinpolygone resp. B-Splinefunktionen beim Schnitt mit dieser Geraden selber erzeugen würden. Diese Eigenschaft garantiert im Gegensatz zu anderen Approximations- und Interpolationsverfahren die Vermeidung von Oszillation.

4) Konvexe Hülleneigenschaft

Kontrolliert ein Benutzer Kurven und Flächen durch Stützpunkte, so ist er neben der Eigenschaft einer kleinen Variation auch daran interessiert, dass der Kurvenverlauf nicht beliebig weit von den Kontrollpunkten abweicht. Bézier- wie B-Spline-Kurven verlaufen in der konvexen Hülle ihrer Stützpunkte. Bei den B-Splinekurven ist diese Hülleneigenschaft differenzierter, da eine ganze Schar von konvexen Hüllen existiert.

5) Zusammensetzen von Kurvenstücken

Normalerweise werden komplizierte Kurven- oder Flächenstücke schrittweise definiert und zusammengesetzt. Dabei ist wichtig, dass je nach Anforderung des Benutzers die Übergänge stetig sind oder gewisse Krümmungseigenschaften aufweisen. Bei der Bézier-Methode müssen für höhere Differenzierbarkeit aufwendige Restriktionen bei den Stützpunkten auferlegt werden. Beim B-Spline-Ansatz lässt sich von vornherein der Grad der Differenzierbarkeit durch den Benutzer wählen.

Neben diesen wichtigen Kriterien für die Beschreibung von Freiformflächen interessiert sich der Benutzer vor allem für die grafische Unterstützung seiner Arbeit. So umfasst ein ausgereiftes System auch Algorithmen zur Evaluation verdeckter Parameterlinien. Es gelangen mit Vorteil die in Abschnitt 4.2.3 erklärten rekursiven Algorithmen zur Anwendung, welche durch Unterteilen von Stützpolygonen Kurvenpunkte erzeugen.

Weitere Anforderungen bestehen hinsichtlich Datenaustausch mit anderen Systemen, z.B. für die numerische Steuerung von Maschinen. Im Abschnitt 5.8 diskutieren wir einen Normvorschlag, welcher in der Übertragungsschnittstelle nicht-uniforme, rationale B-Splinekurven miteinbezieht.

5 Geometrisches Modellieren

Die Einsatzmöglichkeiten von grafischen und geometrischen Methoden für den technischen Anwendungsbereich sind vielfältig. Sie reichen von der einfachen Zeichnungserstellung über die Dokumentation von Handbüchern und Katalogen bis zum eigentlichen Entwickeln und Konstruieren von geometrischen Objekten. Im besonderen sind zur Beschreibung und Manipulation von geometrischen Objekten verschiedene Darstellungsformen und Algorithmen entwickelt worden, auf die wir im vorliegenden Kapitel näher eingehen.

Der Abschnitt 5.1 erklärt Begriffe und zeigt Anwendungen im Bereich des geometrischen Modellierens. Im Abschnitt 5.2 stellen wir allgemeine Kriterien für die Auswahl von Darstellungsformen dreidimensionaler Objekte zusammen. Einen Überblick über die gebräuchlichen Darstellungsformen geben wir im Abschnitt 5.3. Im Abschnitt 5.4 beschreiben wir die Randdarstellung, welche ein Objekt durch seine Begrenzungsflächen, Kanten und Ecken definiert. Bei der Konstruktion mit Raumprimitiven lassen sich Würfel, Kugeln oder Zylinder gemäss Abschnitt 5.5 durch die Mengenoperationen Vereinigung, Durchschnitt und Differenz kombinieren und durch Translation, Rotation und Skalierung transformieren. Probleme beim Rekonstruieren von dreidimensionalen Objekten aus Zeichnungen erläutern wir im Abschnitt 5.6. Aufgrund verschiedener Darstellungsformen berechnen wir im Abschnitt 5.7 wichtige geometrische Eigenschaften. Der Abschnitt 5.8 erläutert einen Standardvorschlag für den Austausch geometrischer Daten.

5.1 Analytische und approximierende Verfahren

Bei der Konstruktion und Fertigung werden seit den Sechzigerjahren Informatikhilfsmittel eingesetzt. Das Fachgebiet *Computer Aided Engineering* (CAE) umfasst den rechnergestützten Entwurf von Konstruktionsteilen, das Erstellen von Zeichnungen, Arbeitsplänen oder Stücklisten, Computersimulationen (z.B. Finite Elementberechnung) und Maschinenüberwachung und -steuerung. CAE ist ein Sammelbegriff für:

CAD Computer Aided Design
Rechnergestütztes Konstruieren 2D, 3D
Entwickeln, Beschreiben und Darstellen von Teilen

CAM Computer Aided Manufacturing
Rechnergestützte Fertigung
Numerische Steuerung von Werkzeugmaschinen (NC), Fertigungssteuerung, Maschinen- und Betriebsdatenerfassung

CAP Computer Aided Planning
Rechnergestützte Planung
Arbeitsvorbereitung, Fertigungsplanung, Marketing

Wir beschränken uns im folgenden auf Informatikaspekte vorwiegend aus dem CAD/CAM-Bereich. Insbesondere erläutern wir Datenstrukturen und Algorithmen für das Geometrische Modellieren.

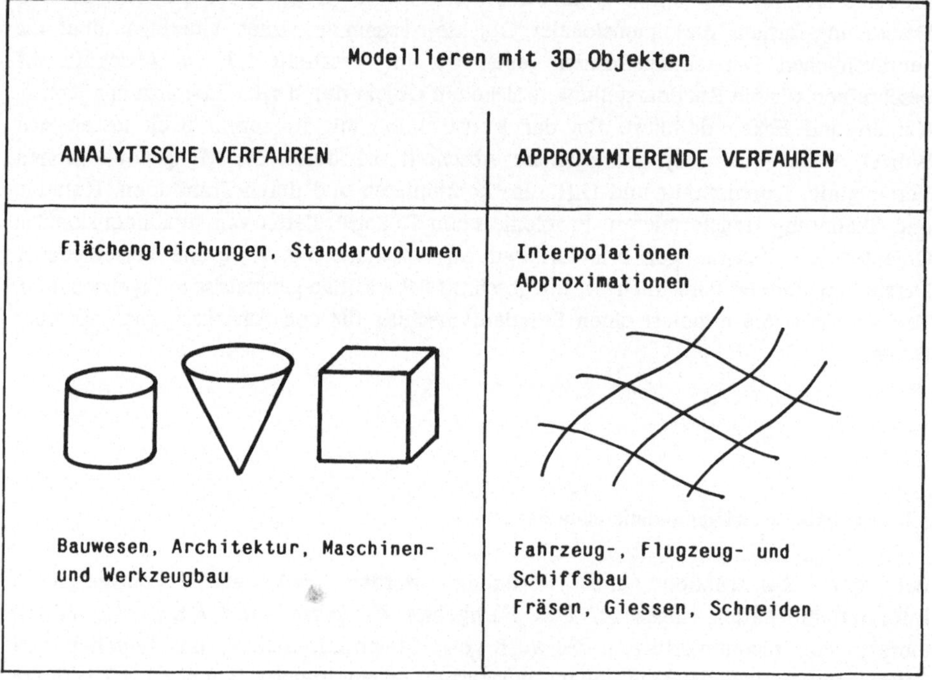

Abb. 5-1: Modellierverfahren in der Anwendung.

Mit dem Begriff *Geometrisches Modellieren* umschreibt man das Herzstück jedes rechnergestützten CAD/CAM-Systems. Es umfasst die Beschreibung, Bearbeitung und Speicherung geometrischer, vorwiegend räumlicher Objekte. Neben der "Geometrie des

Raumes" spielt dabei die "Geometrie der Lage" oder Topologie eine wichtige Rolle. Zur Topologie gehören jene Eigenschaften der Objekte, die bei eineindeutigen stetigen Abbildungen invariant bleiben wie Inneres, Äusseres oder Zusammenhang.

Die Abb. 5-1 gibt einen groben Überblick über die Modellierverfahren und die entsprechenden Anwendungsbereiche. Heute deckt noch kein einzelnes Verfahren das ganze Anwendungsspektrum ab, weshalb viele CAD/CAM-Systeme unterschiedliche Ansätze kombinieren. Wir diskutieren kurz die drei wichtigsten Modellansätze:

Das *Kantenmodell* oder Drahtmodell beschreibt Objekte durch Strecken oder Kurvenstücke. In der Grundform enthält es keine Informationen über Flächen oder Volumen und ist deshalb nachteilig (bzw. unbrauchbar) für die Schnittbildung, für die Verbesserung der Sichtbarkeit (z.B. Elimination verdeckter Kanten) oder für Massberechnungen.

Das *Flächenmodell* definiert Objekte durch analytische Flächen (Standard-, Rotations-, Translations- oder Regelflächen) oder durch approximierende Flächen (Bézier-, Coons- oder Splineflächen). Analytisch nicht einfach beschreibbare Flächen können durch die Angabe von Stützpunkten, Tangentenvektoren sowie durch Krümmungseigenschaften approximiert werden. Dabei ist der Eingabeaufwand gross, Schnittoperationen und Sichtbarkeitsberechnungen benötigen viel Rechenzeit.

Im *Volumenmodell* sind Objekte durch Standard- bzw. Profilkörper oder durch Boolesche Ausdrücke über Primitivkörper definiert. Es stellt ein eindeutiges geometrisches Modell dar, wobei bei einem reinen Volumenmodell beliebig gekrümmte Oberflächen schwierig einzubeziehen sind. Obwohl viele geometrische Eigenschaften direkt ableitbar sind, ist der Rechenaufwand zur grafischen Darstellung der Objekte gross (vergl. z.B. [Roth 1982]).

Übersichtsartikel und Vergleichsarbeiten über das Geometrische Modellieren stammen von [Baer et al. 1979] und von [Requicha 1980], einführende Literatur in den CAD-Bereich sind z.B. [Eigner/Maier 1982], [Encarnação/Schlechtendahl 1983] und [Spur/Krause 1984], Fachbücher über CAM sind [Besant 1983] und [Groover 1980].

5.2 Kriterien für Darstellungsformen

Um die unterschiedlichen Darstellungsformen vergleichen zu können, definieren wir einige Begriffe: Wir bezeichnen mit dem *Objektraum* O die Menge der (zu modellierenden) geometrischen Objekte und mit dem *Darstellungsraum* D die Menge der syntaktisch und semantisch korrekten Darstellungen (bezüglich einer gegebenen Grammatik). O könnte z.B. die Menge der durch Ebenen begrenzten Objekte (Polyeder) umfassen, und D könnte die entsprechenden Darstellungen im Drahtmodell bezeichnen. Eine *Darstellungsform* ist eine Abbildung f von O nach D, d.h. eine Vorschrift f: O->D, die für jedes Objekt genau eine Darstellung festlegt.

In Analogie zu [Requicha 1980] bestimmen die folgenden Kriterien die Güte der gewählten Darstellungsform:

KRITERIUM I: DEFINITIONSBEREICH

Der *Definitionsbereich* einer Darstellungsform sagt etwas aus über die Menge der Objekte, für die eine Darstellung erklärt ist. Darstellungsformen mit grossem Definitionsbereich ermöglichen, viele Objekte mit einer einzigen Darstellungsform zu beschreiben. Im Beispiel Drahtmodell ist der Definitionsbereich umfangreich, da sich viele Objekte durch Kurven- und Kantenzüge definieren lassen.

KRITERIUM II: WERTEBEREICH

Der *Wertebereich* einer Darstellungsform zeichnet alle syntaktisch und semantisch korrekten Darstellungen aus. Hier ergeben sich Schwierigkeiten mit dem Drahtmodell, da sinnlose Darstellungen existieren (vergl. die bekannten Zeichnungen von Escher).

KRITERIUM III: VOLLSTÄNDIGKEIT

Wir nennen eine Darstellungsform *vollständig*, wenn ihr Wertebereich mit dem Bildbereich zusammenfällt (d.h. f ist surjektiv). Eine vollständige Darstellungsform bezieht sich somit auf alle Darstellungen, die wenigstens einem geometrischen Objekt entsprechen. Im Drahtmodell z.B. findet man Darstellungen, die sich nicht konstruieren lassen.

KRITERIUM IV: EINDEUTIGKEIT

Eine Darstellungsform ist *eindeutig*, falls jedes geometrische Objekt nur eine einzige Darstellung besitzt (d.h. f ist injektiv). Somit sind vollständige und eindeutige Darstellungsformen 1-1-Abbildungen zwischen dem Definitionsbereich des Objektraumes und dem Werte- oder Bildbereich des Darstellungsraumes. Das Drahtmodell verletzt die Forderung nach Eindeutigkeit gemäss der Abb. 5-2 wie auch die meisten der übrigen Darstellungsformen (siehe Abschnitte 5.3.1 bis 5.3.5).

KRITERIUM V: EFFIZIENZ

Als Effizienzkriterium dient die asymptotische Komplexität gemäss früherem Kapitel 3, welche die dominanten Terme für Rechenzeit und Speicherbedarf berücksichtigt. Dabei ist auch hier zu bemerken, dass bei praktischen Problemen solche Angaben wegen multiplikativen Konstanten und nicht-dominanten Termen nur einen theoretischen Vergleich der Güte von Algorithmen oder Datenstrukturen zulassen.

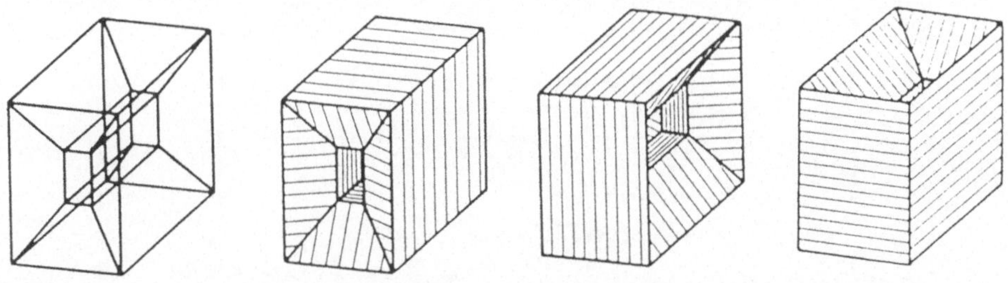

Abb. 5-2: Mehrdeutige Drahtdarstellung mit drei möglichen Interpretationen.

Wie wir gesehen haben, ist das Drahtmodell für die Beschreibung geometrischer Objekte aufgrund der meisten Kriterien völlig unzulänglich. Im folgenden gehen wir deshalb auf diese Darstellungsform nicht mehr näher ein.

5.3 Übersicht über Darstellungsformen

Im Laufe der Jahre sind verschiedene Darstellungsformen für dreidimensionale Objekte entwickelt worden. Angefangen mit dem einfachen Drahtmodell für Strichzeichnungen hat man die Darstellungsformen laufend erweitert, vor allem hinsichtlich einer vollständigen Erfassung der geometrischen Aspekte. Im folgenden Abschnitt skizzieren wir fünf bekannte Darstellungsformen zur Beschreibung räumlicher Objekte. Um einen groben Vergleich der verschiedenen Ansätze zu erleichtern, beschreiben wir das Objekt aus der Abb. 5-3 in diversen Darstellungsformen.

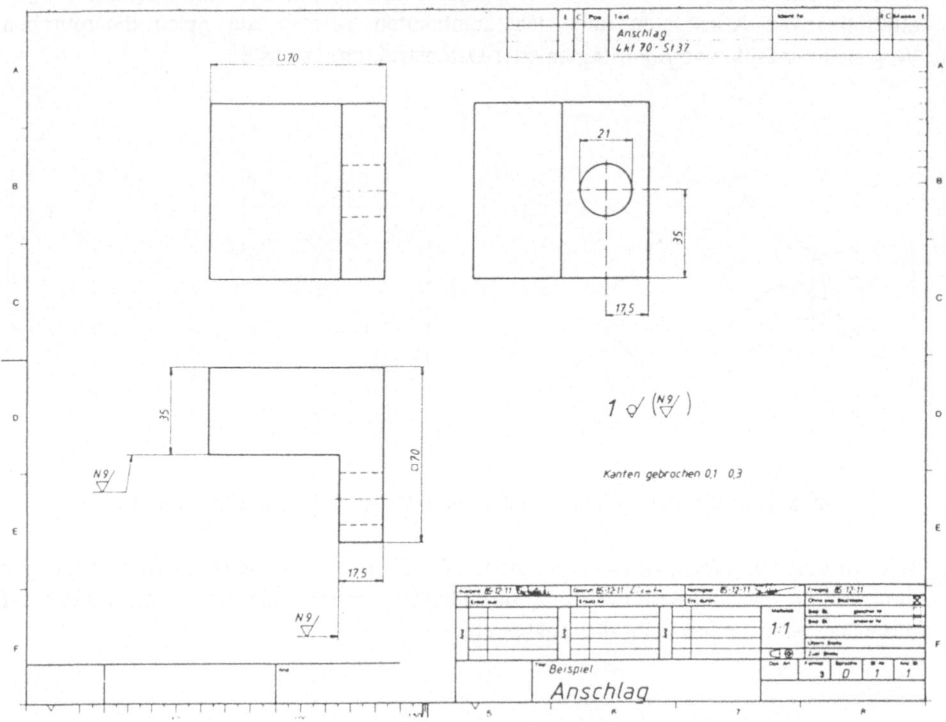

Abb. 5-3: Technische Zeichnung eines einfachen Objektes.

Die meisten der folgenden Darstellungsformen erlauben, aus der Beschreibung des Objektes automatisch eine technische Zeichnung mit den gewünschten Ansichten und Masszahlen zu erzeugen. Zusätzlich ermöglicht die in einer Darstellungsform abgelegte Geometrie weitere Berechnungen oder Simulationen. Diese Möglichkeiten illustrieren nur eine kleine Auswahl der Vorteile, die ein rechnergestütztes Modelliersystem gegenüber manuell erstellten Konstruktionszeichnungen aufweist.

5.3.1 Parametrisierte Darstellung

Eine gebräuchliche Beschreibung räumlicher Objekte bildet die *parametrisierte Darstellung* (primitive instancing), welche ganze Objektfamilien umfasst. Jedes Element der Familie ist durch eine fixe Anzahl Parameter charakterisiert. Für unser gewähltes Objekt aus der Abb. 5-3 können wir beispielsweise die folgenden Parameter vorsehen: Höhenmass (h), Breitenmasse (a,d), Tiefe (b) und Radius (r). Jedes Objekt dieser Objektfamilie lässt sich somit durch die fünf Paramter (a,b,d,h,r) charakterisieren.

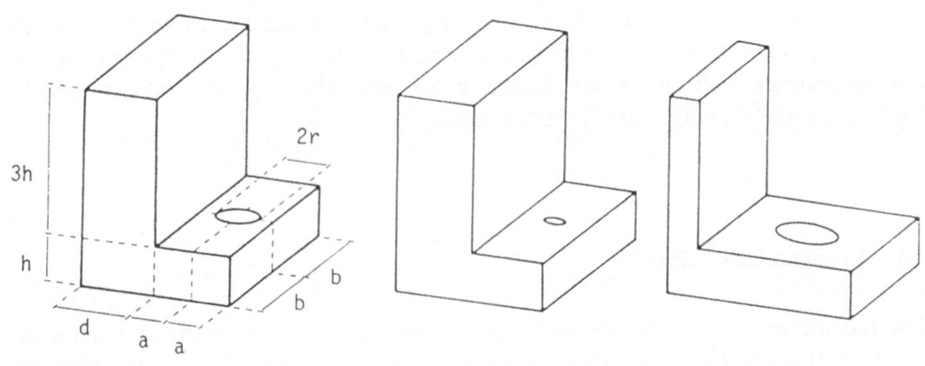

Abb. 5-4: Parametrisierte Darstellung mit Variantenkonstruktionen.

Die parametrisierte Darstellung eignet sich natürlich besonders gut für die Variantenkonstruktion. Darunter versteht man das automatische Erzeugen neuer Objekte aufgrund von Parameterwerten. Die beiden Varianten aus der Abb. 5-4 sind z.B. durch die beiden Tupel (a=20, b=60, d=40, h=25, r=5) und (a=40, b=45, d=15, h=25, r=15) definiert. Bei der Erstellung einer Variante ist im allgemeinen keine neue Beschreibung der geometrischen Gestalt oder Abmessung notwendig, da diese sich immer auf Verhältniszahlen bezüglich der einmal festgelegten Geometrie der parametrisierten Darstellung beziehen. Dadurch erspart man sich den Zeitaufwand zur manuellen Ausführung einer Variantenzeichnung, abgesehen von dem einmaligen Aufwand zur Festlegung eines Zeichnungsprogrammes für eine parametrisierte Objektfamilie und der benötigten Zeit zur Zeichnungserstellung auf einem Zeichenplotter.

Nach Bedarf können jeder Objektfamilie weitere Parameter zugefügt werden, d.h. der Definitions- und Wertebereich ist variabel. Auch ist die Darstellungsform bei entsprechender Parameterwahl vollständig und eindeutig. Hingegen sind gewisse geometrische und topologische Eigenschaften nicht aus der Darstellung ersichtlich oder ohne Zusatzinformationen kaum erzeugbar. Zum Beispiel ist es nicht immer möglich, aufgrund vorliegender Parameter eine geschlossene Form für die Berechnung des Volumeninhalts anzugeben.

Die Vorteile der parametrisierten Darstellungsform liegen in der Möglichkeit der Standardisierung, wobei je nach Objektfamilie der Katalog umfangreich werden kann. Auf der anderen Seite erweist sich die Schwierigkeit, Objektfamilien zu kombinieren, als grosser Nachteil. Oft benötigt man auch Konsistenzbedingungen zur Überprüfung von Parameterwerten; z.B. muss der Radius r aus der Abb. 5-4 stets kleiner als der Parameterwert für Breite a resp. Tiefe b bleiben.

5.3.2 Enumerationsverfahren

Ein räumliches *Enumerationsverfahren* (spatial occupancy enumeration) beschreibt ein dreidimensionales Objekt durch eine Menge von Raumzellen. Der zugrundeliegende Darstellungsraum ist entweder durch ein fixes Raumgitter definiert oder es werden gleichförmige Raumzellen zu grösseren Blöcken zusammengefasst. Solche Blockdarstellungen erlauben eine kompaktere Beschreibung räumlicher Objekte und gelangen deshalb z.B. bei der Computertomographie zur Anwendung.

Beim Enumerationsverfahren sind Definitions- und Wertebereiche gross, natürlich abhängig von der Grösse und der Gestalt der einzelnen Raumzellen. Als Darstellungsform ist die Enumeration vollständig, sie kann durch die Wahl einer Enumerationsregel auch eindeutig gemacht werden. Geometrische Eigenschaften wie Volumenbestimmung, Massenzentrums- oder Momentberechnung sind einfach, topologische Eigenschaften wie Nachbarschaft, Zusammenhang etc. sind implizite gegeben und leicht berechenbar.

Als Beispiel eines Enumerationsverfahrens betrachten wir die oktagonale Enumeration [Meagher 1982]: Ein Objekt ist durch die Kombination von Würfeln verschiedener Grösse gegeben. In Abb. 5-5 zeigen wir unser bekanntes Objekt und den zugehörigen Oktagonbaum bis zu einer gewissen Tiefe. Jedes Objekt entspricht einer Familie von Paaren (P,E_k), wobei P die Eigenschaft "leer", "voll", oder "partiell" beschreibt und E_k die 2^{3k} Elementarkuben der Ordnung k bezeichnet. Jeder Knoten im Baum hat möglicherweise acht Söhne und die Knotenadresse ist durch die eindeutige

Enumerationsregel bestimmt. So ist z.B. der Teilkubus mit der Nummer 1 der ersten Stufe partiell gefüllt und der entsprechende Knoten im Oktagonbaum umfasst deshalb acht weitere Söhne.

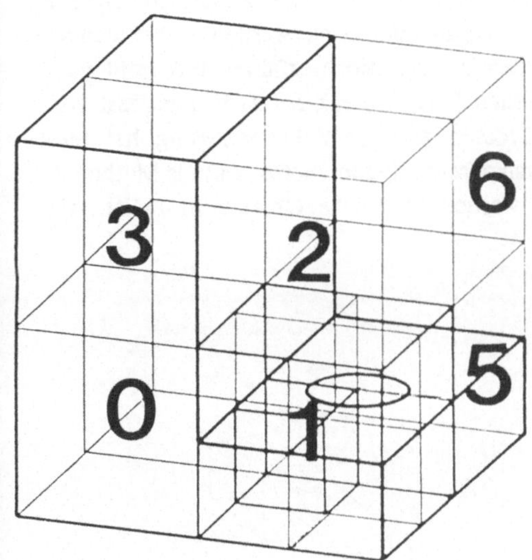

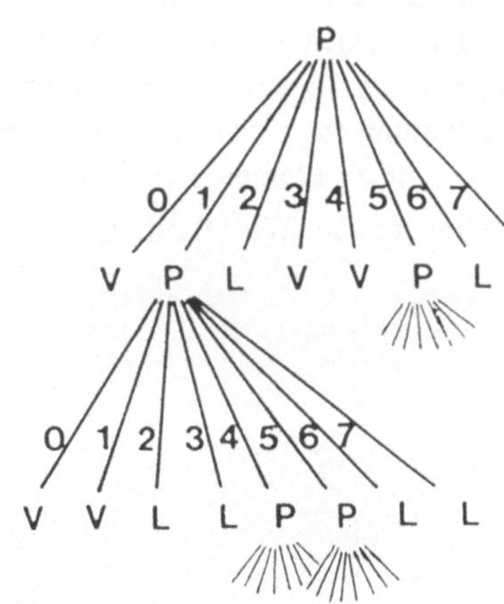

Abb. 5-5: Darstellung mit Enumerationsregel und Oktagonbaum.

Aus der Abbildung 5-5 ist ersichtlich, dass ein Enumerationsverfahren eine einfache (eventuell rechenaufwendige) Bestimmung von Schnitt, Vereinigung und Differenz zweier Objekte zulässt. Der Speicheraufwand für eine gute Approximation darf hingegen nicht unterschätzt werden. Zusätzlich sind Objekttransformationen wie Translation und Rotation äusserst rechenaufwendig.

5.3.3 Zellenzerlegung

Die *Zellenzerlegung* (cell decomposition) umfasst als Darstellungsform Objekte beliebiger Dimension, welche sich in übersichtlicher Weise aus einfacheren Bausteinen aufbauen lassen. Normalerweise sind die Zellen einfach zusammenhängende Teilkörper, die aufgrund ihrer Form verschieden zusammengesetzt werden können. In der Abb. 5-6 zeigen wir unser Objekt in einer möglichen Zellenzerlegung. Dabei haben wir uns auf zwei Zelltypen beschränkt, was natürlich die Kombinationsmöglichkeit stark einschränkt.

Die Kombination eines räumlichen Objektes durch Zellen kann mit einem Baukastenprinzip verglichen werden. Mehrere Bauelemente oder Zellen stehen zur Verfügung und können aneinander gereiht oder aufeinander gelegt werden, wobei man an den Nahtstellen verleimt. Im Gegensatz zu den Enumerationsverfahren unterteilt man hier nicht den Raum mit uniformen Raumzellen (z.B. Kuben), sondern man lässt von vornherein unterschiedliche Formen und Grössen zu. Die Zellenzerlegung hat ihre Bedeutung vor allem zur Berechnung von physikalischen Eigenschaften mittels Methoden der Finiten Elemente [Besant 1983]. Dazu werden räumliche Objekte in Zellen wie Tetraeder oder Würfel zerlegt.

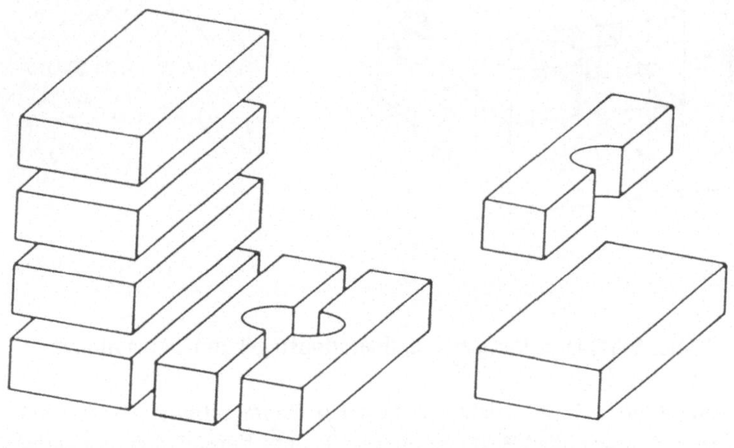

Abb. 5-6: Zellenzerlegung mit zwei Zelltypen.

Zellenzerlegungen lassen verschiedenen Verallgemeinerungen zu. Zum Beispiel kann ein Objekt aus einer Menge S von endlich vielen Simplexen des Raumes R^n zusammengesetzt werden. Dabei gelten die beiden folgenden Regeln:

- Gehört ein p-Simplex x zur Menge S, so gehört jedes (p-1)-Simplex, d.h. jede Seite von x zu S.
- Gehören x und y zu S, so ist der Durchschnitt von x und y entweder leer oder er gehört selbst zu S.

Diese Zellenzerlegung oder verwandte Formen bilden eine mathematisch fundierte Theorie. Der Definitions- und Wertebereich der Darstellungsform ist gross, da insbesondere auch keine Einschränkung in der Dimension besteht. Die Darstellung ist vollständig, aber nicht eindeutig. Geometrische und topologische Eigenschaften lassen sich durch lokale Betrachtungen und anschliessende Summationsverfahren bestimmen.

Neben der Mathematik der Simplexe existiert eine allgemeinere Theorie der Polyeder [Nef 1978] zur Darstellung beliebig-dimensionaler Objekte. Ein Polyeder erhält man aus endlich vielen Halbräumen durch Bildung von Vereinigungs-, Durchschnitts- und Komplementärmengen. Die Ausnutzung additiver Eigenschaften ermöglicht z.B. das Bestimmen der Euler-Charakteristik oder das Berechnen von Volumeneigenschaften (vergl. [Bieri/Nef 1983] und [Bieri/Nef 1984]).

5.3.4 Randdarstellung

Bei der *Randdarstellung* (boundary representation) wird ein räumliches Objekt durch seine Begrenzungselemente beschrieben, d.h. durch Flächen, Kanten und Ecken. Es sind auch Flächenstücke möglich, welche sich durch analytische Funktionen oder durch Interpolations- und Approximationsverfahren definieren lassen.

Als Beispiel betrachten wir in Abb. 5-7 unser Objekt, bestehend aus acht ebenen Flächen und einer gekrümmten Fläche, welche den Zylindermantel darstellt. Der Rand der einzelnen Flächen ist durch Strecken und Kreisbogen zusammengesetzt, diese wiederum weisen als Begrenzungselemente Ecken auf.

Der Definitions- und Wertebereich der Randdarstellung ist gross, neben analytischen Flächen sind auch Freiformflächen (z.B. Bézier- und B-Spline-Flächen) zugelassen. Die Darstellung ist vollständig, aber nicht eindeutig. Algorithmen können auf sogenannten Euler-Operatoren (vergl. 5.4.2) beruhen, welche die Invarianz topologischer Eigenschaften garantieren. Geometrische Eigenschaften sind schwieriger zu überprüfen und verlangen oft aufwendige Algorithmen.

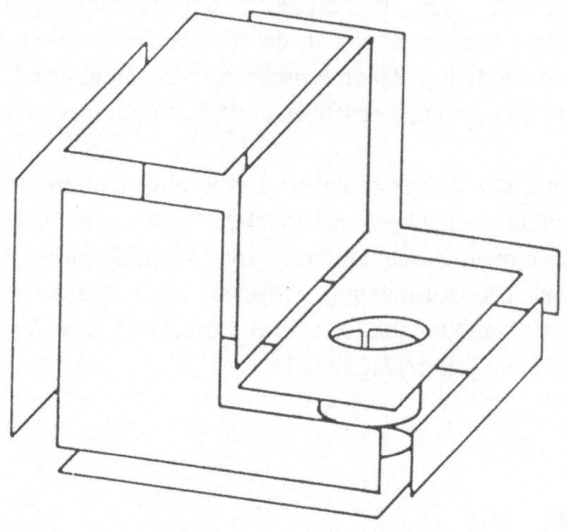

Abb. 5-7: Objekt mit begrenzenden Flächen, Kanten und Ecken.

Der Vorteil der Randdarstellung liegt im grossen Anwendungsspektrum, z.B. können physikalische Eigenschaften mit Hilfe von Integralen über den Rand berechnet werden. Schwierigkeiten entstehen bei speziellen Flächen wie z.B. bei der Zylinderfläche im obigen Bild, bei welcher zusätzliche Hilfskanten eingeführt werden müssen, um die beiden Begrenzungskreise des Zylindermantels miteinander zu verbinden.

5.3.5 Konstruktion mit Raumprimitiven

Ein räumliches Objekt kann als mengentheoretische Kombination von Standardprimitiven oder Halbräumen definiert werden; diese Darstellungsform heisst *Konstruktion mit Raumprimitiven* (constructive solid geometry). Dabei erklären Mengendurchschnitt, -vereinigung und -differenz eine Boolesche Algebra über Primitiven.

Betrachten wir unser Beispiel in Abb. 5-8, dargestellt durch einen Konstruktionsbaum über Kuben und Zylinder. In den Blättern des Konstrukionsbaumes stehen die Primitiven, in den Knoten sind die Mengenoperationen angegeben. Der Einfachheit halber verzichten wir im Konstruktionsbaum der Abb. 5-8 auf die explizite Angabe von Transformationsparametern, welche auf die einzelnen Primitiven wirken.

Da die Einschränkung auf ebenbegrenzte Primitiven oder ebene Halbräume nicht zwingend ist, gilt der Definitions- und Wertebereich für viele Objekte. Die Darstellungsform ist vollständig und mit Hilfe einer speziellen Normalform eindeutig (vergl. 5.5.3). Ein Objekt als Boolescher Ausdruck über Raumprimitiven unterstützt algorithmische Berechnungen, da sich Eigenschaften von Teilobjekten auf übergeordnete Objekte durch Divide-et-Impera-Methoden übertragen.

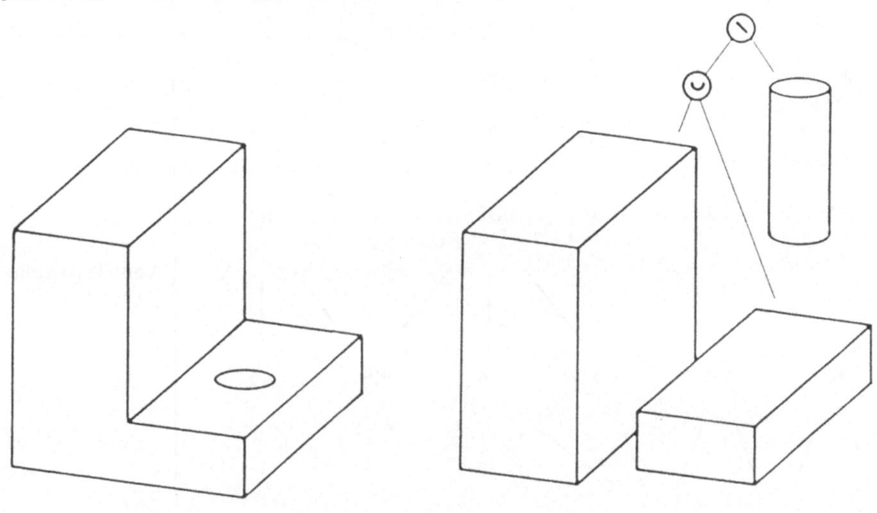

Abb. 5-8: Darstellung durch Booleschen Ausdruck über Primitiven.

Die Beschreibung eines Objekts mit Hilfe eines Konstruktionsbaumes ist einfach, aber die grafische Darstellung des Objekts ist rechenaufwendig. Zudem sind Freiformflächen schwierig miteinzubeziehen.

5.4 Modellieren mit Begrenzungsflächen

In der Randdarstellung lassen sich metrische und topologische Informationen separieren. Betrachten wir in Abb. 5-9 die schematische Darstellung von Objekten, welche durch Dreiecke begrenzt sind. Als Vereinfachung sei jedes Objekt zur Kugel topologisch äquivalent, d.h. es weise keine Löcher oder freihängenden Flächen und Kanten auf.

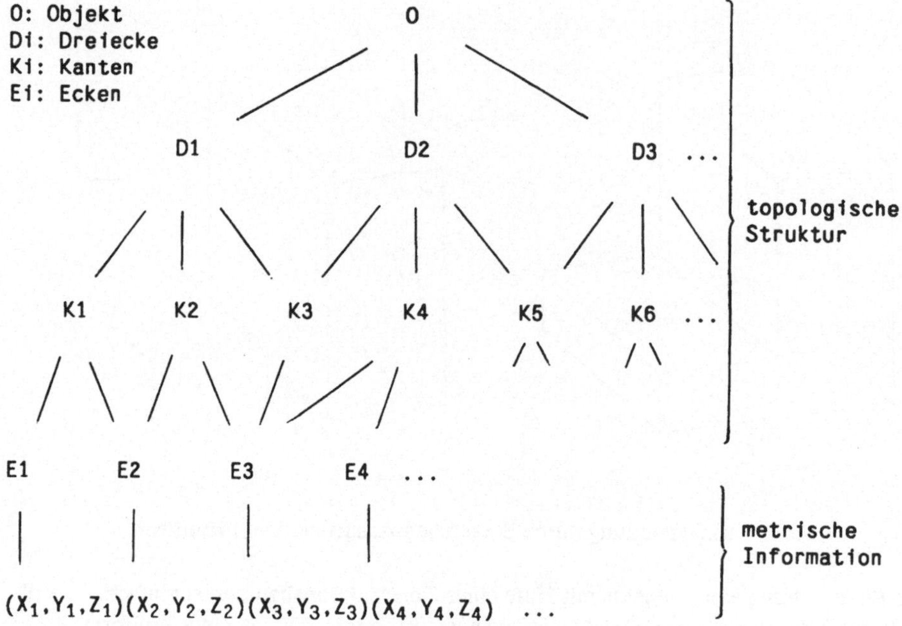

Abb. 5-9: Randdarstellung eines dreieckbegrenzten Objekts.

Die Trennung von metrischer und topologischer Information ist vorteilhaft bei der Überprüfung der Integrität, d.h. der Widerspruchsfreiheit der Daten. In unserem Beispiel gelten die folgenden geometrischen Integritätsbedingungen:

- Die Punktkoordinaten repräsentieren eindeutig (bis auf eine ε-Umgebung) Punkte des Euklidischen Raumes.
- Die Kanten sind entweder disjunkt oder sie schneiden sich in gemeinsamen Ecken.
- Die Flächen sind entweder disjunkt oder sie schneiden sich in gemeinsamen Kanten oder Ecken.

Es existieren auch topologische Beziehungen zwischen Flächen, Kanten und Ecken:

- Jede Fläche hat genau drei Kanten.
- Jede Kante gehört zu genau zwei Nachbarflächen.
- Jede Kante ist durch genau zwei Ecken definiert.
- Jede Ecke gehört zu mindestens drei Kanten.

Ein Modellierer für dreieckbegrenzte Objekte müsste bei jeder Benutzereingabe oder -modifikation sowohl die geometrischen wie die topologischen Bedingungen testen und bei Verstoss die Eingabe abweisen. Da wir geometrische Algorithmen bereits diskutiert haben, stellen wir in den nächsten beiden Abschnitten Konzepte zur Überprüfung topologischer Integrität vor.

5.4.1 Grundlagen der Polyedertopologie

Der Eulersche Polyedersatz für konvexe Polyeder sagt aus, dass die alternierende Summe der Anzahl Flächen, Kanten und Ecken invariant ist:

(*) $f - k + e = 2$ mit f: Flächen, k: Kanten und e: Ecken.

Regelmässige Polyeder (oder platonische Körper) sind konvexe Polyeder, die von untereinander kongruenten Vielecken gleicher Kantenlängen und Winkel begrenzt werden.

Körper	m	n	f	k	e
Tetraeder	3	3	4	6	4
Oktaeder	4	3	8	12	6
Ikosaeder	5	3	20	30	12
Hexaeder (Würfel)	3	4	6	12	8
Dodekaeder	3	5	12	30	20

Abb. 5-10: Übersicht der fünf platonischen Körper.

Zur Bestimmung der Anzahl der möglichen regelmässigen Polyeder stellen wir fest, dass die Winkelsumme der Seiten einer konvexen Ecke kleiner als 2π sein muss. Ein solches Polyeder kann deshalb von gleichseitigen Dreiecken, Quadraten oder Fünfecken, nicht aber von n-Ecken mit n>5 begrenzt sein. Wir bezeichnen mit m die Anzahl der Flächen, die in einer Ecke zusammenstossen und mit n die Anzahl der Kanten bzw. Ecken einer Fläche. Bei gleichseitigen Dreiecken können m=3, m=4 und m=5 Dreieckflächen zu einer Ecke stossen, bei Quadraten und Fünfecken ist m=3. Somit existieren fünf Typen (Abb. 5-10) von regelmässigen Polyedern.

Der Eulersche Polyedersatz zeigt, dass zu jedem möglichen Typ (m,n) höchstens ein Polyeder existiert. Nehmen wir beispielsweise den Fall m=3 und n=3: Gemäss den Beziehungen f=(3/3)*e, k=(3/2)*e und dem Polyedersatz e-(3/2)*e+e=2 erhalten wir f=4, k=6 und e=4. Somit entspricht dem Polyedertyp (3,3) ein Tetraeder. Auf ähnliche Weise wird die Eindeutigkeit der übrigen Polyedertypen gezeigt.

Die Beschränkung auf konvexe oder regelmässige Polyeder ist für einen Modellierer nicht realistisch. Aus diesem Grund betrachten wir beliebige Polyeder, wie sie in Abb. 5-11 gegeben sind:

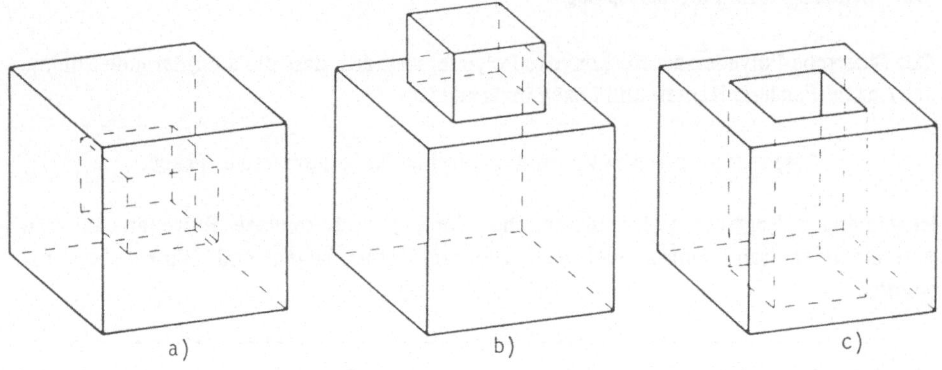

Abb. 5-11: Polyeder a) mit Höhlung, b) mit mehrfach-zusammenhängender Seitenfläche und c) mit Durchbohrung.

Wir bezeichnen mit

$$\chi = f - k + e$$

die *Euler-Charakteristik* und untersuchen zuerst den Fall a) in Abb. 5.11. Falls h Höhlungen im Innern des Polyeders liegen (oder h Polyeder im Aussenbereich), so wird $\chi=2+2h$.

Diskutieren wir nun den Fall b) eines Polyeders, welches eine Fläche mit Loch aufweist. Wir führen bei dieser Fläche eine neue Hilfskante von einer Ecke des umrandenden

Vielecks zu einer Ecke des Lochs ein. Dabei reduziert sich die Euler-Charakteristik um eins (gemäss $f-k+e = 0-1+0 = -1$), da weder neue Flächen noch Ecken hinzukommen. Mit anderen Worten: Treten r Löcher in den Seitenflächen eines Polyeders auf, so nimmt in der Charakteristik die Kantenanzahl um r ab oder $\chi=2+r$.

Im dritten Fall c) betrachten wir den Körper abzüglich der Durchbohrung und die Durchbohrung gesondert und berechnen je die Euler-Charakteristik. Beim Gesamtkörper gilt $f=f_1+f_2-2$ für die Flächenanzahl und $k=k_1+k_2+2$ für die Kantenanzahl, da zwei Hilfskanten zur Beseitigung der Löcher notwendig sind. Die Anzahl Ecken bleibt $e=e_1+e_2$. Zusammenfassend gilt

$$\chi = f - k + e = f_1 - k_1 + e_1 + f_2 - k_2 + e_2 - 2 - 2 = 0,$$

d.h. mit der Annahme von g Durchbohrungen: $\chi=2-2g$.

Fassen wir die drei Fälle zusammen [Lakatos 1976], so gilt die folgende Euler-Poincaré-Formel:

$$f - k + e = 2 + 2*h - 2*g + r$$

h: Höhlungen, g: Durchbohrungen oder Geschlecht, r: Löcher in den Seitenflächen.

Oft wird anstelle von h auch die Anzahl Schalen $s=h+1$ verwendet, womit sich die Formel

$$(**) \qquad f - k + e = 2*(s - g) + r$$

ergibt. Diese erweiterte Euler-Formel dient als Grundlage für das Studium von topologisch invarianten Operatoren.

5.4.2 Anwendung von Euler-Operatoren

Projizieren wir ein konvexes Polyeder von einem Punkt ausserhalb des Polyeders auf eine Ebene, so wird die Anzahl der Flächen, Kanten und Ecken unverändert bleiben. Das ebene Bild besteht aus zwei übereinanderliegenden Vielecknetzen, welche eine gemeinsame konvexe Kontur haben. Das eine Vielecknetz entspricht der Vorderseite, das andere der Hinterseite des Polyeders gesehen vom ausgezeichneten Punkt aus. Die alternierende Summe der Euler-Charakteristik für ein Vielecknetz ist eins, somit wird für ein zusammenhängendes Vielecknetz die Euler-Charakteristik identisch zwei. Dies begründet den Eulerschen Polyedersatz und führt zur Formel:

$$\chi = 1 + a$$

für konvexe Polyeder mit a als Anzahl räumlicher Gebilde.

Wir fragen uns nun, bei welchen Operationen die Formel $\chi=1+a$ erhalten bleibt. Der Operator "Mache Fläche und Kante" oder abgekürzt mfk erhöht die Anzahl Flächen und Kanten je um eins und lässt dadurch die alternierende Summe unverändert. Analoges gilt für den Operator "Mache Kante und Ecke" oder mke. Schliesslich existiert ein Operator "Mache Fläche, Ecke und Gebilde" oder mfea.

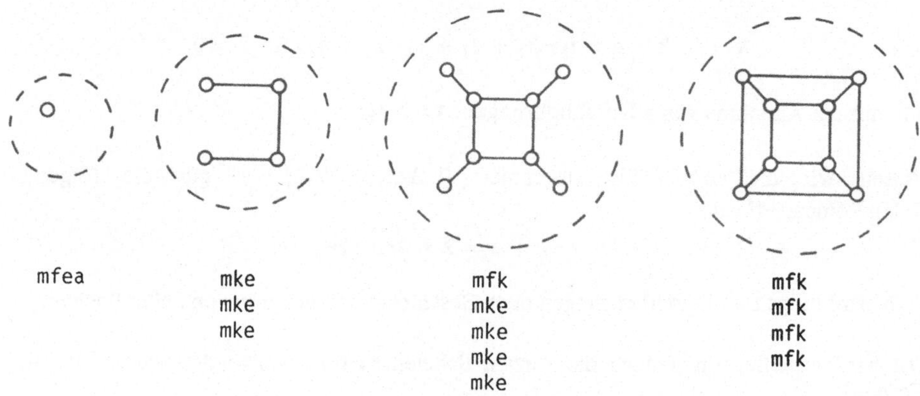

Abb. 5-12: Euler-Operatoren für Würfeltopologie.

Die Operatoren, welche die Euler-Charakteristik invariant lassen, heissen *Euler-Operatoren.* Zu den Euler-Operatoren mfk, mke und mfea gehören die inversen Operatoren "Lösche ..." wie lfk, lke und lfea. Als Resultat erhalten wir, dass die Topologie jedes konvexen Polyeders durch eine Sequenz von atomaren Euler-Operatoren festgelegt werden kann. Als Beispiel definieren wir in der Abb. 5-12 die Würfeltopologie, indem wir mit Hilfe der Euler-Operatoren schrittweise 6 Flächen, 12 Kanten und 8 Ecken einführen.

Wir beschreiben nun Euler-Operatoren für beliebige Polyeder, wie sie in Abschnitt 5.4.1 diskutiert wurden. Die Formel (**) mit den Variablen f, k, e, s, g und r (f: Flächen, k: Kanten, e: Ecken, s: Schalen, g: Geschlecht, r: Seitenlöcher) kann als Hyperebene im sechsdimensionalen Raum aufgefasst werden. Wir suchen ein Erzeugendensystem (Abb. 5-13) von fünf Transitionsvektoren, welche die Euler-Poincaré-Formel invariant lassen.

Zu den Euler-Operatoren der Abb. 5-13 existieren die entsprechenden inversen Operatoren lfk, lke, lkmr, lfes und lfmgr. Die Topologie des Objektes c) der Abb. 5-11 ergibt sich beispielsweise durch eine entsprechende Sequenz von Euler-Operatoren:

Zuerst erklärt man die Topologie des Würfels (startend mit mfes), anschliessend bildet man eine Fläche mit Loch (z.B. mit lkmr) und die Topologie der Durchbohrung analog derjenigen des Würfels; zuletzt definiert man das zum Torus äquivalente Geschlecht mit lfmgr.

f	-k	e	-2s	2g	-r	
1	1	0	0	0	0	mfk
0	1	1	0	0	0	mke
0	1	0	0	0	-1	mklr
1	0	1	1	0	0	mfes
1	0	0	0	-1	-1	mflgr

Abb. 5-13: Erzeugendensystem für Euler-Poincaré-Formel.

In den Siebzigerjahren sind bekannte Modelliersysteme entstanden, die auf Euler-Operatoren basieren, so die Systeme Geomed [Baumgart 1975], GLIDE [Eastman/Henrion 1977], [Eastman/Weiler 1979] und BUILD [Braid et al. 1980], [Hillyard 1982]. Weitere Untersuchungen findet man in [Mantyla/Sulonen 1982].

5.4.3 Datenstruktur zur Randdarstellung

Zur Speicherung oder Verarbeitung eines Objekts in Randdarstellung benötigen wir eine geeignete Datenstruktur. In der schematischen Zeichnung der Abb. 5-9 haben wir bereits gesehen, dass eine Trennung von topologischer und metrischer Information möglich ist. Ein Verzicht auf diese Trennung würde eine unvernünftige Datenstruktur ergeben. Beispielsweise könnte man jede Begrenzungsfläche für sich alleine mit den zugehörigen Eckpunktkoordinaten abspeichern. Die Koordinaten wären dann redundant vorhanden, bei der kleinsten Änderung z.B. aufgrund einer Transformation müssten sämtliche Flächen durchlaufen und nachgeführt werden. Zusätzlich wäre es bei dieser Datenstruktur schwierig und aufwendig, topologische Zusammenhänge wie "Nachbarflächen einer Kante" oder "anstossende Grenzflächen eines Punktes" direkt freizulegen.

Speichern wir die topologische Information unabhängig von der metrischen, so müssen bei den Transformationen wie Translation, Rotation oder Skalierung lediglich die Punktkoordinaten verändert werden. Normalerweise haben also geometrische Transformationen keinen Einfluss auf die Topologie der Objekte. Dieser wichtigen Tatsache bei der Trennung topologischer und metrischer Information sowie dem Vorteil redundanzfreier Speicherung wird in der bekannten Datenstruktur (genannt "winged edge") von Baumgart Rechnung getragen [Baumgart 1975]. Wir beschreiben sie in der speziellen Form der Halbkantendarstellung [Meier/Loacker 1986] in der Abb. 5-14 etwas ausführlicher.

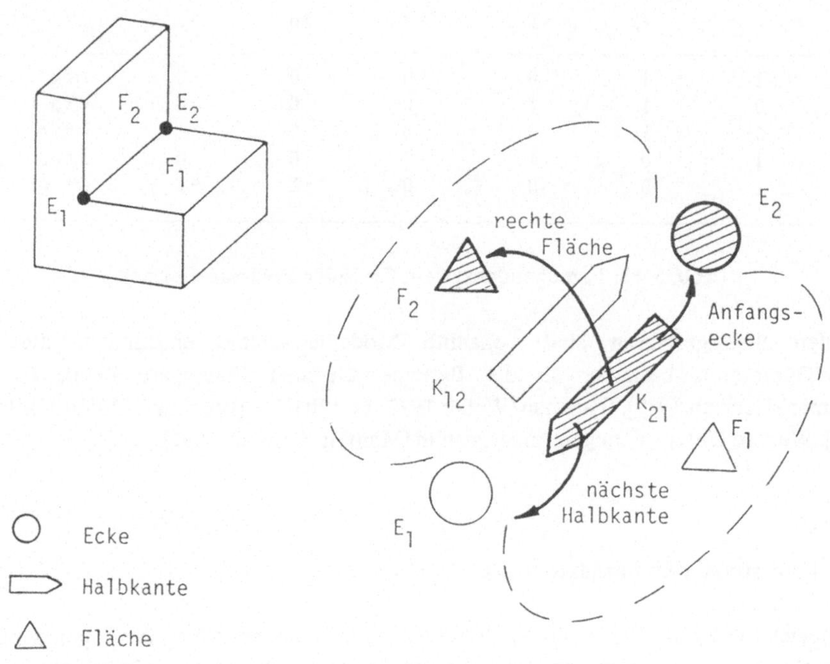

Abb. 5-14: Datenstruktur für Flächen, Halbkanten und Ecken.

In der *Halbkantendarstellung* gibt es vier Datentypen: Objekte, Flächen, Halbkanten und Ecken. Anstelle der Kanten verwendet man orientierte Halbkanten, welche mit ihrer linken Fläche assoziiert werden (von Aussen gesehen). Zusätzlich zeigt jede Halbkante auf ihre Anfangsecke und ihre rechte Fläche. Zur Darstellung von nicht einfachzusammenhängenden Flächen dienen Halbkanten mit der Markierung "unsichtbar". Daneben können für verschiedene Zwecke zusätzliche Datenfelder in den einzelnen Datentypen mitgeführt werden, beispielsweise eine Identifikationsnummer für Objekte oder eine Flächennormale pro Fläche etc. (vergl. auch Abschnitt 6.2.4). Der Vektor der Flächennormalen ist natürlich redundant, aber effizienzsteigernd. Er hilft beispielsweise bei der Evaluation der verdeckten Kanten, muss aber bei jeder Änderung der Koordinaten konsistent nachgeführt werden.

Zur Beschreibung der Flächen, Halbkanten und Ecken können drei zyklische Listen definiert werden. Die Liste der Flächen enthält alle Flächen eines Objekts in beliebiger Reihenfolge. Jede Fläche besitzt eine Halbkantenliste, wobei jede Halbkante auf ihre Anfangsecke zeigt; die zweite Ecke ist implizite als Anfangsecke der nächsten Halbkante gegeben. Schliesslich verweist jede Halbkante auf ihre rechte Fläche. Die dritte Liste enthält die Koordinaten der Ecken, wobei die Reihenfolge ebenfalls beliebig ist. Die einzelnen Koordinaten einer Ecke können nur über die Halbkanten erreicht werden.

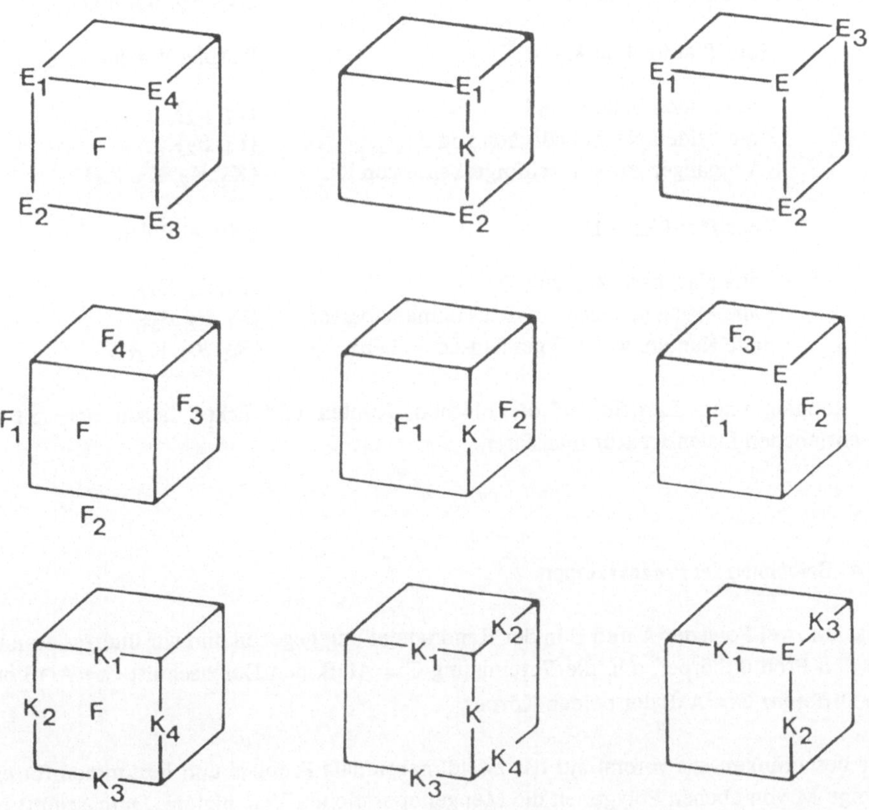

Abb. 5-15: Neun topologische Beziehungen zwischen Flächen, Kanten und Ecken.

Im folgenden diskutieren wir anhand der Abb. 5-15 die *topologischen Zugriffsstrukturen* auf die Halbkantendarstellung. Es gibt je drei Zugriffsarten auf die Flächen, Kanten (resp. Halbkanten) und Ecken.

Betrachten wir den Würfel als Beispiel einer Randdarstellung mit 6 Flächen, 12 Kanten und 8 Ecken, so können wir anhand der Abb. 5-15 die neun topologischen Zugriffsoperatoren wie folgt zusammenfassen:

Zugriff auf Fläch F	Beispiel Würfel
- alle Ecken von F:	$\{E_1, E_2, E_3, E_4\}$
- alle Nachbarflächen von F:	$\{F_1, F_2, F_3, F_4\}$
- alle Kanten von F:	$\{K_1, K_2, K_3, K_4\}$

Zugriff auf Kante K	Beispiel Würfel
- die beiden Ecken von K:	$\{E_1, E_2\}$
- die beiden Nachbarflächen von K:	$\{F_1, F_2\}$
- Vorgänger- resp. Nachfolgerkante von K:	$\{K_1, K_2, K_3, K_4\}$

Zugriff auf Ecke E	Beispiel Würfel
- alle Nachbarecken von E:	$\{E_1, E_2, E_3\}$
- alle Flächen, welche in E zusammenstossen:	$\{F_1, F_2, F_3\}$
- alle Kanten, welch E gemeinsam haben:	$\{K_1, K_2, K_3\}$

Die topologischen Zugriffe auf die Flächen, Kanten und Ecken lassen sich mit der beschriebenen Datenstruktur realisieren.

5.4.4 Berechnen des Produktkörpers

Es seien zwei Polyeder A und B in der Randdarstellung gegeben und wir interessieren uns für den Produktkörper, d.h. die Vereinigung $C:=A\cup B$, den Durchschnitt $C:=A\cap B$ oder die Differenz $C:=A\setminus B$ der beiden Körper.

Wir beschränken uns vorerst auf das zweidimensionale Problem und bestimmen für eine Menge M von ebenen Polygonen die Mengenoperationen Vereinigung, Durchschnitt und Differenz. Zur Vereinfachung sei die Menge M wie folgt eingeschränkt:

- Die Kanten verschiedener Polygone schneiden sich höchstens in einem Punkt.
- Es dürfen sich nicht mehr als drei Kanten in einem Punkt schneiden.

Ohne Einschränkung der Allgemeinheit können die Kanten der Polygonflächen aus M als gerichtet und im Gegenuhrzeigersinn orientiert angenommen werden. Das jeweilige

Polygon liegt also auf der linken Seite, falls man sämtliche Kanten des Polygons durchläuft.

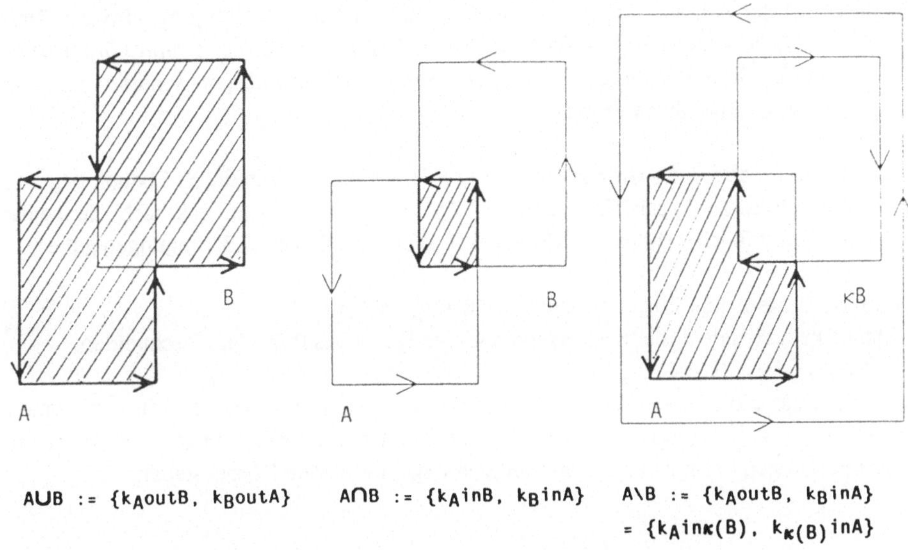

Abb. 5-16: Produktbildung bei ebenen Polygonen.

Das Produktpolygon C zweier Polygone A und B aus M lässt sich durch Schnittbildung berechnen. Wir bezeichnen mit:

- $k_A$outB sämtliche Kanten resp. -stücke des Polygons A im Äusseren des Polygons B,
- $k_A$inB sämtliche Kanten resp. -stücke des Polygons A im Inneren des Polygons B,
- $k_B$outA sämtliche Kanten resp. -stücke des Polygons B im Äusseren des Polygons A,
- $k_B$inA sämtliche Kanten resp. -stücke des Polygons B im Inneren des Polygons A.

Durch die Schnittbildung von Polygonkanten ergibt sich das Produktpolygon C gemäss der Abb. 5-16. Als Vereinigung zweier Polygone A und B nehmen wir sämtliche Kantenstücke, die den Rand der Mengenvereinigung von A und B bilden. Beim Durchschnitt zweier Polygone A und B zählen die Kantenstücke, die innerhalb beider Polygone verlaufen. Die Differenz A\B kann als Durchschnitt von A mit dem Komplement κ(B) von B angesehen werden. Komplementbildung bedeutet, das Innere des Polygons mit dem Äusseren zu vertauschen, d.h. den Rand von B im Uhrzeigersinn zu orientieren.

Liegen beliebige ebene Figuren oder räumliche Objekte in der Randdarstellung vor, so müssen obige Überlegungen verallgemeinert werden. Grundsätzlich werden immer Schnittelemente verschiedener Dimension gebildet, um den Schnittkörper (d.h. den Durchschnitt der beiden Körper) zu erhalten. Im Fall einer Vereinigung wird der Rand des Schnittkörpers teilweise ignoriert, beim Durchschnitt bildet der Schnittkörper selbst das Produkt, und bei der Differenz muss der Rand des Schnittkörpers separiert und vom Ausgangskörper abgezählt werden.

Als Spezialfall betrachten wir das Produkt von Polyedern, welche durch Ebenen begrenzt sind. Wir schliessen Spezialfälle (Abb. 5-17) aus und verlangen, dass sich die beiden Polyeder A und B echt schneiden. Mit anderen Worten sollen zwei Bedingungen gelten:

- Punkt-, Kanten- und Flächenberührung ist ausgeschlossen.
- Es darf keine Kante des einen Polyeders A eine Kante des Polyeders B schneiden.

Der Verzicht auf Entartungen bei Berührung oder Kantenschnitt führt zu einem einfacheren Algorithmus (vergl. [Meier/Loacker 1986]), wobei sonst keine Einschränkungen bezüglich der gegenseitigen Lage der beiden Körper gelten.

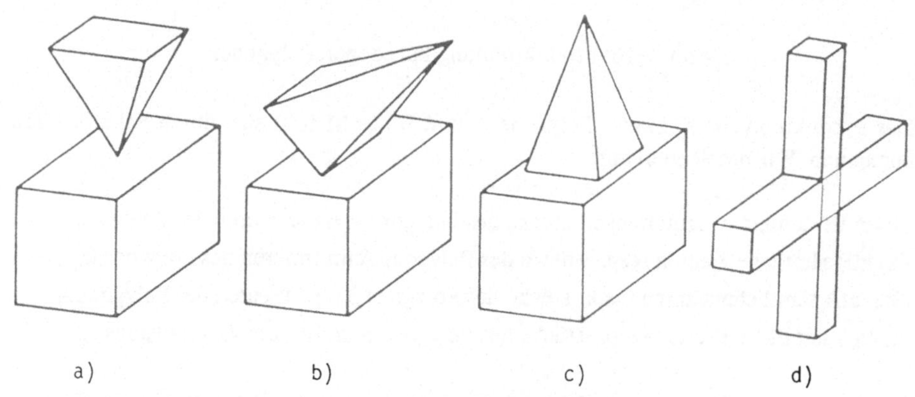

Abb. 5-17: Unzulässige Punkt-, Kanten- und Flächenberührung a), b) und c) resp. unzulässiger Schnitt d).

Um den Schnittkörper zu erhalten, werden zuerst die Schnittgeraden {g} sich schneidender Flächen der Polyeder A und B durch INTERSECT gebildet. Jede Schnittgerade g wird durch die Prozedur CUT in Teilstrecken zerlegt, indem man die Kanten beider Polyeder mit der Schnitgeraden schneidet. Eine Sortierung der so erhaltenen Schnittpunkte $P_1,...,P_n$ auf jeder Schnittgeraden führt zu den gesuchten Schnittsegmenten $S_1,...,S_{n-1}$. Diese werden gemäss Abb. 5-18 durch die Inklusionseigenschaft SinA oder SinB analysiert.

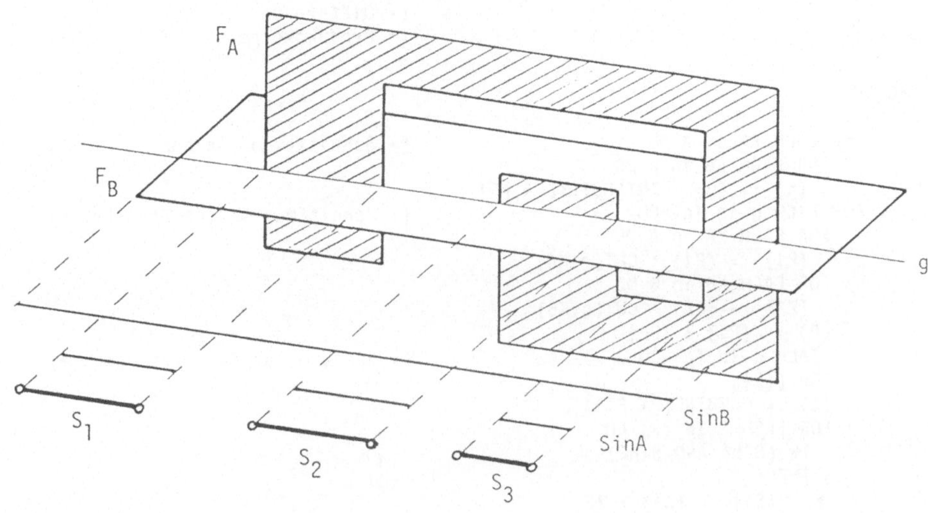

Abb. 5-18: Analyse der Kantenstücke auf einer Schnittgeraden.

Schnittsegmente S_j gehören zum gesuchten Schnittkörper, falls sie in beiden Polyedern A und B verlaufen. Die Segmente S_j separieren die beiden Polyeder, d.h. sie unterteilen die Grenzflächen F_A und F_B in Teilflächen $F_A$inB und $F_A$outB resp. $F_B$inA und $F_B$outA. Diese Teilflächen entstehen durch die Prozedur DIVIDE mit Hilfe der gebildeten Schnittkanten und -ecken. Schliesslich gehen die Teilflächen je nach Mengenbildung Vereinigung, Durchschnitt oder Differenz in den Produktkörper ein.

Der Algorithmus 5-1 zur Schnittbildung zweier Polyeder benötigt einen quadratischen Aufwand, da sämtliche Flächen des einen Polyeders mit allen Flächen des anderen Polyeders geschnitten werden.

```
ALGORITHMUS 5-1
(* Berechnen des Produktkörpers C zweier Polyeder A und B          *)

EINGABE:        A = {FA,KA,EA}              (* Polyeder A                   *)
                B = {FB,KB,EB}              (* Polyeder B                   *)
                o = (+,*,-)                 (* Vereinigung, Durchschnitt,   *)
                                            (* Differenz                    *)
OUTPUT          C = {FC,KC,EC}              (* Produktkörper C              *)

PRODUCT:
BEGIN
     FOR EACH FA in A DO                    (* Schnitt von Flächen          *)
        FOR EACH FB in B DO
           {g} := {g} + INTERSECT(FA,FB)
     FOR EACH g in {g} DO                   (* Schnittpunkte der Strecken   *)
        FOR EACH KA in A DO
           {P1} := {P1} + CUT(g,KA)
        FOR EACH KB in B DO
           {P2} := {P2} + CUT(g,KB)
        {P} := {P1} + {P2}
     FOR EACH g in {g} DO                   (* Analyse der Schnittsegmente*)
        SORT({P})
        {S} := COMBINE(Pi,Pi+1)
        FOR EACH S IN {S} DO
           IF (SinA AND SinB)
           THEN
              {Sj} := {Sj} + {S}
     FOR EACH FA in A DO                    (* unterteilen der Flächen      *)
        DIVIDE(FA, {Sj}; FAinB, FAoutB)
     FOR EACH FB in B DO
        DIVIDE(FB, {Sj}; FBinA, FBoutA)
     CASE o OF                              (* Mengenoperationen            *)
          +:    C := {FAoutB,FBoutA}
          *:    C := {FAinB,FBinA}
          -:    C := {FAoutB,FBinA}
END (* Product *)
```

Eine Verbesserung liegt darin, die beiden Polyeder oder die Begrenzungsflächen nur auf Schnitt zu prüfen, wenn sich ihre Umgebungskontainer (z.B. in einer mehrdimensionalen Datenstruktur) überlappen. Diese Prüfung auf Lokalität der Schnittbildung führt zu einem effizienteren Algorithmus (siehe z.B. [Jared/Stroud 1983] oder [Mantyla/Tamminen 1983]).

Der früher erwähnte Durchlaufalgorithmus lässt sich für dreidimensionale Objekte verallgemeinern (vergl. 3.6.2). Seien n und m die Anzahl der Kanten von A resp. von B und sei s die Anzahl der Kanten des Durchschnitts $A \cap B$. Der Algorithmus von [Mehlhorn/Simon 1985] schneidet ein konvexes Polyeder mit einem nicht konvexen in der Zeit $O((n+m+s)*\log(n+m+s))$.

5.5 Modellieren mit Raumprimitiven

Standardprimitiven wie Würfel, Zylinder, Kegel u.a. können anstelle von Halbräumen zur Mengenbildung verwendet werden. Ein Objekt lässt sich dann durch die folgende Grammatik definieren:

<Objekt> ::= <Primitive> |
<Objekt> <Transformation> ARGUMENT |
<Objekt> <Operation> <Objekt>

<Primitive> ::= WÜRFEL | ZYLINDER | KEGEL | KUGEL | ...

<Transformation> ::= TRANSLATION | ROTATION | SKALIERUNG

<Operation> ::= VEREINIGUNG | DURCHSCHNITT | DIFFERENZ

Gemäss der Grammatik ist jedes Objekt als binärer Baum oder *Konstruktionsbaum* darstellbar, wobei die Blätter Primitivkörper (oder Transformationsparameter) repräsentieren und die Knoten für Operationen und Transformationen stehen. Ein Konstruktionsbaum ist also nichts anderes als die grafische Repräsentation eines Booleschen Ausdrucks über Primitiven.

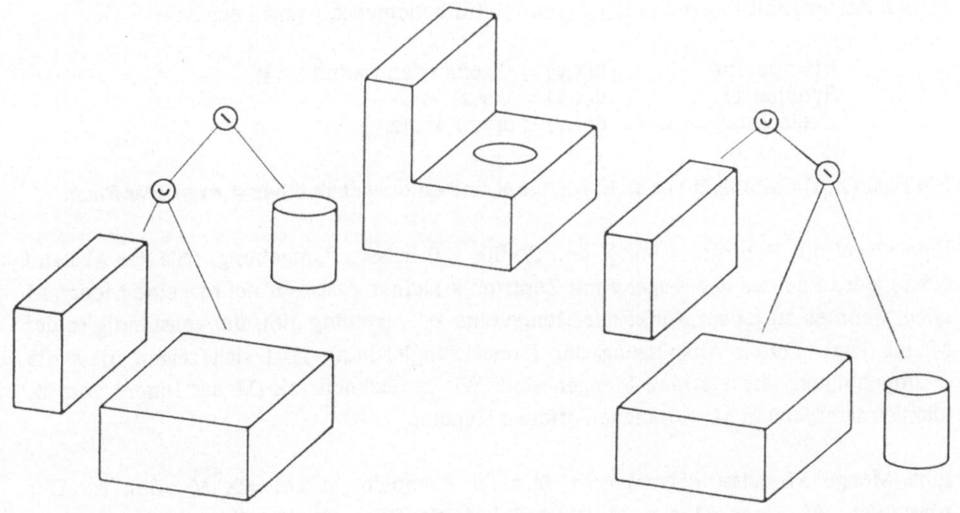

Abb. 5-19: Zwei äquivalente Darstellungen eines Objekts.

Da die Darstellungsform als Konstruktionsbaum resp. als Boolescher Ausdruck nicht eindeutig ist, können zwei verschiedene Darstellungen dasselbe physische Objekt beschreiben (Abb. 5-19). Es kann auch vorkommen, dass ein Konstruktionsbaum eine leere Menge repräsentiert. Man spricht in diesem Fall von einem Nullobjekt.

Als Primitiven eignen sich auch Profilkörper, wobei eine Profilfläche entlang einer Geraden verschoben oder um eine Rotationsachse gedreht wird. Modelliersysteme, welche auf Konstruktionsbäumen über Standardprimitiven basieren, sind PADL [Brown 1982] und GMSolid [Boyse/Gilchrist 1982]; SHAPES [Laning/Madden 1979] und TIPS [Okino et al. 1973] sind zwei Beispiele für Modelliersysteme über Halbräumen.

5.5.1 Reguläre Mengenoperationen

Beim Modellieren mit Standardprimitiven oder Halbräumen werden die Mengenoperationen oft als regulär vorausgesetzt [Requicha 1980], d.h. die Dimension der Objekte soll erhalten bleiben. Um die Eigenschaft "dimensionserhaltend" besser zu charakterisieren, benötigen wir einige Begriffe.

Eine *Metrik* auf einer Menge X ist eine Abbildung d: X×X -> {Menge der positiven reellen Zahlen} mit folgenden Eigenschaften für beliebige x, y und z aus X:

Idempotenz	$d(x,y) = 0$ genau dann wenn $x=y$
Symmetrie	$d(x,y) = d(y,x)$
Dreiecksungleichung	$d(x,y) \leq d(x,z) + d(z,y)$

Ein Paar (X,d) bestehend aus einer Menge X und einer Metrik d heisst *metrischer Raum*.

Eine Kugel mit Zentrum x aus X und Radius $\varepsilon>0$ heisst ε-Umgebung, falls der Abstand d(x,y) jedes Punktes der Kugel y mit Zentrum x kleiner ε ist. Wir nennen eine Menge M *offen*, wenn es zu jedem Punkt der Menge eine ε-Umgebung gibt, die vollständig in der Menge liegt. Durch Ausnützung der Dreiecksungleichung lässt sich zeigen, dass die ε-Umgebungen selbst offene Mengen sind. Wir bezeichnen mit ιM das Innere von M, nämlich sämtliche in M enthaltenen offenen Kugeln.

Eine Menge M heisst *abgeschlossen*, falls ihr Komplement $\kappa M := X \setminus M$ offen ist. Der Abschluss αM einer Menge M ist definiert als Durchschnitt aller abgeschlossenen Teilmengen von M. Als Rand ρM einer Menge M bezeichnen wir sämtliche Punkte von M, die zum Abschluss αM von M und zum Abschluss $\alpha(\kappa M)$ des Komplements von M gehören.

Nun können wir die Begriffe reguläre Menge, Regularisierung und reguläre Mengenoperationen definieren. Eine Menge M heisst *regulär*, falls sie identisch dem Abschluss des Inneren von M ist:

$$\text{Menge M regulär genau dann wenn } M = \alpha(\iota M).$$

Der Operator, welcher jeder beliebigen Menge M ihre reguläre Menge $\alpha(\iota M)$ zuordnet, heisst Regularisierung. Die *regulären Mengenoperationen* lauten:

$$M \cup' N := \alpha(\iota(M \cup N))$$
$$M \cap' N := \alpha(\iota(M \cap N))$$
$$M \setminus' N := \alpha(\iota(M \setminus N))$$

In der Abb. 5-20 wird anhand des Mengendurchschnitts demonstriert, dass die regulären Mengenoperationen Vereinigung $\cup'$, Durchschnitt $\cap'$ und Differenz $\setminus'$ die Dimension der beteiligten Mengen erhalten.

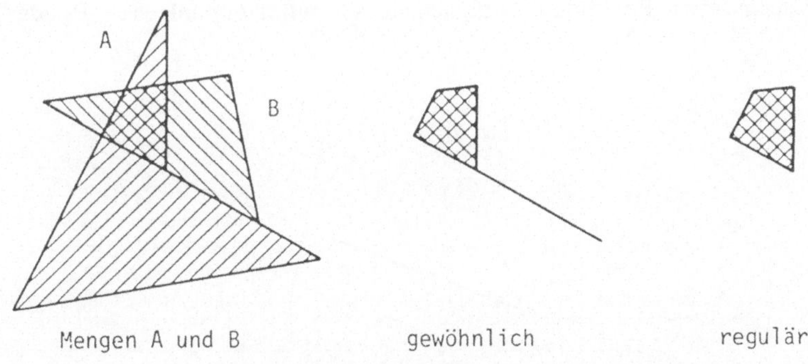

Abb. 5-20: Gewöhnlicher und regulärer Mengendurchschnitt.

Bei dreidimensionalen Objekten führen die regulären Mengenoperationen räumliche Objekte in solche über, d.h. die resultierende Menge ist entweder leer oder wieder ein dreidimensionales Objekt. Schon rein physisch machen bei räumlichen Objekten angeheftete 2- oder 1-dimensionale Gebilde wie Flächen und Strecken wenig Sinn. Aus diesem Grund werden beim Modellieren mit Primitiven die Mengenoperationen im folgenden immer als regulär vorausgesetzt.

5.5.2 Evaluieren der Mengenzugehörigkeit

Die Klassifikation von Mengen kann als Verallgemeinerung vieler geometrischer Problemstellungen aufgefasst werden [Tilove 1980]. Eine Klassifikationsfunktion C operiert auf einer Kandidatenmenge X und auf einer Referenzmenge R und beschreibt die folgende Beziehungen zwischen X und R (mit ι: Operator für Inneres, ρ: Randoperator und κ: Komplementbildung):

$$\mathrm{XinR} := \mathrm{X} \cap \iota\mathrm{R}$$
$$\mathrm{XonR} := \mathrm{X} \cap \rho\mathrm{R}$$
$$\mathrm{XoutR} := \mathrm{X} \cap \kappa\mathrm{R}$$

C operiert also auf dem kartesischen Produkt X×R und unterteilt die Kandidatenmenge X in drei Klassen:

$$\mathrm{C[X,R]} := \{\mathrm{XinR}, \mathrm{XonR}, \mathrm{XoutR}\}$$

Die Auswertung der Klassifikationsfunktion C ist besonders bei Booleschen Ausdrücken über Halbräumen interessant. Betrachten wir eine Problemstellung in der Ebene: Es sei eine Polygonfläche F als Durchschnitt von Halbebenen H_1, H_2, H_3 und H_4 gegeben (Abb. 5-21), gesucht sei die Funktion C bezüglich eines Kandidatenpunktes P_1, P_2 oder P_3.

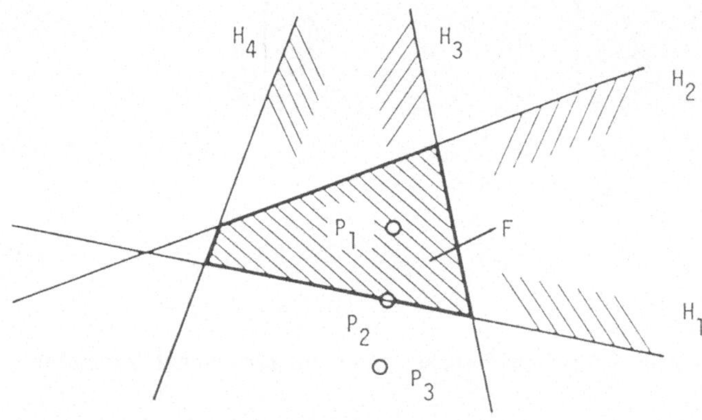

Abb. 5-21: Klassifikation von Punkten P_1, P_2 und P_3 bezüglich einer Fläche F.

Der Klassifikationsalgorithmus verlangt für die Blätter des Konstruktionsbaumes eine elementare Entscheidung, z.B. die Überprüfung P_1inH_1, P_2onH_1 oder P_3outH_1. Die Klassifikation für die Halbräume ist also trivial, hingegen nicht offensichtlich für die Knoten des Konstruktionsbaumes. Der Einfachheit halber beschränken wir uns im folgenden auf die Operation Durchschnitt und fragen uns, wie aus den Eigenschaften "in", "out" und "on" des linken und des rechten Teilbaumes auf die Eigenschaft des Durchschnittknotens geschlossen werden kann.

Liegt der Kandidatenpunkt P innerhalb des linken Baumes L und innerhalb des rechten Baumes R so gilt für eine Polygonfläche $F = L \cap R$ die Klassifikation

$$PinF = PinL \cap PinR.$$

Im obigen Beispiel der Abb. 5-21 ist P_1inF, da P_1inH_i für alle Halbebenen H_i mit $i = 1,...,4$ gilt.

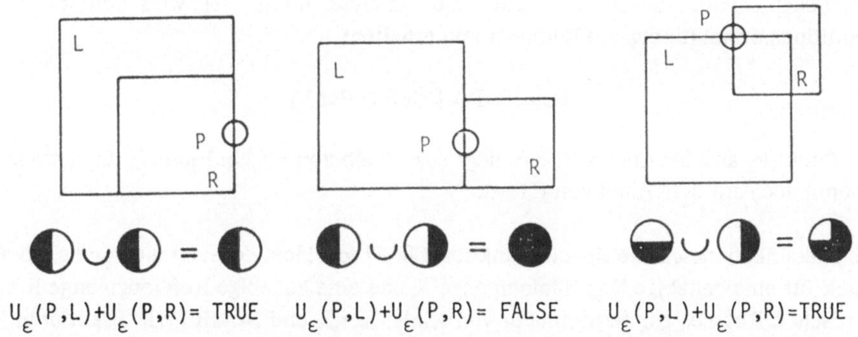

Abb. 5-22: Nachbarschaftskriterien für ε-Umgebungen.

Die Klasse "on" kann Mehrdeutigkeiten liefern: Wenn z.B. der Kandidatenpunkt P bei der Durchschnittbildung auf dem Rand des linken wie des rechten Halbebenengebildes liegt, kann aus den Eigenschaften der Teilbäume und den Randpunkten selbst nicht auf die Eigenschaft des Operationsknotens geschlossen werden. Es bedarf hierzu einer lokalen Nachbarschaftsbetrachtung, d.h. für jeden Randpunkt muss eine ε-Umgebung analysiert werden (Abb. 5-22). Abhängig davon, ob die ε-Umgebung des Randpunktes des linken Halbraumgebiets mit derjenigen des rechten eine leere, partiell gefüllte, oder volle ε-Umgebung ergibt, wird die Klassifikation $PonF = PonL \cap PonR$ vorgenommen.

Zusammenfassend gilt für einen Durchnittknoten $F=L \cap R$ die Klassifikation

$$PonF = T_1 \cup T_2 \cup T_3, \text{ wobei}$$
$$T_1 = PonL \cap PinR \text{ und}$$
$$T_2 = PinL \cap PonR \text{ und}$$
$$T_3 = \{PonL \cap PonR \text{ falls } U_\varepsilon(P,L) \cup U_\varepsilon(P,R) \text{ partiell gefüllt}\}$$

Für unser Beispiel aus Abb. 5-21 gilt z.B. P_2onF, da P_2 auf dem Rand von H_1 und zusätzlich innerhalb aller anderen Halbräumen liegt , d.h. es gilt P_2onH_1 und P_2inH_i mit i=2,3,4.

Schliesslich bleibt die Klasse "out" zur Analyse übrig; sie wird mit Hilfe der Definitionsformel für äussere Punkte direkt erhalten:

$$PoutF=P \setminus \{PinF \cup PonF\}.$$

Der Punkt P_3 aus der Abb. 5-21 z.B. liegt ausserhalb von F (d.h. P_3outF), da er weder im Inneren noch auf dem Rand von F liegt.

Die Klassifikationsschritte für die Funktion C[P,F] scheinen vielleicht aufwendig, aber sie gelten für eine beliebige Kandidatenmenge X und eine beliebige Referenzmenge R eines metrischen Raumes zur Bestimmung von XinR, XonR und XoutR. Wir diskutieren jetzt diesen allgemeinen Klassifikationsalgorithmus 5-2, welcher einen Konstruktionsbaum über Halbräumen mit einer Divide-et-Impera-Strategie auswertet.

Wir wissen, dass XinPRIM, XonPRIM und XoutPRIM ausgewertet werden müssen, falls die Referenzmenge selbst eine Primitive PRIM darstellt. Falls R einen echten Konstruktionsbaum repräsentiert, so ist die rekursive Evaluation zweier Teilbäume (linker und rechter Teilbaum L resp. R) des entsprechenden Knotens erforderlich:

```
ALGORITHMUS 5-2
(* Mengenzugehörigkeit XinR, XonR und XoutR nach [Tilove 1980]          *)

EINGABE:  X                                  (* Kandidatenmenge        *)
          R                                  (* Referenzmenge als      *)
                                             (* Konstruktionsbaum      *)
AUSGABE:  Q={XinR,XonR,XoutR}                (* Klassifikation         *)

MERGE(C(L),C(R),ROOT(R)):
BEGIN
     CASE ROOT(R) OF
       *:     IF (XinC(L) AND XinC(R))       (* Mengendurchschnitt     *)
              THEN
                 RETURN(XinR)
              ELSE
                 T1 := XonC(L) AND XinC(R)
                 T2 := XinC(L) AND XonC(R)
                 IF CONDITION                (* Prüfen der lokalen     *)
                 THEN                        (* Nachbarschaft          *)
                   T3 := XonC(L) AND XonC(R)
                 IF (T1 OR T2 OR T3)
                 THEN
                   RETURN(XonR)
                 ELSE
                   RETURN(XoutR)
       +:...                                 (* Mengenvereinigung      *)
       -:...                                 (* Mengendifferenz        *)
END (* Merge *)

CLASSIFICATION(X,R):
BEGIN
     IF R=PRIM                               (* Klassifikation einer   *)
     THEN                                    (* Primitiven             *)
        Q := EVALUATE(XinPRIM,XonPRIM,XoutPRIM)
        RETURN(Q)
     ELSE                                    (* rekursive              *)
        L := LEFT-SUBTREE(R)                 (* Klassifikation         *)
        R := RIGHT-SUBTREE(R)
        C(L) := CLASSIFICATION(X,L)
        C(R) := CLASSIFICATION(X,R)
        Q := MERGE(C(L),C(R),ROOT(R))
        RETURN(Q)
END (* Classification *)
```

Der Algorithmus 5-2 demonstriert im Fall der Durchschnittbildung bei "on"/"on"-Beziehungen, dass die Klassifikation C[X,L∩R] nicht alleine durch die Klassifikationen C[X,L] und C[X,R] bestimmt ist, sondern dass Zusatzinformationen lokaler Art benötigt werden.

5.5.3 Vereinfachen von Konstruktionsbäumen

Wie wir zu Beginn des Abschnitts feststellten, können zu einem Objekt mehrere Konstruktionsbäume existieren. Solche unterschiedliche Darstellungen haben durchaus ihre Bedeutung, da sie beispielsweise alternative Herstellungsprozesse widerspiegeln. Auf jeden Fall sollten Mehrdeutigkeiten ein und desselben Objektes dem System bekannt sein.

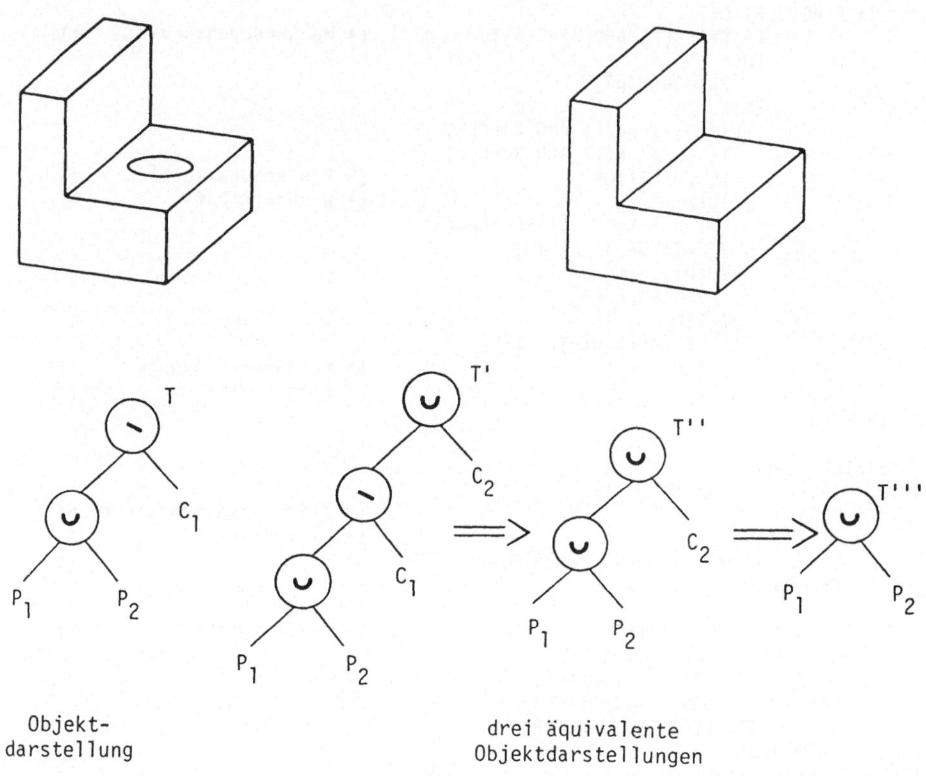

Abb. 5-23: Weglassen von 0-redundanten Primitiven.

Eine andere Problemstellung lautet, Nullobjekte ausfindig zu machen [Tilove 1984]. Ein *Nullobjekt* ist ein Objekt, dessen Konstruktionsbaum die leere Menge darstellt. Es ist natürlich auch hier nicht sinnvoll, redundante Darstellungen und im Extremfall sogar Darstellungen von Nullobjekten mitzuführen. Vielmehr sollte das Modelliersystem automatisch Redundanz beim Konstruktionsprozess erkennen und je nach Benutzerwunsch eliminieren.

Im folgenden geht es darum, Redundanz schrittweise aus dem Konstruktionsbaum zu entfernen. Sei T ein Objekt mit der Darstellung $T=tree(P_1,...,P_i,...)$. Wir bezeichnen mit 0 die leere Menge und mit X den ganzen Raum. Die Bezeichnung $T(P_i<-0)$ soll bedeuten, dass in der Darstellung T die Primitive P_i durch die leere Menge ersetzt werden kann, d.h. $T=tree(P_1,...,P_{i-1},0,P_{i+1},...)$. Eine Primitive P_i eines Objektes T heisst *0-redundant* nach Tilove, wenn $T=T(P_i<-0)$. Analog heisst eine Primitive P_i *X-redundant*, falls $T=T(P_i<-X)$.

Betrachten wir dazu als Beispiel das Objekt T in Abb. 5-23, welches modifiziert werden soll. Das Objekt T' entsteht, indem man das Zylinderloch C_1 mit dem Zylinder C_2 füllt. Im neuen Objekt T' erkennen wir C_1 als 0-redundant: Die Darstellung $T'=tree(P_1,P_2,C_1,C_2)$ lässt sich vereinfachen zu $T''=tree(P_1,P_2,0,C_2)$. Mit analoger Überlegung erhalten wir schliesslich $T'''=tree(P_1,P_2,0,0)=tree(P_1,P_2)$. Diese vereinfachte Darstellung stellt immer noch das Objekt T' dar.

Wenn alle Primitiven in einem Konstruktionsbaum redundant sind, dann repräsentiert der Konstruktionsbaum ein Nullobjekt. Unsere Aufgabe besteht darin, redundante Primitiven zu entdecken. Wir zeigen für den Fall $T \cap P_i=0$, dass P_i 0-redundant ist. Diese Eigenschaft erlaubt uns, Primitiven auf 0-Redundanz zu überprüfen. Zusätzlich folgt daraus direkt eine wichtige Aussage: Falls $T \cap P_i$ nicht die leere Menge darstellt, so kann T selbst nicht das Nullobjekt sein.

Sei T ein Objekt mit der Darstellung $T=tree(...,P_i,...)$ und der Eigenschaft $T \cap P_i=0$. Wir zeigen, dass P_i 0-redundant ist. Dazu betrachten wir die disjunkte Normalform von T, wobei Konjunktionen nicht innerhalb von Disjunktionen auftreten:

$$T = (P_i \cap T(P_i<-X)) \cup (\ast P_i \cap T(P_i<-0))$$

Das Objekt T ist in *disjunkter Normalform*, falls es als Summe eines Produkts von Primitiven und Primitivkomplementen dargestellt ist. Durch logisch äquivalente Umformungen lässt sich jeder Boolesche Ausdruck über Primitiven in die obige Normalform überführen, wobei wir die Differenz als Durchschnitt mit Komplementärmengen definieren. So kann man z.B. mit dem Distributivgesetz

$$(A \cup B) \cap C \quad \text{ist äquivalent zu} \quad (A \cap C) \cup (B \cap C)$$

einen Booleschen Ausdruck als Vereinigung von zwei Ausdrücken auffassen etc.

Setzen wir nun $T \cap P_i=0$ in die Normalform von T ein, so erhalten wir:

$$P_i \cap T(P_i<-X) = 0. \quad (\ast)$$

Wir setzen P_i als positiv voraus. Das positive oder negative Vorzeichen einer Primitiven P_i

ergibt sich aus der Anzahl Subtraktionen der Primitiven P_i im Konstruktionsbaum. Falls die Anzahl gerade ist, heisst die entsprechende Primitive positiv, anderenfalls negativ. Aus der Positivität der Primitiven P_i folgt, dass $T(P_i\langle\text{-}0)$ in T enthalten ist. Mit anderen Worten:

$$\begin{aligned} T &= T \cup T(P_i\langle\text{-}0) \\ &= (P_i \cap T(P_i\langle\text{-}X)) \cup (*P_i \cap T(P_i\langle\text{-}0)) \cup T(P_i\langle\text{-}0) \\ &= (P_i \cap T(P_i\langle\text{-}X)) \cup T(P_i\langle\text{-}0) \end{aligned}$$

Mit der Eigenschaft (*) und obiger Formel folgt die Behauptung $T=T(P_i\langle\text{-}0)$.

Basierend auf der 0-Redundanz positiver Primitiven und analog dazu der X-Redundanz negativer Primitiven lässt sich der folgende Algorithmus angeben:

```
Algorithmus 5-3
(* Vereinfachen von Konstruktionsbäumen nach [Tilove 1984]             *)

EINGABE:  P = {P1,...,Pn}               (* Konstruktionsbaum über      *)
                                        (* Primitiven Pi               *)
AUSGABE:  Q = {Q1,...,Qm}:              (* reduzierter Konstruktions-  *)
                                        (* baum mit m ≤ n über Qi      *)

ELIMINATE:
BEGIN
     FOR EACH Pi IN P DO
        CASE SIGN(Pi) OF
          Positive: IF Pi 0-REDUNDANT   (* Elimination 0-redundanter   *)
                    THEN                (* Primitiven                  *)
                       Qi := 0
                    ELSE
                       Qi := Pi
          Negative: IF Pi X-REDUNDANT   (* Elimination X-redundanter   *)
                    THEN                (* Primitiven                  *)
                       Qi := X
                    ELSE
                       Qi := Pi
        Q := Q + {Qi}                   (* reduzierter Konstruktions-  *)
      RETURN(Q)                         (* baum; eventuell Nullobjekt  *)
END (* Eliminate *)
```

Im Algorithmus 5-3 läuft das Evaluieren von 0-Redundanz resp. von X-Redundanz auf Schnittfragen hinaus. Wie wir gesehen haben, ist jede positive Primitive P_i mit einem leeren Durchschnitt mit dem Objekt T 0-redundant. Entsprechend gilt eine negative Primitive P_i als X-redundant, wenn sie im Konstruktionsbaum durch den ganzen Raum ersetzt werden kann.

5.6 Rekonstruktion von Polyedern

Eine klassische geometrische Problemstellung, vorwiegend aus dem Gebiet der Computervision ist die Rekonstruktion einer dreidimensionalen Szene aus einer Zeichnung. Zur Illustration dieser anspruchsvollen Aufgabe beschränken wir uns hier bewusst auf Zeichnungen und Darstellungen von Polyedern. Da eine Zeichnung meistens ein unvollständiges Drahtmodell repräsentiert, sind gemäss den Überlegungen aus dem Abschnitt 5.2 mehrere Interpretationen des physikalischen Objekts herleitbar. Immerhin lässt sich zeigen, dass man algorithmisch alle möglichen Polyederkanten aus einer Drahtmodelldarstellung bestimmen kann [Markowsky/Wesley 1980]. Um hingegen ein eindeutiges Objekt aus einer Zeichnung zu erhalten, müssen verschiedene Projektionen vorliegen. Die Zahl der nötigen Projektionen ist dabei von der Zahl der Kanten des Objekts abhängig [Shapira 1974]. Damit lässt sich ein Polyeder eindeutig aus einer hinreichend grossen Anzahl von Projektionen rekonstruieren [Markowsky/Wesley 1981].

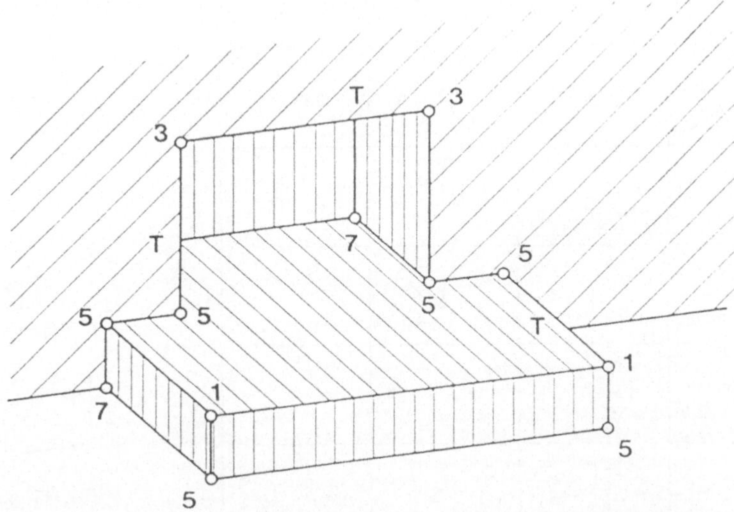

Abb. 5-24: Vier grundlegende Eckentypen 1, 3, 5, 7 und T-Gabelung bei einem offenen Kamin.

Als Beispiel zeigen wir einen vereinfachten Fall der Arbeiten von Huffman [Huffman 1971]. Darin werden unterschiedliche Typen von Ecken eines Polyeders aufgrund der Konvexität oder Konkavität der in diesen Ecken einlaufenden Kanten definiert. Eine Kante heisst *konvex*, wenn ihre beiden Nachbarflächen als Begrenzungsflächen des Polyeders einen spitzen Winkel bilden, anderenfalls heisst die Kante *konkav*.

Sei eine Zeichnung oder ein Zeichnungsausschnitt eines Polyeders gegeben. Wir setzen als Einschränkung zusätzlich voraus, dass beim Polyeder immer drei Kanten in den Ecken zusammenlaufen. Gemäss Abb. 5-24 existieren dann die folgenden Typen von Ecken:

- Typ 1: Drei konvexe Kanten treffen sich in dieser Ecke.
- Typ 3: Zwei Kanten sind konvex, die dritte ist konkav.
- Typ 5: Eine Kante ist konvex, zwei Kanten sind konkav.
- Typ 7: Alle drei Kanten sind konkav.

Die Ziffern bei der Typencharakterisierung drücken aus, wieviele Oktanten mit Material besetzt sind. Die drei Ebenen, welche eine Ecke definieren, unterteilen den Raum in Oktanten. Die Anzahl der Oktanten, die zum Inneren des Polyeders gehören, bestimmen damit den jeweiligen Eckentyp. Schliesslich wird die Notation "T" für eine nicht wirkliche Ecke des Polyeders, eine sogenannte T-Gabelung in der Zeichnung, eingeführt.

sichtbare Flächen / Ecken-typ	3	2	1
1	+ + +	+	
3	+ + –	+ + –	
5	– + –	– –	
7	– – –		

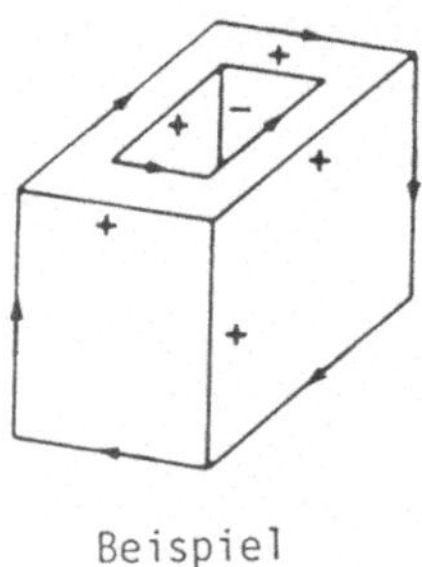

Abb. 5-25: Tabelle zur Typisierung der Ecken und zur Markierung der Kanten.

Neben der Typisierung der Ecken eines Polyeders kommt es auch darauf an, wo sich der Augenpunkt des Betrachters befindet. Zum Beispiel sind bei einer Ecke vom Typ 3 drei Oktanten mit Material besetzt; es müssen also fünf mögliche Positionen in den übrigbleibenden Oktanten studiert werden.

Wir versehen die Kanten einer Ecke mit Namen, wobei die folgende Regel gilt:

- Ein "+" charakterisiert eine konvexe Kante, für die beide Nachbarflächen sichtbar sind.
- Ein "-" charakterisiert eine konkave Kante, für die beide Nachbarflächen sichtbar sind.

Zusätzlich führen wir für diejenigen Kanten Pfeile ein, die als Grenzstrecken verdeckter Nachbarflächen auftreten (vergl. Konturkanten aus Abschnitt 2.5.2). Dabei wird die Richtung des Pfeils so gewählt, dass die sichtbare Fläche auf der rechten, die unsichtbare auf der linken Seite zu liegen kommt.

Zur Rekonstruktion einer Szene aus einer Zeichnung muss der zur Zeichnung gehörende Bildgraph mit "+", "-" und "←" markiert werden. Anhand des Katalogs der Abb. 5-25 lässt sich eine Grammatik definieren, mit welcher sich Szenen auf Korrektheit überprüfen lassen.

Es existieren auch Verfahren, die Kanten mittels Gradientenmethoden markieren [Sugihara 1982]. Diese eignen sich besonders zur Rekonstruktion von technischen Zeichnungen, um aus den Projektionen das eindeutige Objekt herzuleiten (siehe z.B. [Aldefeld 1983] oder [Preiss 1984]).

5.7 Berechnen von Volumeneigenschaften

Zur Berechnung von Volumeneigenschaften geometrischer Objekte wie Gewicht, Masse, Trägheit u.a. ist die Auswertung mehrfacher Integrale notwendig:

$$\int_O f(x,y,z)\, dV.$$

Bei der Theorie mehrfacher Integrale ist der Objektbereich O normalerweise einfach strukturiert (z.B. Würfel, Kugel etc.) und die Funktion f eine beliebige reellwertige Funktion. In unserem Fall hingegen stellt der Integrationsbereich meist ein kompliziertes Objekt dar, dafür sind die Funktionen einfach. Aus diesem Grunde ist man bestrebt, Objekte in Teilobjekte zu zerlegen und einfachere Einzelintegrale aufzusummieren [Lee/Requicha 1982]. Wir diskutieren im folgenden Methoden zur Integralberechnung bei verschiedenen Darstellungsformen:

Die parametrisierte Darstellung eines Objektes verlangt, Volumeneigenschaften ebenfalls in parametrisierter, falls möglich in geschlossener Form anzugeben. Da die Kombinationsmöglichkeit unterschiedlicher Objektfamilien sowieso wegfällt, ist diese Berechnung im Normalfall einfach.

Enumerationsverfahren und Zellenzerlegungen beschreiben ein Objekt O als Vereinigungsmenge identischer oder ähnlicher Objektzellen Z_i. Da die Zellen gegenseitig disjunkt sind, erhalten wir Volumeneigenschaften durch die Formel

$$\int_O f\, dV = \Sigma_i \int_{Z_i} f\, dV.$$

Die Einzelintegrale sind normalerweise einfach zu berechnen (z.B. bei einem Oktagonbaum) und aufzusummieren. Bei speziellen Kettenzerlegungen bedient man sich der Durchlauftechnik [Bieri/Nef 1983].

Die Randdarstellung ermöglicht die Anwendung des Gaussschen Divergenzsatzes, wonach zu jeder stetigen Funktion f(x,y,z) eine nicht notwendigerweise eindeutige Vektorfunktion g(x,y,z) mit div(g) = f existiert. Es folgt:

$$\int_O f\, dV = \int_O \mathrm{div}(g)\, dV = \Sigma_i \int_{F_i} g * n_i\, dF_i,$$

wobei F_i die Flächen des Objektes O bedeuten, n_i den Normalenvektor zu F_i beschreibt und dF_i das Flächendifferential darstellt. Falls die Flächenstücke F_i eben sind, ist die

Summe der Einzelintegrale einfach zu berechnen.

Schliesslich behandeln wir Volumeneigenschaften bei Objekten, welche durch einen Konstruktionsbaum über Primitiven gegeben sind. Aufgrund der Formel

$$\int_{A \cup B} f\,dV = \int_{A} f\,dV + \int_{B} f\,dV - \int_{A \cap B} f\,dV$$

$$\int_{A \setminus B} f\,dV = \int_{A} f\,dV - \int_{A \cap B} f\,dV$$

lassen sich Volumeneigenschaften eines Objektes rekursiv aus dem Konstruktionsbaum ableiten. Die obigen Formeln setzen natürlich voraus, dass zuerst das Integral über den Schnittkörper bestimmt wird. Mit diesem Ansatz berechnet [Sarraga 1982] Flächeninhalte, indem er im Konstruktionsbaum die Flächenanteile von Primitivkörpern aufsummiert.

Zusammenfassend lässt sich sagen: Volumeneigenschaften und andere integrale Eigenschaften lassen sich direkt aus den meisten Darstellungsformen bestimmen. Dabei können auch Konversionen zwischen Darstellungsformen vorgängig durchgeführt werden. Neuerdings gelangen Simulationsverfahren (z.B. Monte-Carlo Methode) zur Anwendung, wobei über eine zufällig gewählte, aber grosse Punktmenge aus dem Objektinneren summiert wird.

5.8 Standardvorschlag zur Geometrie

Ein Standardvorschlag mit dem Namen IGES ("Initial Graphical Exchange Specification") möchte ein allgemeines Format für Datenaustausch und -archivierung im CAD/CAM-Bereich definieren [Smith et al. 1983]. Darin werden die folgenden IGES-Objektarten unterschieden:

3D-Geometrie

- Punkt
- Linie
- Kreis
- Kegelschnitt
- Spline
- Spline-Fläche
- Interpolationsfläche
- Rotationsfläche
- Transformationsmatrix

Zeichnen

- Bemassung: Länge, Radien, Winkel
- Mittellinien
- Beschriftungen
- Schraffuren

Definitionen

- Linienarten
- Zeichensätze

Um die IGES-Schnittstelle zu gebrauchen, müssen Konvertierungen zwischen geometrischen Daten und dem IGES-Format vorgenommen werden. Dabei stellt sich die Schwierigkeit, mehrere Darstellungsformen für geometrische Objekte zu integrieren. Einige rechnergestützte Modelliersystmeme beschreiben z.B. räumliche Objekte im Drahtmodell, andere in der Flächen- oder Volumendarstellung. Bei der Übermittlung von geometrischen Objekten zwischen unterschiedlichen CAD/CAM-Systemen können deshalb Informationsverluste auftreten, da Konvertierungen zwischen verschiedenen Darstellungsformen teilweise gar nicht möglich oder mit grossem Aufwand verbunden sind.

6 Technisch-wissenschaftliche Anwendungen

Das technisch-wissenschaftliche Anwendungsgebiet für grafische und geometrische Methoden ist gross, es reicht von der Erstellung einfacher zweidimensionaler Zeichnungen bis zur Simulation von kollisionsfreien Roboterbewegungen. Wir haben in früheren Kapiteln immer wieder versucht, beim Beschreiben der einzelnen Datenstrukturen und Algorithmen motivierende Beispiele aus Anwendungen zu geben.

Abgesehen von technischen Errungenschaften bei den Geräten haben viele Anwendungen von der Entwicklung grafischer und geometrischer Methoden profitiert. Entwurf von integrierten Schaltungen, Auswertung von Satellitenbildern, Finite Elementberechnung oder Flugsimulationen sind ohne Informatikwerkzeuge nicht vorstellbar. Trotz diesen Erfolgen existieren noch einige geometrische Fragestellungen, die nicht oder unbefriedigend gelöst sind. Wir denken beispielsweise an die Integration von Text, Faksimile und geometrischer Grafik in technischen Zeichnungen und Dokumenten oder an den Aufbau einer Programmbibliothek mit geometrischen Algorithmen für zwei- und dreidimensionale Probleme.

Das Textbuch schliessen wir mit zwei Beispielen, um die praktische Bedeutung der grafischen und geometrischen Methoden zu illustrieren. Wir beschreiben ein zweidimensionales Problem aus dem geographischen Bereich und ein dreidimensionales aus dem Gebiet der rechnergestützten Konstruktion. Die Auswahl dieser Beispiele kann in keiner Weise das ganze Anwendungsspektrum abdecken, sie beruht vielmehr auf eigenen Erfahrungen und Arbeiten. Neben der Illustration der in früheren Kapiteln beschriebenen Methoden dienen diese beiden Anwendungen vor allem auch dazu, künftige oder schon begonnene Entwicklungstendenzen in den Gebieten *Geographische Systeme* und *Rechnergestützte Konstruktion* aufzuzeigen.

Im Abschnitt 6.1 erläutern wir die Anforderungen an ein geographisches Informationssystem. Konkret beschreiben wir die Datenstruktur und wichtige Manipulationen beim Parzellenplan, wobei das Schwergewicht auf konsistenzerhaltenden Operationen liegt. Der Abschnitt 6.2 führt in das Gebiet der rechnergestützten Konstruktion. Wir untersuchen für verschiedene Konstruktionsschritte Kriterien zum längerfristigen Speichern von geometrischen Objekten, um diese in künftigen Anwendungen ohne grossen Aufwand bereitstellen zu können.

6.1 Geographische Systeme

Präzise Angaben über die Geometrie von Landflächen sowie über deren Eigenschaften und Nutzung liegen von je her im öffentlichen Interesse. Während bis vor wenigen Jahren Vermessungsergebnisse fast ausschliesslich in Plänen und Karten in analoger Form niedergelegt wurden, hat neuerdings die digitale Darstellung von Geländedaten in rechnergestützten Datensammlungen zentrale Bedeutung gewonnen (siehe Übersichtsarbeiten von [Nagy/Wagle 1979] und [Chang 1981]).

Der vorliegende Abschnitt behandelt geometrisch-geographische Fragestellungen. Die Daten solcher Anwendungen nennen wir *flächenbezogen* [Meier 1982], da der räumliche Zugriff über die x- und y-Koordinaten erfolgt. Die dritte Dimension (Höhe) spielt zwar ebenfalls eine wichtige Rolle (z.B. bei einem Geländemodell), ist aber im Vergleich zu den x- und y-Koordinaten ein sekundäres Merkmal. Die gesonderte Behandlung der dritten Raumdimension ist typisch für flächenbezogene Daten.

6.1.1 Abstraktionsschritte bei flächenbezogenen Daten

Der Aufbau eines geographischen Informationssystems verlangt mehrere Abstraktionsschritte [Meier/Zehnder 1980], die gewisse Abweichungen von der Realität zur Folge haben.

Reduktion auf zwei Dimensionen:

Die dreidimensionale Welt wird durch eine Projektion auf ein zweidimensionales Modell (z.B. Karte) abgebildet. Dreidimensionale reale Objekte werden auf Flächen projiziert; Höhen können dabei angeschrieben und so als Daten weiterhin indirekt dargestellt werden.

Diskretisierung des Kontinuums:

Eigenschaften des kontinuierlichen Raums müssen durch endlich viele diskrete Elemente dargestellt werden. Dazu sind zwei grundsätzliche Methoden gebräuchlich, nämlich die Raster- und die Vektordarstellung.

In der *Rasterdarstellung* (Abb. 6-1) wird ein Gebiet mit einem gleichförmigen Netz von Einheitsflächen überdeckt. Ein geographisches Merkmal wie z.B. Niederschlag wird für jedes Quadrat einzeln als Datenwert erfasst. Zweidimensionale Objekte (Nutzungsflächen,

Seen etc.) lassen sich im Rastermodus sehr leicht beschreiben, während eindimensionale Objekte (Grenzen, Verkehrslinien, Flüsse etc.) schwieriger darzustellen und zu bearbeiten sind. Punkte können einfach Rasterpunkten zugeordnet werden, wobei die Genauigkeit durch die Rasterweite festgelegt ist.

Die Struktur der Rasterdaten zeigt, dass die meisten topologischen Eigenschaften *implizite* gegeben sind [Peucker 1978]: Ordnungs-, Nachbarschafts- oder Zusammenhangseigenschaften müssen normalerweise nicht zusätzlich abgespeichert werden, sie lassen sich direkt aus den jeweiligen Pixeln und Nachbarpixeln herauslesen oder berechnen (vergl. direkte und indirekte Nachbarn aus Abschnitt 2.3.2). Aus diesem Grund sind viele flächenbezogene Konsistenzprobleme direkter und teilweise einfacher zu lösen. Dank der Ordnung der Pixel innerhalb der Matrix der Rasterdaten müssen auch die Koordinaten nicht punktweise geführt werden, sondern nur einmal pro Matrix. Andererseits beansprucht die reine Rasterstruktur viel Speicherplatz, weshalb kompaktere und flexiblere Darstellungen entwickelt wurden [Samet 1984].

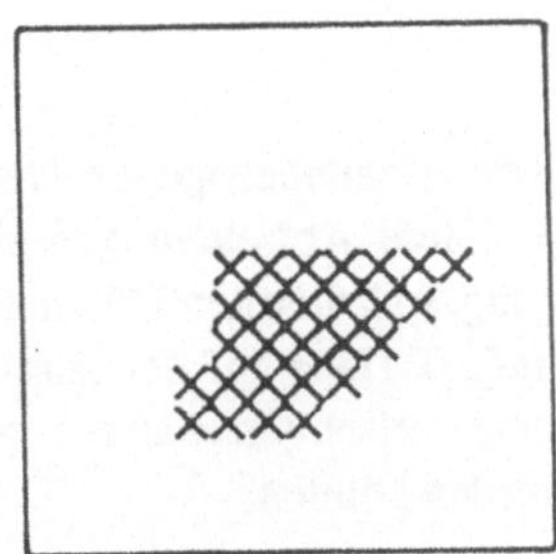

Rasterdarstellung

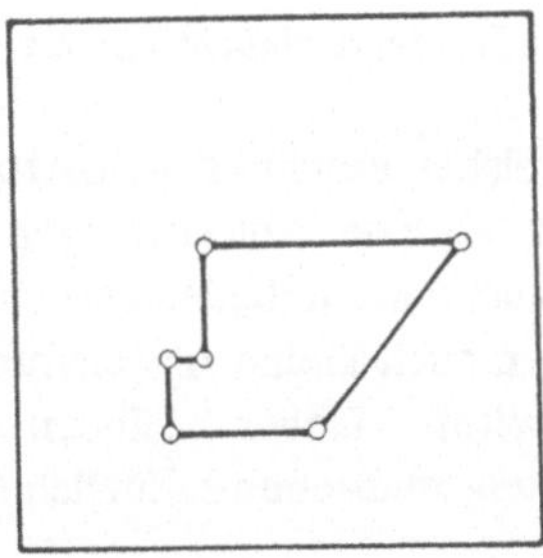

Vektordarstellung

Abb. 6-1: Zwei wichtige Darstellungsformen für flächenbezogene Daten.

Eine zweite Art der Diskretisierung von flächenbezogenen Daten heisst *Vektordarstellung* (Abb. 6-1). Diese umschreibt die Flächen durch ihre Umrisse, definiert Linien durch Streckenzüge und erfasst Punkte exakt. Die Vektordarstellung entspricht der Randdarstellung (vergl. z.B. Abschnitt 5.4), da Objekte durch ihren Rand erfasst werden. In einem geographischen Informationssystem beschreibt man beispielsweise eine Parzelle in einem Grundbuchplan durch die Angabe der Eckpunkte in Koordinatenform und der zugehörigen Grenzstrecken. Die Vektordarstellung erlaubt eine saubere Trennung zwischen punkt-, linien- und flächenartigen Elementen und lässt dabei keine Interpretationsfragen offen. Im Gegensatz zu Rasterdaten müssen bei Daten in Vektorform die topologischen Beziehungen *explizite* angegeben werden.

Generalisierung:

Viele Objekte der realen Welt werden nach dem Abbildungsprozess zusätzlich "generalisiert", d.h. durch Symbole oder Begriffe unter Verzicht auf ihre exakten Abmessungen repräsentiert. Flächen mit verschwindend kleinem Inhalt lassen sich z.B. durch Punkte, langgezogene Flächen durch Linien (Strassen, Bäche etc.) verallgemeinern.

Digitalisierung:

In tabellarischen Darstellungen (Registern) und insbesondere beim Einsatz eines rechnergestützten Systems müssen die flächenbezogenen Daten digitalisiert werden. Dieser Prozess ist oft mit einer Dimensionsänderung verbunden; ein Haus wird z.B. je nach Anwendungssicht durch einen Punkt, eine Linie oder eine Fläche dargestellt. Dabei dürfen bei der Digitalisierung die räumlichen Beziehungen nicht wesentlich verändert werden.

Innere Zusammenhänge, topologische Eigenschaften:

Alle bisher beschriebenen Arbeitsschritte zur Gewinnung von flächenbezogenen Daten haben gewisse Abweichungen von der Realität zur Folge. Diese Abweichungen sind normalerweise unbedeutend und ohne Folgen für die Benutzung. In kritischen Fällen aber können auch kleine Abweichungen Wesentliches verfälschen (z.B. Haus auf der falschen Bachseite). Daher müssen wichtige Eigenschaften wie Nachbarschafts- oder Ordnungsrelationen zusätzlich festgehalten und überwacht werden können.

Verwendung der Daten, Definition eines Satzes von Operationen:

Die Bereitstellung der Daten allein genügt für eine künftige Verwendung nicht, es muss auch ein geeigneter Satz von Operationen auf diesen Daten definiert werden (z.B. Schnittbildung, Flächenberechnung, Prüfung auf Inklusion etc.). Dabei ist festzulegen, welche Objekte zulässig sind und welche Wirkung die Operationen erzeugen (z.B. Schnitt einer Parzellengrenze mit einer Höhenkurve).

6.1.2 Flächenbezogene Objekte und Beziehungen

Als grundlegende flächenbezogene Objektmengen führen wir PUNKT, LINIE und FLÄCHE ein. Diese Mengen umfassen null-, ein- und zweidimensionale geometrische Objekte, welche je nach Anwendung und gewählter Digitalisierungsmethode eine eigene Bedeutung haben und bei Bedarf auch weiter strukturiert werden können.

0-dimensional:

PUNKT	Beispiele: Grenzpunkt einer Parzelle, Triangulationspunkt, Anfangspunkt einer Strecke, Schwerpunkt einer Nutzungsfläche, Eckpunkt eines Vielecks etc.

1-dimensional:

LINIE	Beispiele: Grenzlinie, Teilstück eines Wasserlaufs, Seeufer, Strasse oder Strassenrand, Telefonleitung etc.

Wichtige Spezialfälle von Linien:

STRECKE	Kürzeste Verbindung zweier Punkte
STRECKENZUG	Kette aus endlich vielen Strecken
NETZ	Netz aus endlich vielen Strecken
KREISBOGEN	Ausschnitt einer Kreislinie

2-dimensional:

FLÄCHE	Beispiele: Region, Nutzungsfläche, Grundbuchplan, Strasse, See, Gewässer, Bauzone etc.

Wichtige Spezialfälle von FLÄCHEN:

GEBIET	Ausgezeichnete Fläche
PARZELLE	Vermessungsamtlich ausgezeichnete Fläche
POLYGON	Fläche, begrenzt durch geschlossenen Streckenzug
STRASSE	Streckenzug mit Eigenbreite

Wichtige Gesamtdarstellungen:

PLAN	Abbild von Vermessungsresultaten in den Massstäben 1:1 bis ca. 1:50'000
KARTE	Kartographische Ausdrucksform mit Massstäben kleiner als ca. 1:20'000

Die Objektmengen PUNKT, LINIE und FLÄCHE und deren gegenseitigen Beziehungen werden in Abb. 6-2 veranschaulicht. Anhand dieser Schematik diskutieren wir im folgenden die Beziehungen unter flächenbezogenen Daten.

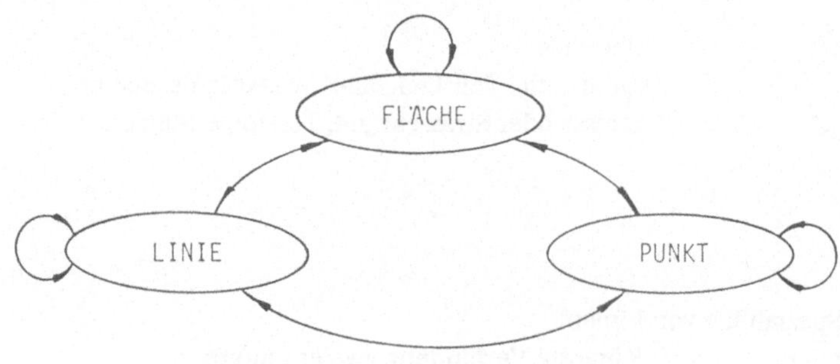

Abb. 6-2: Beziehungsnetz flächenbezogener Daten.

PUNKT-PUNKT-Beziehungen:

Ein zentrales Problem bildet die Auswahl eines Koordinatensystems und die Wahl der Bezugspunkte, wobei einfache Massstabsveränderungen oder beliebige Koordinatentransformationen unterstützt werden müssen. Betrachtet man zwei einander sehr nahegelegene Punkte, so stellt sich die Frage ihrer Identität. Dazu ist ein geeignetes Abstandkriterium nötig; in der Parzellarvermessung werden beispielsweise Toleranzklassen gewählt, welche über die Vermessungsgenauigkeit Aufschluss geben.

PUNKT-LINIE-Beziehungen:

Hier bildet die Liniendarstellung das Kernproblem. Vernünftigerweise wird eine Linie durch einen Streckenzug oder eine Punktfolge approximiert. In der Praxis treten verschiedene Darstellungsformen auf: In der Parzellarvermessung werden zuerst die Eckpunkte fixiert und darauf Polygonzüge berechnet (hohe Genauigkeit), beim Digitalisieren ab Karte oder beim Verarbeiten von Luftbildern interpretiert man Liniengebilde als Punktfolgen. Wichtige Fragestellungen betreffen geometrische und topologische Eigenschaften: Welches ist ein geeignetes Abstandskriterium, auf welcher Seite der Linie liegt der Punkt etc.? Um diese Eigenschaften zu bestimmen, bedient man sich der früher dargelegten geometrischen Algorithmen.

LINIE-LINIE-Beziehungen:

Es muss möglich sein, zwei Linien auf Identität zu prüfen. Diesen Nachweis kann man auf die analoge Fragestellung bei Punkten zurückführen, da sich Linien durch endlich viele Punkte approximieren lassen. Ein weiteres Problem taucht auf, wenn Linien über weite Distanzen führen - hier muss Kontinuität an den Gebietsgrenzen garantiert bleiben. Schliesslich bilden Vereinigung und Durchschnitt wichtige Operationen bei Linien.

PUNKT-FLÄCHE- bzw. LINIE-FLÄCHE-Beziehungen:

Ein Fläche kann durch eine Pixelmenge (Bildverarbeitung) oder durch einen geschlossenen Streckenzug (Kartographie, Parzellarvermessung) dargestellt werden, wobei man mehr oder weniger generalisiert. Topologische Eigenschaften wie Inklusion von Punkten oder Linien in Flächen (vergl. z.B. Abschnitt 3.4) und Nachbarschaftsfragen (z.B. Postamtproblem aus Abschnitt 3.7) lassen sich durch geometrische Algorithmen behandeln.

FLÄCHE-FLÄCHE-Beziehungen:

Wichtige Flächenoperationen sind Durchschnitt und Vereinigung. Dabei müssen normalerweise Nachbarschaftsbeziehungen geändert und nachgeführt werden. Der Flächeninhalt ist eine nützliche geometrische Masszahl und kann z.B. mit der Durchlauftechnik (aus Abschnitt 3.6.2) berechnet werden. Verschiedene Flächen können zusätzlich in einer hierarchischen Beziehung zueinander stehen oder mehrfach zusammenhängend sein (Enklaven). Diese hierarchischen und topologischen Eigenschaften müssen abhängig von der Darstellungsart (vergl. Abb. 6-1) verwaltet werden.

6.1.3 Strukturbeschreibung eines Parzellenplans

Das Anwendungsbeispiel beschränkt sich auf einige wesentliche Teile der Parzellarvermessung und geht von Vermessungsfixpunkten aus. Diese werden durch Winkel- und Distanzmessungen in feinmaschigen Triangulationsnetzen bestimmt. Eine weitere Verdichtung erfolgt durch das Ausmessen von Polygonzügen (Streckenzüge zwischen zwei Triangulations- oder Polygonpunkten). Diese Polygonzüge dienen der

Detailaufnahme von Grenzpunkten mittels polarer Aufnahme (optische Winkelmessung und elektronische Distanzmessung). Zu den Vermessungspunkten gehören ferner auch präzisionsnivellierte oder trigonometrisch bestimmte Höhenfixpunkte.

Gegenstände der Parzellarvermessung sind:
- Vermessungsfixpunkte
- Grenzen (Hoheits-, Eigentums-, Dienstbarkeitsgrenzen)
- Bauten
- Strassen und Wege
- Eisenbahnen
- Gewässer und Wasserbauten
- Kulturarten und Bodenoberfläche (z.B. Steinbruch, Höhle, Lawinenzüge u.a.)

Im Gelände werden Fixpunkte und Grenzpunkte durch Steine, Bolzen, Kunststoffmarken oder in Fels gehauene Kreuze vermarkt.

Zur Parzellarvermessung gehören ferner die Berechnung der Flächeninhalte der Grundstücke und Kulturarten, sowie diverse Register und Tabellen (Liegenschaftenverzeichnis, Eigentümerregister etc.). Die Brauchbarkeit eines Vermessungswerkes hängt von einer sauberen und vollständigen Nachführung ab. Die Bedeutung der *Konsistenz flächenbezogener Daten* [Meier/Ilg 1982] kann in der Parzellarvermessung kaum überschätzt werden. Es bestehen heute Bestrebungen, die amtliche Vermessung inklusive Rechtsgrundlagen und Organisation zu reformieren, um die Nachführung eines Grundbuchplanes und der darauf aufbauenden Werke mit Informatikhilfsmitteln zu betreiben. Die folgenden Kriterien sind wichtig:

- Juristische Verankerung des öffentlichen und zivilen Rechts bezüglich raumbezogener Informationssysteme.
- Zuverlässigkeit der vorhandenen organisatorischen Strukturen auf Privat- und Verwaltungsebene, insbesondere aktuelle Nachführung, unabhängige Prüfung (Verifikation) und Dauerhaftigkeit.
- Erweiterung der volkswirtschaftlichen Bedeutung der Planwerke, Vergrösserung des Informationsumfangs, öffentlicher Zugang unter Berücksichtigung des Datenschutzes.

Aus der Aktualität der Problemstellung und aus der Bedeutung der Datenkonsistenz flächenbezogener Daten stellen wir den Parzellenplan ins Zentrum unserer Betrachtung. Dabei beschränken wir uns bewusst auf die geometrische und topologische Grundstruktur.

Ein Parzellenplan ist eine Partition der Ebene, d.h. vollständig überdeckt mit gegenseitig disjunkten Polygonflächen. Jede Parzelle setzen wir als einfach zusammenhängende

Fläche voraus, obwohl in der Realität mehrfach zusammenhängende Flächen (z.B. bei Enklaven) vorkommen. Die Flächengrenzen beschreiben wir durch Streckenzüge, Kreisbogen sind der Einfachheit halber in unserem Beispiel nicht vorgesehen. An jede Grenzstrecke stossen zwei, in jedem Grenzpunkt kommen mehrere Nachbarflächen zusammen. Wir verzichten auf eine Strukturierung der Parzellenfläche und klammern Bauten, Gewässer oder Kulturarten ebenfalls aus. Diese Abstraktion des Anwendungsbeispiels ist in der Praxis unzulässig, doch lässt sich der Ansatz ohne weiteres verfeinern [Meier 1982].

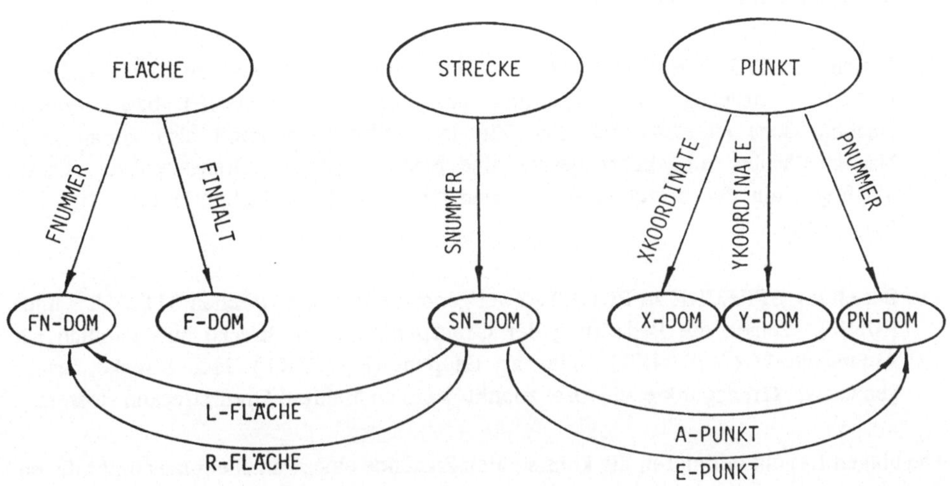

Abb. 6-3: Vereinfachter Strukturgraph eines Parzellenplans.

Der Strukturgraph aus Abb. 6-3 beschreibt die konsistenten Zustände eines Parzellenplans. Dabei repräsentieren die Knoten flächenbezogene Objektmengen oder zugehörige Wertebereiche. Die Kanten beschreiben entweder Merkmale oder sie drücken Beziehungen zwischen verschiedenen Objektmengen aus. So zeigt im obigen Beispiel die Menge STRECKE auf ihr Merkmal SNUMMER mit je zwei Beziehungen zu PUNKT resp. FLÄCHE.

Ein Parzellenplan heisst *konsistent*, falls er den folgenden sechs vereinfachten Bedingungen genügt:

Z1) Ein Parzellenplan besteht aus den drei Objektmengen FLÄCHE, STRECKE und PUNKT.

Z2) FLÄCHE: Eine Fläche umfasst die Merkmalswerte Flächennummer (FNUMMER) und Flächeninhalt (FINHALT).

Z3) PUNKT: Ein Punkt ist durch eine Punktnummer (PNUMMER) und die x- und y-Koordinaten (XKOORDINATE resp. YKOORDINATE) definiert.

Z4) STRECKE: Eine Strecke ist durch eine Streckennummer (SNUMMER) definiert und drückt mehrere Beziehungen aus, zwei bezüglich der Flächennummer und zwei bezüglich der Punktenummer.

Z5) Beziehung STRECKE zu FLÄCHE: Zwei gerichtete Kanten zwischen STRECKE und FLÄCHE drücken die Beziehung der linken (L-FLÄCHE) bzw. rechten Nachbarfläche (R-FLÄCHE) aus. Zu jeder Strecke gehören also genau zwei Nachbarflächen, umgekehrt besitzt eine Fläche mehrere Grenzstrecken. (Diese Mächtigkeiten der Beziehungstypen sind der Einfachheit halber in der Abb. 6-3 weggelassen).

Z6) Beziehung STRECKE zu PUNKT: Zwei gerichtete Kanten zwischen STRECKE und PUNKT zeigen die Bedeutung der Grenzpunkte einer Strecke auf, nämlich als Anfangspunkt (A-PUNKT) oder als Endpunt (E-PUNKT). Jede Strecke besitzt genau zwei Grenzpunkte, ein Grenzpunkt kann an mehrere Grenzstrecken stossen.

Die obigen Regeln definieren die konsistenten Zustände eines Parzellenplans und müssen deshalb jederzeit garantiert bleiben.

6.1.4 Konsistenzerhaltende Operationen

Für den vereinfachten Parzellenplan ergibt sich eine übersichtliche Anzahl von Operationen, zusammengefasst in den folgenden sechs Regeln:

O1) INITIALISIEREN: Eine Planfläche wird durch die Angabe von vier Eckpunkten und den entsprechenden Grenzstrecken initialisiert. Um Nullwerte auszuschliessen, wird bei einem im Gegenuhrzeigersinn orientierten Plan die rechte Flächennummer jeder äusseren Grenzstrecke z.B. mit der Plannummer des anstossenden Parzellenplans versehen.

O2) STRECKENTEILEN: Diese Teilungsregel der Dimension 1 erzeugt aus einer vorgegebenen Strecke zwei neue Strecken mit Hilfe eines inneren Streckenpunktes.

O3) STRECKENVEREINEN: Die Vereinigungsregel der Dimension 1 gilt nur für zusammenhängende Strecken, welche die gleiche Richtung aufweisen (möglicherweise verschieden orientiert). Die beiden Strecken werden vereinigt, indem man den gemeinsamen Punkt löscht.

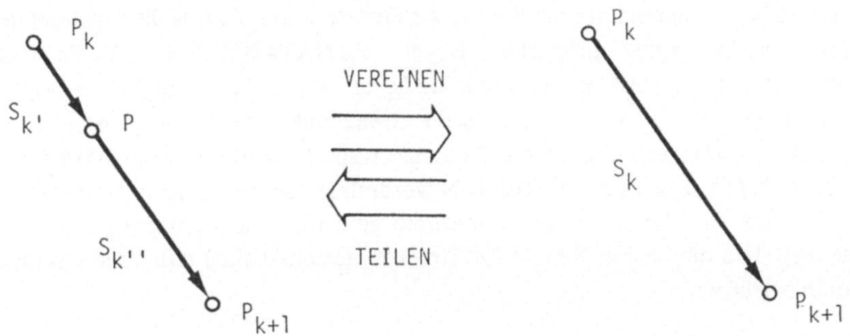

Abb. 6-4: Regeln der Dimension 1.

O4) FLÄCHENTEILEN: Die Teilungsregel der Dimension 2 trennt eine Fläche längs einer im Inneren verlaufenden Trennlinie zwischen zwei bestehenden Randpunkten.

O5) FLÄCHENVEREINEN: Die Vereinigungsregel der Dimension 2 kombiniert zwei Flächen mit einer gemeinsamen Trennlinie zu einer neuen, einfach zusammenhängenden Fläche. Die Grenzstrecken und die inneren Grenzpunkte der Trennlinie werden dabei gelöscht.

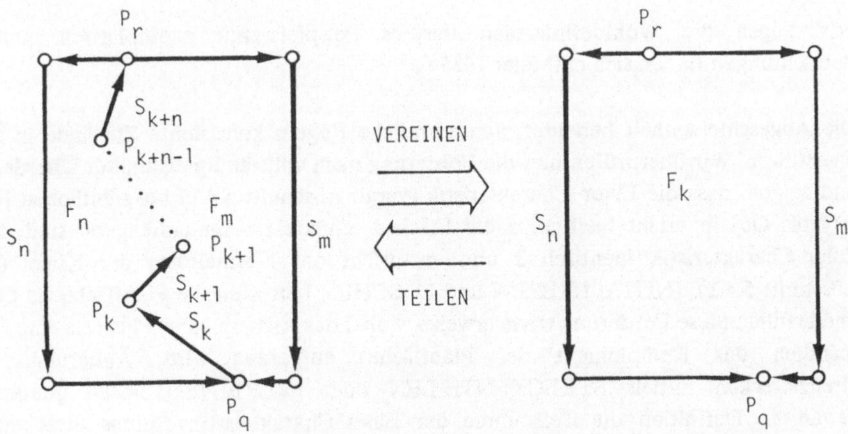

Abb. 6-5: Regeln der Dimension 2.

O6) LOESCHEN: Diese Regel ist für Pläne mit genau einer Fläche zulässig und löscht die entsprechenden Grenzstrecken und -punkte.

Im gewählten Beispiel konzentrieren wir uns auf einen minimalen, aber vollständigen Satz von Regeln. Beispielsweise gibt es keine selbständige Regel, welche ausschliesslich auf der Menge PUNKT operiert, da die Punkte als Grenzpunkte nicht isoliert betrachtet werden dürfen. Auch eine mögliche Regel PUNKTÄNDERN (Veränderung der Punktkoordinaten) wird in unserem Beispiel wegen der möglichen topologischen Auswirkungen nicht zugelassen. Da wir die Grenzpunkte bei den Regeln der Dimension 1 als kollinear voraussetzen, muss der Teilungs- resp. der Verbindungspunkt bei den Regeln STRECKENTEILEN und -VEREINEN vordefinierten Genauigkeitskriterien bezüglich des Abstands von der jeweiligen Grenzlinie genügen. Die Forderung der Kollinearität garantiert, dass die beiden Regeln für Strecken ausschliesslich null- und eindimensionale Objekte betreffen.

Das vereinfachte Beispiel zur konsistenten Nachführung eines Parzellenplans genügt dem folgenden Satz:

KONSISTENZTHEOREM

Für die durch die Bedingungen Z1) bis Z6) definierten konsistenten Zustände und die darauf bezogenen Regeln O1) bis O6) gilt die folgende Aussage: Jede Regel überführt einen konsistenten Zustand in einen konsistenten Zustand (Abgeschlossenheit oder Konsistenzerhaltung). Umgekehrt kann jeder konsistente Zustand erzeugt werden (Vollständigkeit oder Konsistenzerzeugung).

Wir zeigen die Wohldefiniertheit unseres Beispiels nur exemplarisch, genauere Betrachtungen finden sich in [Meier 1985a]:

Die Abgeschlossenheit bedeutet, dass sämtliche Regeln konsistente Zustände in solche überführen. Wir überprüfen hier die Forderung nach vollständig disjunkter Überdeckung und zeigen, dass die Euler-Charakteristik (vergl. Abschnitt 5.4.1) bei sämtlichen Regeln O1) bis O6) invariant bleibt. Da die Flächen einfach zusammenhängend sind, ist die Euler-Charakteristik identisch 2 und entspricht der Normalform der Kugel (vergl. Abschnitt 5.4.1). INITIALISIEREN und LÖSCHEN betreffen die Planfläche als Ganzes und erfüllen diese Forderung trivialerweise, wobei das Äussere eines Plans als eine Fläche (nämlich das Komplement der Planfläche) aufgefasst wird. Änderungen von Grenzstrecken mittels STRECKENTEILEN oder -VEREINEN lassen gemäss der gewählten Definition die Teilsumme der Euler-Charakteristik "minus Strecken plus Punkte" identisch Null und genügen der Normalform der Kugel. Analoges gilt für

FLÄCHENTEILEN und -VEREINEN: Besteht die Trennlinie aus einer einzigen Trennstrecke, so bleibt die Teilsumme von "plus Fläche minus Strecke" identisch Null. Falls n Strecken zur Trennlinie gehören, so besteht dank den n-1 inneren Punkten Invarianz.

Zur Vollständigkeit muss gezeigt werden, dass jeder konsistente Zustand mit einer Regel produziert werden kann. Als Verankerung für eine vollständige Induktion über Knoten und Kanten eines konsistenten Zustandes gilt die Regel INITIALISIEREN. Nehmen wir nun an, ein konsistenter Zustand Z genüge den Regeln Z1) bis Z6). Wir können dann einen konsistenten Zustand Z' mit weniger Knoten und Kanten wie folgt finden: Wir wählen einen Knoten S_k; da Z konsistent ist, existieren zwei Flächen F_n und F_m als linke und rechte Nachbarflächen von S_k. Mit Hilfe der konsistenzerhaltenden Regel FLÄCHENVEREINEN überführen wir Z in einen konsistenten Zustand Z' mit weniger Knoten und Kanten. Z' genügt der Induktionsvoraussetzung und der Übergang von Z' nach Z geschieht mit der inversen und konsistenzerhaltenden Regel FLÄCHENTEILEN.

6.1.5 Kontextbedingungen beim Ändern von Parzellen

Bis jetzt haben wir die konsistenten Zustände eines Parzellenplans durch Graphen beschrieben und die zugehörigen Operationen mit sogenannten Graphersetzungsregeln ausgedrückt. Jede Regel besteht aus einem linken und rechten Graphen und einer Ersetzungsvorschrift. Durch die informell eingeführte Notation lassen sich die Kontextbedinungen der Regeln auf anschauliche Art freilegen. Diese garantieren, dass die Konsistenzbedingungen Z1) bis Z6) jederzeit erfüllt bleiben. Betrachten wir dazu als Beispiel die Regel FLÄCHENVEREINEN.

Der linke Graph von FLÄCHENVEREINEN zeigt sämtliche Bedingungen für die konsistente Vereinigung der beiden Flächen F_n und F_m. Diese sind in der Zeichnung schematisch hervorgehoben und lauten wie folgt:

- Die beiden Flächen F_n und F_m müssen existieren.
- Die beiden Flächen F_n und F_m müssen mindestens eine gemeinsame Grenzstrecke aufweisen. Somit existiert mindestens ein Knoten S_k, welcher je eine Kante zu den Knoten F_n und F_m besitzt.
- Die Trennlinie $S_k,...,S_{k+n}$ der beiden Flächen F_n und F_m muss einfach zusammenhängend sein. In unserer Notation bedeutet dies, dass die inneren Punkte $P_k,...,P_{k+n-1}$ genau zwei eingehende Kanten markiert durch A-PUNKT resp. E-PUNKT von den einzelnen Strecken $S_k,...,S_{k+n}$ erhalten. Dabei muss die Anzahl der inneren Punkte um eins kleiner sein als die Anzahl der Trennstrecken, d.h. vom Knoten

der Trennstrecke S_k ausgehend können sämtliche Knoten der inneren Punkte und Trennstrecken alternierend durch einen zusammenhängenden Weg besucht werden.

- Die inneren Punkte der Trennlinie müssen genau an die beiden Flächen F_n und F_m stossen. Die Knoten der inneren Punkte dürfen somit keine ausgehenden Kanten zu anderen Flächen ausser F_n und F_m aufweisen.

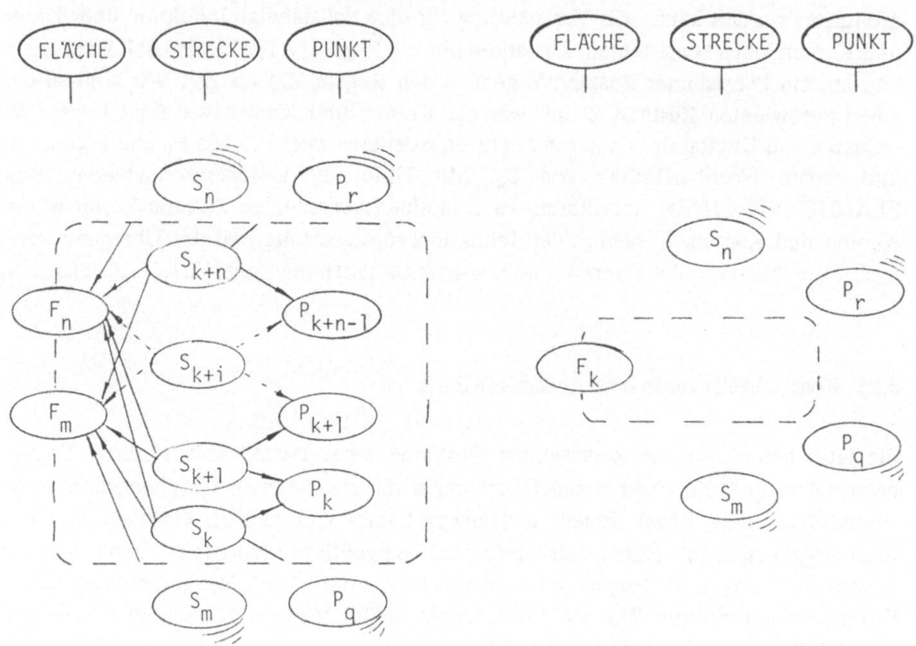

Abb. 6-6: Kontextbedingungen der Regel FLÄCHENVEREINEN.

Werden die aufgeführten Bedingungen verletzt, so ist die Konsistenz des Parzellenplans als Partition von einfach zusammenhängenden Flächen nicht mehr garantiert. In der Abb. 6-7 illustrieren wir, welche möglichen Inkonsistenzen beim Vernachlässigen der Kontextbedingungen entstünden.

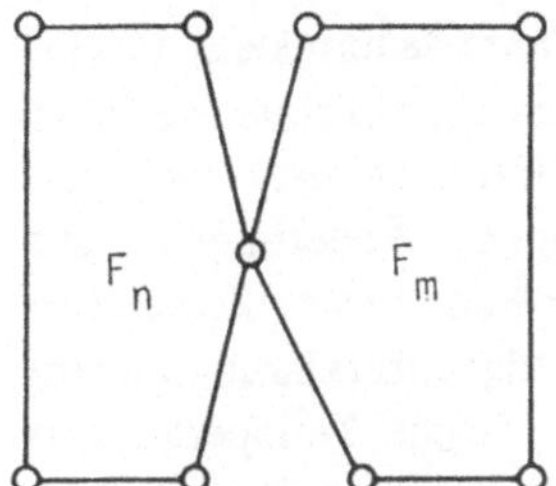

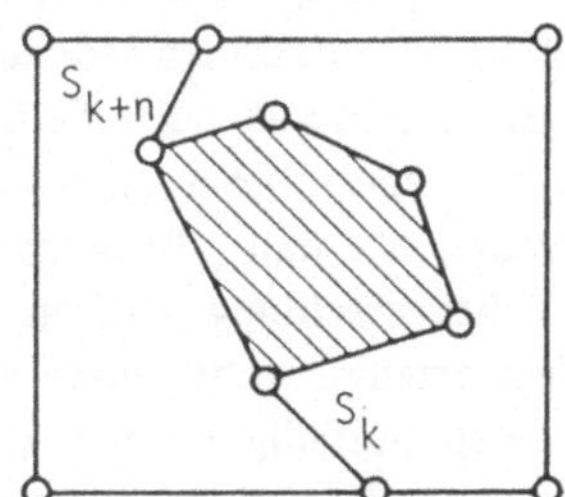

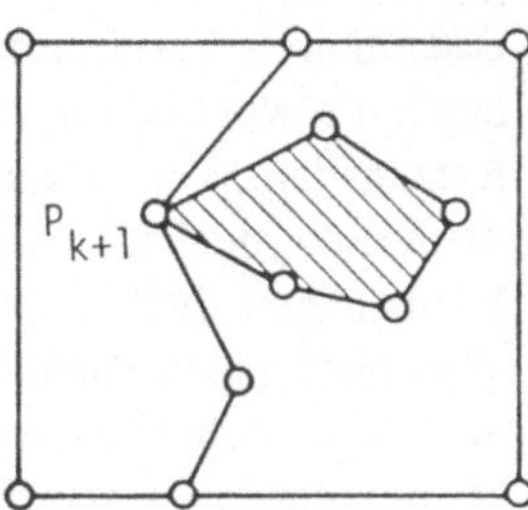

Abb. 6-7: Inkonsistenzen beim Vereinen von Parzellenflächen.

Analoge Bedingungen müssen bei der inversen Operation FLÄCHENTEILEN für die Fläche F_k erfüllt sein. Insbesondere müssen bei der Definition der neuen Trennlinie alle Strecken vollständig im Inneren der Fläche F_k verlaufen: Erstens müssen die vom Benutzer eingegebenen Punkte der Trennlinie im Inneren von F_k liegen (Punkt-im-Polygon-Test aus Abschnitt 3.4.1), zweitens darf keine Trennstrecke den Rand von F_k ausser in den Punkten P_q und P_r schneiden und schliesslich ist es untersagt, dass die Trennlinie sich selbst schneidet. Diese drei Bedingungen werden in der Abb. 6-8 veranschaulicht.

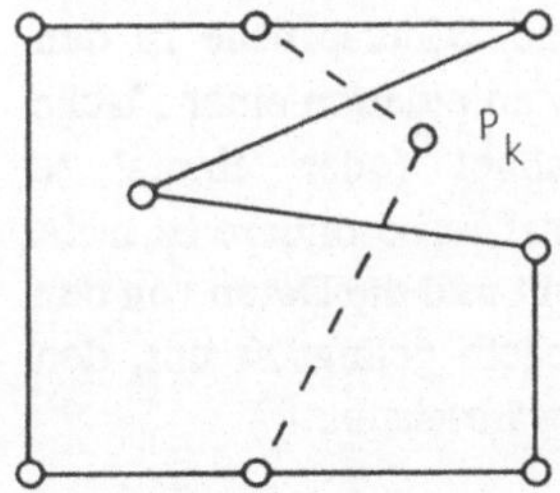

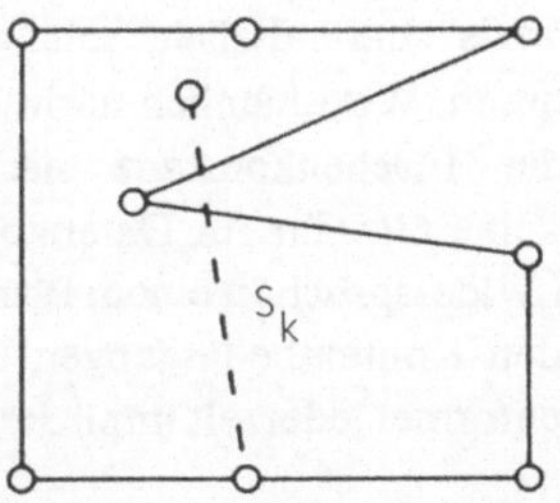

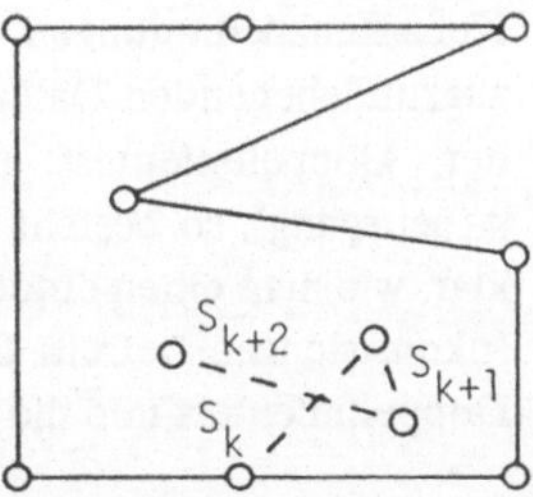

Abb. 6-8: Inkonsistenzen beim Teilen von Parzellenflächen.

Das Überprüfen der Kontextbedingungen kann bei einem geographischen System mit umfangreichen Daten aufwendig sein. Aus diesem Grund gelangen die früher diskutierten effizienten Datenstrukturen und Algorithmen zur Anwendung. Gleichzeitig erweitert man existierende Datenbanksysteme zur konsistenten Verwaltung von flächenbezogenen Daten, siehe z.B. [Lorie/Meier 1984].

Ein heikles Abhängigkeitsproblem kann sich ergeben, wenn mehrere Parzellenflächen gleichzeitig verändert werden. Die Zeit spielt dabei eine besondere Rolle, weil eine Operation im Vermessungswesen unter Umständen Monate bis Jahre dauern kann. Es gilt, laufend sowohl den rechtsgültigen Zustand als auch die in Arbeit befindlichen Parzellen festzuhalten. Die Praxis hilft sich hier durch eine klare Unterscheidung zwischen vermessungstechnischen Operationen und buchungsmässigen Änderungen mit Rechtsfolgen. Erst nach einer Vollzugsmeldung wird ein neuer konsistenter Zustand in allen abhängigen Parzellenflächen erzeugt, wobei durch die Gültigkeitserklärung andere in Arbeit befindlichen Operationen hinfällig werden können. Solche Teiloperationen können parallel ausgeführt werden; in [Meier 1985a] zeigen wir in einem Theorem zur Unabhängigkeit, welche Regeln gleichzeitig oder in beliebiger Reihenfolge zugelassen sind.

Das Beispiel des Parzellenplans illustriert, wie mit Kenntnis der wichtigsten geometrischen Datenstrukturen und Algorithmen ein Anwendungsbeispiel konsistent bearbeitet und somit für die längerfristige Nutzung verfügbar gemacht werden kann. Die Berücksichtigung von Kontextbedingungen unterscheidet sich grundsätzlich von manuellen oder halbautomatisierten Vorgehensweisen der Praxis. Dort wird zur Konsistenzgewährung der sogenannte Doppellinientest und der Flächentest in regelmässigen oder unregelmässigen Zeitabständen durchgeführt. Der Doppellinientest überprüft, ob beim Nachfahren sämtlicher Flächengrenzen im Uhrzeigersinn jede Grenzstrecke genau zweimal besucht wird, nämlich einmal vom Startpunkt zum Endpunkt und einmal umgekehrt. Der Flächentest soll nachweisen, dass die Summe sämtlicher Flächeninhalte immer gleich der Gesamt- oder Planfläche ist. Diese gebräuchlichen Konsistenzbedingungen der Praxis sind nützlich, solange keine Widersprüche in den zugrundeliegenden Daten existieren. Wird nämlich nach jeder Manipulation einer Fläche der Doppellinientest und die Flächenkonstanz nachgerechnet (oder einmal je Arbeitsgang), so besteht noch keine Gewähr für Datenkonsistenz! Insbesondere ist nicht klar, wie man einen entdeckten Widerspruch in einem Plan behebt und die Daten von den Inkonsistenzen befreit. Dank den Kontextbedingungen der Regeln gelingt es uns, den Doppellinientest und die Flächenformel jederzeit implizite zu gewährleisten.

6.2 Rechnergestützte Konstruktion

Unter rechnergestützter Konstruktion versteht man einerseits das Gestalten von Bau- oder Maschinenteilen, andererseits aber auch das Zusammensetzen einzelner Teile zu einem Ganzen mit Hilfe eines Computers. Somit reicht der Konstruktionsprozess vom Erstellen der erforderlichen Zeichnungen und Arbeitspläne bis zum fertigungstechnischen Planen eines Produktes.

Der vorliegende Abschnitt konzentriert sich auf die Probleme des dreidimensionalen Konstruierens im Maschinenbau. Obwohl viele Anwendungen beim rechnergestützten Konstruieren sinnvollerweise mit zweidimensionalen Grundriss- und Seitenriss-zeichnungen auskommen, verlangt das räumliche Modellieren vom Konstrukteur neue Wege und andere Arbeitsabläufe. Dabei spielt die Geometrie nicht nur bei der Erfassung, Speicherung und Verwaltung der Konstruktionsdaten eine zentrale Rolle, sondern auch bei der Schnittberechnung oder Kollisionsprüfung dreidimensionaler Objekte (z.B. Motorenblock), bei der Maschengenerierung für Finite Elementmethoden oder beim Ermitteln von Vorgabezeiten und Weginformationen für die Programmierung numerisch-gesteuerter Werkzeugmaschinen. Im Gegensatz zu flächenbezogenen Daten aus dem geographischen Bereich sind in diesen Anwendungen alle drei Raumdimensionen der Konstruktionsobjekte gleichberechtigt.

6.2.1 Konstruktionsschritte

Wir skizzieren im folgenden die groben Arbeitsphasen beim rechnergestützten Entwerfen, Konstruieren und Fertigen:

Spezifikation:

Im Maschinenbau und in der Maschinenkonstruktion hat sich gezeigt [Spur 1980], dass die Zeit von der Entwicklung eines technischen Teils bis zur Nutzung immer geringer wird und die Durchlaufzeit der Fertigung vorgelagerter Bereiche für Einzel- und Kleinserienfertigung bis zu 70% der Gesamtdurchlaufzeit ausmacht. Dieser Tatsache kann längerfristig nur Rechnung getragen werden, wenn zeitaufwendige manuelle Arbeiten durch grafische Systeme unterstützt oder ersetzt werden (z.B. Erstellen einer Zeichnung auf dem Plotter). Steht dem Konstrukteur ein grafisch-interaktiver Arbeitsplatz zur Verfügung, so hat er relativ früh in der Entwurfsphase die Möglichkeit, Teile mittels Simulation auf ihre Funktionalität hin überprüfen zu lassen.

Werkstoffwahl und Formgebung:

Eigenschaften wie Festigkeit, Dichte, Härte oder Elastizität bestimmen die Werkstoffwahl. So müssen Werkstoffe mit geringer Festigkeit grössere Querschnitte gegenüber anderen aufweisen, oder der Gebrauch von hochfesten Werkstoffen ist aus Kostenüberlegungen uninteressant. Daneben beeinflussen Kriterien bezüglich Schweissbarkeit, Verschleiss, Korrosionsbeständigkeit u.a. die spätere Fertigung. Insbesondere muss auch durch eine adäquate Formgebung das Teil gussgerecht gestaltet werden. Diese oft in Tabellen gesammelten Erfahrungswerte für Werkstoffwahl und Formgebung können einem Rechner zugänglich gemacht und beim interaktiven Entwurf abgerufen werden.

Montage:

Einzelteile und Baugruppen müssen so konstruiert werden, dass ihr Zusammenbau möglichst einfach gelingt. Manchmal lassen sich Teile nur in einer bestimmten Reihenfolge zusammensetzen, wobei der Konstrukteur solche Restriktionen im rechnergestützten Einbauplan vorsehen kann. Auch die Auslegung bezüglich späterer Wartung muss berücksichtigt werden. Schliesslich ist die Handhabung der produzierten Teile oder Baugruppen bedeutend, um Fehlbedienungen auszuschliessen.

Versand und Archivierung:

Viele administrative Arbeiten sind direkt mit dem Konstruktionsprozess gekoppelt, so müssen Detailzeichnungen, Stücklisten oder Bedienungsanleitungen erstellt und nachgeführt werden. Je nach Komplexität der hergestellten Baugruppen ist eine regelmässige oder statistische Erfassung von Produktionsdaten für künftige Entwicklungen oder Verbesserungen vorzusehen. All diese Sekundärdaten gewinnen nach dem Konstruktionsprozess und der erfolgreichen Fertigung immer mehr an Bedeutung und können vernünftigerweise in einem Rechner archiviert werden.

Untersuchungen haben gezeigt [Encarnação et al. 1984], dass sich die Einschätzung von Rechnerkonfigurationen und -komponenten durch den Konstrukteur mit der Zeit ändert. Bewertet der Konstrukteur anfänglich ein rechnergestütztes System für Entwurf und Konstruktion vorwiegend aufgrund der Funktionalität, so gewinnen später integrierte Datensammlungen und Möglichkeiten zum Datenaustausch immer mehr an Bedeutung. Im folgenden gehen wir deshalb näher auf die Frage der längerfristigen Verwaltung geometrischer Daten ein.

6.2.2 Dateisysteme versus Datenbanksysteme

Die während des Konstruktionsprozesses anfallenden Daten lassen sich in einem konventionellen Dateisystem abspeichern. Sind mehrere Konstrukteure am Entwurf einer Konstruktion oder an einer komplexen Baugruppe beteiligt, ergeben sich die folgenden Schwierigkeiten: Die Integration der Daten ist sehr gering, da jeder Benutzer normalerweise eine eigene Datei für seinen speziellen Zweck anlegt und in dieser Arbeitsphase selten an Datenaustausch denkt. Dies bewirkt eine hohe *Redundanz* der Daten, da unter Umständen die gleiche Information in mehreren Dateien gleichzeitig abgespeichert ist. Natürlich sinkt auch die Qualität der Daten, ja es können Inkonsistenzen auftreten, da die Datenhaltung keiner Systemkontrolle unterliegt.

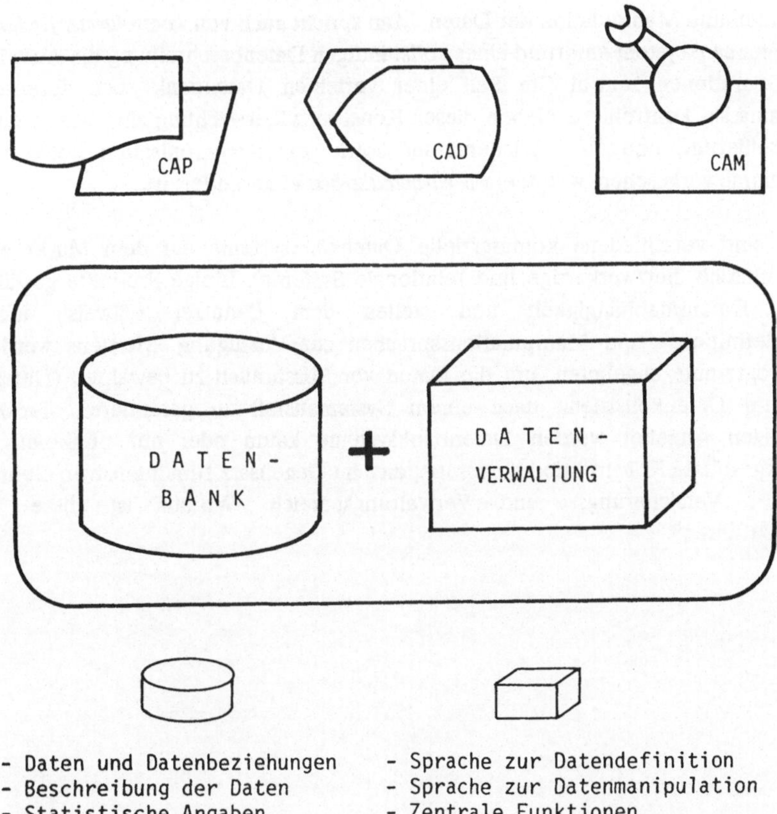

Abb. 6-9: Komponenten eines Datenbankverwaltungssystems.

Ähnliche Probleme haben sich anfangs der Siebzigerjahre im administrativen Bereich gestellt und zu organisierten Datensammlungen, genannt Datenbanken, geführt. Im Gegensatz zu einem Dateisystem ist ein Datenbankverwaltungssystem (oder Datenbanksystem) auf *hohe Datenunabhängigkeit* ausgerichtet, d.h. auf strikte Trennung der Daten von den Anwendungsprogrammen. Der Vorteil einer solchen Organisationsform ist offensichtlich, denn Programmänderungen bedingen im Normalfall keine Neuorganisation der Daten und umgekehrt.

In der Abb. 6-9 sind die Vorteile eines Datenbanksystems exemplarisch gegeben. Die systematische Datenorganisation verhindert, dass sich jeder Anwender mit dem Aufbau und der Struktur der Daten befassen muss. Neben dem eigentlichen Repositorium für Daten bestehen deshalb wichtige Verwaltungsfunktionen und Sprachkomponenten zur Definition und Manipulation der Daten. Man spricht auch von *kontrollierter Redundanz*, da ein Datenbanksystem aufgrund einer vollständigen Datenbeschreibung die Auswirkungen von Operationen zentral (im Fall einer verteilten Datenbank auch dezentral) und systemmässig kontrolliert. Neben dieser Konsistenzüberwachung sind Massnahmen zur Protokollierung und zum Wiederanlauf sowie zur Synchronisation konkurrierender Programme vorgesehen, womit ein *Mehrbenutzerbetrieb* garantiert ist.

Heute sind verschiedene kommerzielle Datenbanksysteme auf dem Markt erhältlich (hierarchische, netzwerkartige und relationale Systeme). Einige Produkte gewährleisten grosse Datenunabhängigkeit und stellen dem Benutzer teilweise ausgereifte Datendefinitions- und Manipulationssprachen zur Verfügung. Meistens werden auch Hilfsprogramme angeboten, um die Daten vor Missbrauch zu bewahren (Datenschutz) oder um Datenkonsistenz nach einem Systemausfall zu garantieren. Trotz einem vielfältigen Angebot werden Datenbanksysteme kaum oder nur punktuell für die rechnergestützte Konstruktion eingesetzt, dies im Gegensatz zum intensiven Gebrauch im Banken-, Versicherungs- und Verwaltungsbereich. Worauf ist diese Tatsache zurückzuführen?

6.2.3 Vergleich der Benutzeranforderungen

Im folgenden werden die Anforderungen an ein Datenbanksystem im Verwaltungsbereich mit denjenigen im Ingenieurbereich verglichen (Abb. 6-10). Dabei stechen wichtige Unterschiede ins Auge:

	VERWALTUNGSBEREICH	INGENIEURBEREICH
Daten	- einfache Datensätze - wenig strukturierte Daten - formatierte Daten wie Skalare und Zeichenketten fester Länge	- Menge inhomogener Datensätze - komplex strukturierte Daten - formatierte Daten wie Vektoren und Matrizen - nicht formatierte Daten wie Text, Bilder etc.
Transaktion	- wenige Datensätze - kurze Dauer - Einheit für Konsistenz *und* Recovery	- viele verschiedene Datensätze - oft lange Dauer - Einheit für Konsistenz, *nicht* für Recovery
Archivierung	- Generationenprinzip	- Versionenkontrolle - Verwaltung von Mess- und Zeitreihen

Abb. 6-10: Unterschiedliche Anforderungen an ein Datenbanksystem.

Datenbeschreibung

Bei administrativen Daten werden einfache Datensätze oder mehrere Sätze des gleichen Typs benötigt. Hingegen sind technische Daten meistens aus Sätzen unterschiedlicher Typen komponiert, d.h. sie zeigen eine heterogene Struktur. Zusätzlich sind geometrische und topologische Eigenschaften unter den Daten zu berücksichtigen. Im Gegensatz zu den Datenfeldern administrativer Daten verlangen technische Daten spezielle Felder zum Speichern von Bildern, Matrizen, Tensoren, Textelementen, Masszahlen etc.

Transaktionen

Unter einer Transaktion versteht man eine Menge konsistenzerhaltender Operationen, welche die Datenbank aus einem konsistenten Zustand wieder in einen solchen überführen. Nun berührt eine typische administrative Transaktion wie Kurs abfragen, Adresse ändern oder Konto eröffnen normalerweise nur wenige Datensätze und endet deshalb nach kurzer Zeit. Im Gegensatz dazu sind Transaktionen zum Entwurf von Maschinenteilen (oder auch zur Nachführung von Parzellen gemäss Abschnitt 6.1) von langer Dauer. Herkömmliche Transaktionskonzepte wie Sperren von Daten bei Konkurrenz (Mehrbenutzersystem) oder Zurücksetzen einer Transaktion bei einer Konfliktsituation (Recovery) sind für einen Ingenieur unzumutbar, investiert er doch für eine einzige Transaktion oft mehrere Tage oder Wochen. Wegen konkurrierendem Zugriff kann deshalb eine seit Tagen dauernde Entwurfsarbeit nicht einfach rückgängig gemacht werden.

Archivierung

Die Archivierung administrativer Daten basiert auf einem Generationenprinzip: Periodisch werden die aktuellen Daten gemäss einem vorgeschriebenen Zyklus kopiert und separat aufbewahrt. Im Ingenieurbereich bedarf dieser Archivierungsprozess ebenfalls einer Erweiterung. Beim Entwurf eines Maschinenelementes wird oft an verschiedenen Versionen gearbeitet, oder es werden Varianten definiert. Diese mehrfache Sicht gleicher oder verwandter Daten ist typisch in der Ingenieurarbeit.

Der Vergleich der Anwenderbedürfnisse aus der Verwaltung und dem Ingenieurwesen zeigt deutliche Unterschiede. Nun haben sich kommerzielle Datenbanksysteme an den Bedürfnissen aus dem Verwaltungsbereich orientiert und die Anforderungen der technisch-wissenschaftlichen Seite eher vernachlässigt. Hingegen hat der immense Zuwachs technischer Daten und der erweiterte Anwendungsbereich im Ingenieurwesen das Datenverwaltungsproblem zwangsläufig aktualisiert. Heute sind viele Bestrebungen im Gange, die in unterschiedlichen Arbeitsstufen anfallenden administrativen wie technischen Daten gemeinsam zu erfassen. Auch die Datenbankforschung hat das *Integrationsproblem* erkannt und sucht nach neuen Konzepten [Dittrich et al. 1985].

6.2.4 Speicherung geometrischer Objekte in einer Datenbank

Die nachstehenden Betrachtungen stützen sich auf das Relationenmodell, da dieses eine einfache Sicht der Daten in Form von Tabellen (Relationen) zulässt. Eine *Tabelle* ist durch die Angabe verschiedener Spalten unterschiedlicher Merkmale (Attribute) definiert. Jede Zeile einer Tabelle umfasst eine feste Anzahl von Merkmalswerten genannt Tupel, wobei ein einzelner Datenwert oder eine -kombination als Identifikationsschlüssel dienen kann. Um Beziehungen zwischen verschiedenen Tabellen herzustellen, können ein und dieselben Merkmalswerte in verschiedenen Tabellen aufgeführt werden. Betrachten wir dazu die Beschreibung eines dreidimensionalen Objekts in der Randdarstellung:

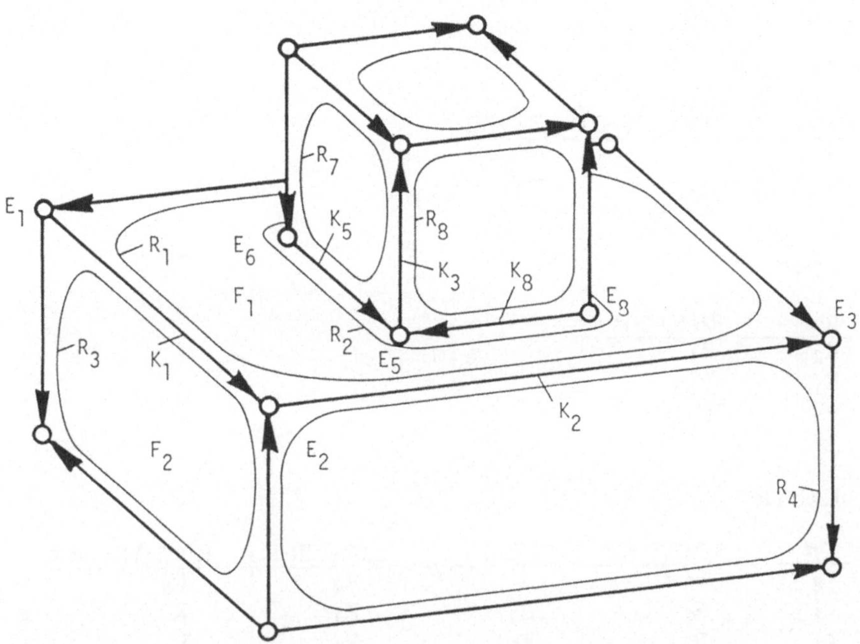

Abb. 6-11: Ausschnitt eines ebenbegrenzten Objekts in Randdarstellung.

Laut der gewählten Darstellungsform ist ein OBJEKT durch mehrere FLÄCHEN zusammengesetzt. Da eine Fläche mehrfach zusammenhängend sein kann (z.B. die Fläche Fl in der Abb. 6-11), führen wir eine zusätzliche Tabelle RING ein. In dieser Tabelle bekommt jede einfach zusammenhängende Fläche einen Eintrag; jede mehrfach zusammenhängende Fläche erhält zusätzlich soviele Einträge, wie sie Löcher aufweist. Ein Ring setzt sich aus Kanten zusammen und entspricht teilweise der früher diskutierten Liste von Halbkanten (vergl. Abschnitt 5.4.3). Wir führen zwei weitere Tabellen ein, nämlich KANTE und ECKE. Die Tabelle mit den Kanten ist eigentlich eine Beziehungsrelation, da sie zu jeder Kante die Punktnummer des Anfangs- und des Endpunktes angibt und je auf den linken bzw. rechten Ring verweist. Zusammengefasst ergeben sich die folgenden Tabellen mit teilweise gespeicherten Datenwerten des Objekts aus Abb. 6-11:

OBJEKT

O#	BESCHREIBUNG
O_2	Grundelement
...	

FLÄCHE

F#	FLÄCHE-O#	FARBE
F_1	O_2	rot
F_2	O_2	blau
...		

RING

R#	RING-F#
R_2	F_1
R_1	F_1
R_3	F_2
...	

KANTE

K#	START-E#	END-E#	LINKER-R#	RECHTER-R#
K_8	E_8	E_5	R_2	R_8
K_2	E_2	E_3	R_1	R_4
K_1	E_1	E_2	R_1	R_3
K_5	E_6	E_5	R_7	R_2
...				

ECKE

E#	X-KOORDINATE	Y-KOORDINATE	Z-KOORDINATE
E_2	30.00	40.00	0.00
E_1	0.00	40.00	0.00
...			

Abb. 6-12: Tabellen zur Beschreibung ebenbegrenzter Objekte.

Nicht von ungefähr ist das obige Beispiel mit der Strukturbeschreibung eines Parzellenplans verwandt (vergl. Abschnitt 6.1.3), denn topologisch entsprechen beide Beispiele einem Graphen. Hingegen haben wir schon früher festgestellt, dass beim rechnergestützten Konstruieren eine Beschränkung auf konvexe Polyeder (oder auf Polyeder homöomorph zu Kugeln) unzulässig ist. Wir lassen deshalb Flächen mit Löchern zu und führen die Tabelle RING ein.

Ein grosser Vorteil bei der Verwendung des Relationenmodells ist die zugehörige *Relationenalgebra* (resp. Prädikatenkalkül). Sie dient dazu, Tabellen in geeigneter Form zu definieren, zu reduzieren (Projektion und Selektion) oder zu kombinieren (Verbund), womit eine mächtige Datendefinitions- und Manipulationssprache gegeben ist. Beispielsweise können mit der Relationenalgebra die im Abschnitt 5.4.3 diskutierten topologischen Beziehungen hergeleitet werden. Der Benutzer braucht also keine Zugriffsfunktionen für die Tabellen zu schreiben, diese Arbeit wird ihm von der Relationenalgebra abgenommen.

Ein weiterer Vorteil bietet das *Transaktionskonzept* bei der Kontrolle der Konsistenz. Wird z.B. die Topologie eines Objekts aufgrund von Euler-Operatoren (Abschnitt 5.4.2) definiert, so lassen sich diese atomaren Operationen zu einer Transaktion zusammenfassen. Der Transaktionsmechanismus garantiert, dass der ganze Satz der atomaren Operationen entweder vollständig ausgeführt wird oder überhaupt nicht. Mit anderen Worten ist das Datenbanksystem für eine korrekte Durchführung verantwortlich, bei Systemausfällen wird automatisch auf den letzten konsisten Zustand zurückgesetzt. Wie schon oben bemerkt, ist das klassische Transaktionskonzept nur für kurz dauernde Transaktionen sinnvoll.

Zusätzliche Nachteile des klassischen Relationenmodells sind aus unserem Beispiel aus Abb. 6-12 ersichtlich: Die einzelnen Einträge oder Tupel in den Tabellen weisen keine Ordnung auf. Somit bleibt für den Benutzer unbestimmt, in welcher Reichenfolge z.B. die Punkte in der Tabelle ECKE erscheinen. Natürlich kann er durch zusätzliche Bedingungen z.B. beim Ausdrucken einer Tabelle die einzelnen Einträge nach seinen Wünschen geordnet verlangen, doch hat dies normalerweise keinen Einfluss auf die Speicherung. Beim Arbeiten mit grafischer oder geometrischer Information brauchen wir nicht speziell zu betonen, dass Ordnungsrelationen aus Effizienzüberlegungen sehr bedeutend sind.

Als weiterer Nachteil erweist sich die Forderung der sogenannten Ersten Normalform. Diese schreibt vor, dass die einzelnen Datenwerte der Merkmale atomar und somit ohne Struktur sein müssen. Aufgrund dieser Forderung müssen wir die Koordinaten in der Tabelle ECKE komponentenweise definieren. Die erste Normalform verbietet auch Wiederholungsgruppen innerhalb einzelner Tabellen, weshalb wir z.B. eine zusätzliche Tabelle für sämtliche Ringe einer Fläche vorsehen.

Die kurz angedeuteten Nachteile des Relationenmodells lassen sich durch Erweiterungen eliminieren, ohne dass die Mächtigkeit der Relationenalgebra verletzt wird. Im folgenden gehen wir auf ein Surrogatmodell ein, welches sich für technische Datenbanken eignet und sich teilweise bereits bewährt hat (siehe [Lorie et al. 1985] und [Meier et al. 1986]).

6.2.5 Ein Surrogatmodell für technische Datenbanken

Unser Beispiel zur längerfristigen Speicherung geometrischer Objekte zeigt offensichtlich, weshalb man Datenbanktechnologie nur sporadisch beim rechnergestützten Konstruieren einsetzt. Der Preis für eine unabhängige Datenbankschnittstelle ist für geometrische und grafische Arbeiten viel zu hoch, die Effizienz viel zu schlecht! Speichern wir z.B. ein beliebiges Objekt in der Randdarstellung ab, so benötigen wir etliche Tabellen. Die geometrische und topologische Information steckt in den einzelnen Tupeln und Datenwerten, verstreut über mehrere Tabellen. Normalerweise organisiert das Datenbanksystem den Inhalt jeder Tabelle physich als eine eigenständige Datei, um möglichst grosse Datenunabhängigkeit zu gewährleisten. Für stark strukturierte Objekte zahlt man diese Datenunabhängigkeit mit einem grossen Effizienzverlust. Löscht man z.B. das Objekt mit dem Namen "Grundelement" im obigen Beispiel, so müssen fünf Tabellen durchsucht und die jeweiligen Einträge entfernt werden.

Wir beschreiben eine sinnvolle Erweiterung [Meier 1985b], welche die obigen Nachteile eliminiert und die Vorteile der Relationenalgebra beibehält. Wir wissen bereits, dass im Relationenmodell einzelne Zeilen einer Tabelle durch Merkmalswerte identifiziert werden. Der Benutzer deklariert dazu ein spezielles Merkmal (oder eine Merkmalskombination) als Schlüssel. In unserem Beispiel bilden die Objekt-, Flächen-, Ring-, Kanten- und Eckennummern mögliche Schlüssel. Nun können wir natürlich nicht verlangen, dass beim Arbeiten mit einer grafischen Schnittstelle jedes Teilobjekt vom Benutzer identifiziert wird. Vielmehr nutzt man beim rechnergestützten Konstruieren die grafischen Möglichkeiten eines Griffels oder einer Maus und erwartet, dass das System die Elemente identifiziert. Zudem ergibt sich eine weitere Schwierigkeit, wenn der Benutzer für ein Identifikationssytem verantwortlich zeichnet. Trotz Weitsichtigkeit ändert sich jedes Identifikationssystem früher oder später, da es oft auf semantischen Überlegungen basiert; die Eindeutigkeit ist also nicht mehr garantiert. Auch beim Kombinieren zweier verschiedener Datenbestände ergeben sich Probleme mit einem vom Benutzer festgelegten Identifikationssystem. Diese Schwierigkeiten lassen sich nicht vermeiden, solange der Anwender die Schlüsselwerte kontrollieren und ändern kann.

Hall, Owlett und Todd [Hall et al. 1976] haben die geschilderten Probleme vor allem aus semantischen Überlegungen im administrativen Anwendungsbereich frühzeitig erkannt und die Einführung von Surrogaten vorgeschlagen: *Surrogate* sind invariante Merkmalswerte für individuelle Tupel einer Tabelle. Diese Werte können an verschiedenen Stellen innerhalb der Datenbank zur Definition von Beziehungen benutzt werden. Im Gegensatz dazu dienen Benutzerschlüssel zwar ebenfalls zur eindeutigen Identifikation individueller Tupel, sind aber unter der Kontrolle des Anwenders. Surrogate eignen sich besonders für technische Datenbanken [Meier/Lorie 1983a]. Die erwähnten Mängel herkömmlicher Datenbanksysteme lassen sich eliminieren, falls man den Surrogatwerten die folgenden Restriktionen auferlegt:

- Jeder Surrogatswert ist *eindeutig systemweit* und setzt sich z.B. aus Prozessornummer, Identifikation der Datenbank und Uhrzeit (aktuelle Zeit beim Einfügen eines Tupels in die entsprechende Tabelle) oder anstelle der Uhrzeit aus Relationennamen, Versionennummer und Laufnummer zusammen.
- Die Werte eines Surrogats können *nicht geändert* werden, der Benutzer hat keine Kontrolle über die Vergabe von Surrogatwerten.

Durch die Einführung eines Surrogatkonzepts geben wir dem Benutzer einer technischen Datenbank ein mächtiges Instrument in die Hand: Ein strukturiertes Objekt wie unser Beispiel aus der Abb. 6-11 wird durch systemvergebene Werte anstelle von Benutzerschlüsseln definiert. Das System nützt diese Eigenschaft aus und organisiert die einzelnen Tupeleinträge eines strukturierten Objekts physisch auf gleichen Datenseiten [Meier et al. 1986]. Dadurch erhöht sich die Effizienz beim Zugriff auf einzelne Objekte, wobei bei diesem Konzept die relationale Sicht der Daten weiterhin bestehen bleibt. Die klassische Eintupelschnittstelle relationaler Datenbanksysteme ist ersetzt durch eine Mehrtupelschnittstelle, d.h. Einträge aus verschiedenen Tabellen lassen sich dank den Surrogatwerten mit einem Datenbankzugriff extrahieren, löschen oder kopieren.

Die diskutierten molekularen Operationen können natürlich auf die Stufe der Relationenalgebra hochgezogen werden. Zwei Konstrukte zur Beschreibung von Datenmengen im geometrischen Bereich, nämlich PART-OF und IS-A, scheinen sinnvoll. Ersteres umfasst einen existentiellen Quantor, da zu jedem Teilobjekt genau ein übergeordnetes Objekt existiert. Letzteres beschreibt einen universellen Quantor: Sämtliche Eigenschaften eines generalisierten Objekts gelten für die Teile. Mit den beiden Konstrukten lassen sich geometrische Objekte direkter und effizienter abfragen und manipulieren. Insbesondere lässt sich der Verbundoperator aufgrund der Azyklizität von Datenbankschemata erweitern [Meier/Lorie 1983b].

Schliesslich verlangen technische Anwendungen neben der Verwaltung strukturierter Objekte auch den Einbezug von neuen Datentypen wie Vektoren, Matrizen oder allgemein Tensoren. Unter Tensoren versteht man Grössen, die bei Transformationen des zugrundeliegenden Koordinatenraumes ganz bestimmten Transformationsgesetzen gehorchen. Beispiele von Tensoren nullter Stufe sind Skalare, solche erster Stufe sind Vektoren und Tensoren zweiter Stufe können z.B. als Matrizen dargestellt werden. Die wichtigsten algebraischen Tensoroperationen sind Multiplikation mit einem Skalar, Addition zweier Tensoren derselben Stufe, tensorielles resp. verjüngendes Produkt. Obwohl Tensoren im geometrischen Anwendungsbereich nicht wegzudenken sind, können sie nicht direkt in einer relationalen Datenbank abgespeichert werden. Der Grund liegt in der Forderung der bereits erwähnten Ersten Normalform. Zur Speicherung eines dreidimensionalen Vektors sind z.B. drei Attribute für die x-, y- und z-Koordinaten notwendig. Bei der Speicherung von Matrizen oder Tensoren höherer Stufen wird die Problematik noch offensichtlicher.

Die Aufgabe der Ersten Normalform und die Integration von Tensoren im Relationenmodell bedarf einer theoretischen Erweiterung der Relationenalgebra, sicher um die elementaren Tensoroperationen. Zudem muss z.B. der Verbund über Merkmale von Tensoren erklärt werden. Zwei Tabellen heissen verbundkompatibel [Meier 1985b], wenn ihre entsprechenden Merkmale Tensoren der gleichen Stufe und Dimension umfassen. Ein Verbundoperator ist nur über verbundkompatible Merkmale zugelassen.

Weitere Aufgaben ergeben sich beim Einbezug von Zeitangaben oder wenn die zeitliche Entwicklung von Objekten interessiert. In [Härder 1984] ist der Vorschlag gemacht, eine korrekte Zeitbehandlung nicht jeder Anwendung zu überlassen, sondern ein vernünftiges Zeitkonzept direkt in das Datenbanksystem zu integrieren. Dies wird möglich durch neue Technologien und billigere Speicher mit ausreichender Kapazität (z.B. optische Speicherplatten). Die folgenden Grundkonzepte sind zu berücksichtigen:

- *Zustandserhaltende Aufzeichnung*: Es sollen zeitliche Aspekte erfasst werden, die jeweils einen neuen Zustand eines geometrischen Objekts beschreiben. Der Zeitraum der Gültigkeit eines Zustandes ist in diesem Fall ein Zeitintervall.
- *Zustandsändernde Aufzeichnung*: Hier sind Aufzeichnungen von physischen Objektänderungen wie Druck, Gewicht, Wärmeleitfähigkeit etc. zu verstehen. Diese Messwerterfassung erfolgt in diskreten zeitlichen Abständen und ist nur in diesen Messpunkten (von Messfehlern abgesehen) exakt. Die Werte zu anderen Zeitpunkten berechnen sich gemäss bestimmten Funktionen.

Im geometrischen Anwendungsbereich kommt dem Zeitaspekt eine besondere Bedeutung zu: Beim Entwurf von Objekten ist eine zustandserhaltende Aufzeichnung mit einer Versionenkontrolle wichtig, bei der Simulation, Konstruktion oder Herstellung von Objekten steht eine zustandsändernde Aufzeichnung im Vordergrund.

Die Erweiterungen von Datenbanksystemen zur besseren Verwaltung strukturierter Objekte, zum Einbezug von Tensoren und zur Behandlung von Mess- und Zeitreihen sind zurzeit in verschiedenen Forschungsgruppen in Diskussion, wobei teilweise bereits Pilotimplementationen und -erfahrungen vorliegen (siehe z.B. [Blaser/Pistor 1985]).

Literaturverzeichnis

[Aldefeld 1983]
Aldefeld B.: On Automatic Recognition of 3D Structures from 2D Representations. Computer-Aided Design, Vol. 15, No. 2, March 1983, pp. 59-64.

[Appel 1967]
Appel A.: The Notion of Quantitative Invisibility and the Machine Rendering of Solids. Proc. ACM National Conference, 1967, pp. 387-393.

[Baer et al. 1979]
Baer A., Eastman C., Henrion M.: Geometric Modelling: A Survey. Computer-Aided Design, Vol. 11, No. 5, September 1979, pp. 253-272.

[Ballard/Brown 1982]
Ballard D. H., Brown C. M.: Computer Vision. Prentice-Hall, 1982.

[Barnhill/Böhm 1983]
Barnhill R. E., Böhm W. (Eds.): Surfaces in CAGD. North-Holland, Amsterdam 1983.

[Barnhill/Riesenfeld 1974]
Barnhill R. E., Riesenfeld R. F.: Computer Aided Geometric Design. Academic Press, New York 1974.

[Baumgart 1975]
Baumgart B. G.: A Polyhedron Representation for Computer Vision. AFIPS Conf. Proc., Vol. 44, 1975, pp. 589-596.

[Bentley 1975]
Bentley J. L.: Multidimensional Binary Search Trees Used for Associative Searching. CACM 18, 1975, pp. 509-517.

[Bentley 1979]
Bentley J. L.: Multidimensional Binary Search Trees in Database Applications. IEEE Transactions on Software Engineering SE-5, Nr. 4, 1979, pp. 333-340.

[Bentley/Ottmann 1979]
Bentley J. L., Ottmann T.: Algorithms for Reporting and Counting Geometric Intersections. IEEE Transactions on Computers, Vol. C-28, Spetember 1979, pp. 643-647.

[Besant 1983]
Besant C. B.: Computer-Aided Design and Manufacturing. Ellis Horwood Limited, 1983.

[Bergeron et al. 1978]
Bergeron R. D., Bono P. R., Foley J. D.: Graphics Programming Using the CORE System. ACM Computing Surveys, Vol. 10, No. 4, December 1978, pp. 389-394.

[Bertin 1977]
Bertin J.: La Graphique et le Traitement Graphique de l'Information, Flammarion, Paris 1977.

[Bieri/Nef 1983]
Bieri H., Nef W.: A Sweep-Plane Algorithm for Computing the Volume of Polyhedra

Representation in Boolean Form. Linear Algebra and its Applications 52/53, 1983, pp. 69-97.

[Bieri/Nef 1984]
Bieri H., Nef W.: Algorithms for the Euler Characteristic and Related Additive Functionals of Digital Objects. Computer Vision, Graphics, and Image Processing 28, 1984, pp. 166-175.

[Blaser/Pistor 1985]
Blaser A., Pistor P.: Datenbank-Systeme für Büro, Technik und Wissenschaft. Informatik-Fachberichte Nr. 94, Springer-Verlag 1985.

[Böhm 1984]
Böhm W.: Efficient Evaluation of Splines. Computing 33, 1984, pp. 171-177.

[Böhm et al. 1984]
Böhm W., Farin G., Kahmann J.: A Survey of Curve and Surface Methods in CAGD. Computer Aided Geometric Design 1, North-Holland 1984, pp. 1-60.

[Böhm/Gose 1977]
Böhm W., Gose G.: Einführung in die Methoden der Numerischen Mathematik. Vieweg Verlag, 1977.

[Boyse/Gilchrist 1982]
Boyse J. W., Gilchrist J. E.: GMSolid: Interactive Modeling for Design and Analysis of Solids. IEEE Computer Graphics and Applications, Vol. 2, No. 2, March 1982, pp. 27-40.

[Brady 1981]
Brady J. M. (Ed.): Computer Vision. North-Holland 1981.

[Braid et al. 1980]
Braid I. C., Hillyard R. C., Stroud I. A.: Stepwise Construction of Polyhedra in Geometric Modeling. In: Brodlie K.W. (Ed.): Mathematical Methods in Computer Graphics and Design. Academic Press, London 1980, pp. 123-141.

[Bresenham 1965]
Bresenham J. E.: Algorithm for Computer Control of Digital Plotter. IBM Sys. J., Vol. 4, No. 1, 1965, pp. 25-30.

[Bresenham 1977]
Bresenham J. E.: A Linear Algorithm for Incremental Digital Display of Circular Arcs. CACM, Vol. 20, No. 2, February 1977, pp. 100-106.

[Brown 1979]
Brown K. Q.: Geometric Transformations for Fast Geometric Algorithms. Ph.D. dissertation, Dep. Computer Science, Carnegie-Mellon Univ., Pittsburgh, PA, December 1979.

[Brown 1981]
Brown K. Q.: Algorithms for Reporting and Counting Intersections. IEEE Transactions on Computers, G30, No. 2, 1981, pp. 147-148.

[Brown 1982]
Brown C. M.: PADL-2: A Technical Summary. IEEE Computer Graphics and Applications. Vol. 2, No. 2, March 1982, pp. 69-84.

[Burkhard 1983]
Burkhard W. A.: Interpolation-based Index Maintenance. BIT 23, 1983, 274-294.

[Chambers et al. 1983]
Chambers J. M., Cleveland W. S., Kleiner B., Tukey P.: Graphical Methods for Data Analysis. Wadsworth International Group, Duxbury Press, Boston 1983.

[Chand/Kapur 1970]
Chand D. R., Kapur S. S.: An Algorithm for Convex Polytopes. Journal ACM, Vol. 17, Januar 1970, pp. 78-86.

[Chang 1981]
Chang S. K.: Pictorial Information Systems. IEEE Computer (Special Issue), Vol. 14, No. 11, November 1981.

[Chernoff 1973]
Chernoff H.: The Use of Faces to Represent Points in k-Dimensional Space Graphically. Journal of the American Statistical Association 68, 1973, pp. 361-368.

[Cohen et al. 1980]
Cohen E., Lyche T., Riesenfeld R. F.: Discrete B-Splines and Subdivision Techniques in Computer Aided Geometric Design and Computer Graphics. Computer Graphics and Image Processing 14, 1980, pp. 87-111.

[De Boor 1978]
De Boor C.: A Practical Guide to Splines. Springer-Verlag, Berlin 1978.

[De Maria/Petry 1985]
De Maria R., Petry E.: SURFACE - Ein Programmpaket zur Generierung von Bézier- resp. B-Spline-Kurven und -Flächen. ETH Zürich, Informatik, 1985.

[Dittrich et al. 1985]
Dittrich K. R., Kotz A. M., Mülle J. A., Lockemann P. C.: Datenbankunterstützung für den ingenieurwissenschaftlichen Entwurf. Informatik-Spektrum 8, 1985, S. 113-125.

[Dopkin/Lipton 1976]
Dopkin D. P., Lipton R. J.: Multidimensional Searching Problems. SIAM Journal of Computing, Vol. 5, No. 2, June 1976, pp. 181-186.

[Eastman/Henrion 1977]
Eastman C., Henrion M.: GLIDE: A Language for Design Information Systems. Proc. SIGGRAPH '77, Computer Graphics, Vol. 11, No. 2, 1977, pp. 24-33.

[Eastman/Weiler 1979]
Eastman C., Weiler K.: Geometric Modeling Using the Euler Operators. Proc. First Annual Conference on Computer Graphics in CAD/CAM Systems, MIT 1979, pp. 248-259.

[Eberlein 1984]
Eberlein W.: CAD-Datenbanksysteme. Springer-Verlag, Berlin 1984.

[Edelsbrunner et al. 1984]
Edelsbrunner H., Guibas L., Stolfi J.: Optimal Point Location in a Monotone Subdivision. Report Nr. 2, Digital Systems Research Center, Palo Alto, 1984 (to appear: SIAM Journal on Computing).

[Eigner/Maier 1982]
Eigner M., Maier H.: Einführung und Anwendung von CAD-Systemen. Carl Hanser Verlag, München 1982.

[Encarnação et al. 1984]
Encarnação et al.: CAD-Handbuch - Auswahl und Einführung von CAD-Systemen. Springer-Verlag 1984.

[Encarnação/Schlechtendahl 1983]
Encarnação J., Schlechtendahl E. G.: Computer Aided Design: Fundamentals and System Architectures. Springer-Verlag 1983.

[Encarnação/Strasser 1985]
Encarnação J., Strasser W.: Computer Graphics. Oldenbourg Verlag, München 1985.

[Enderle et al. 1984]
Enderle G., Kansy K., Pfaff G.: Computer Graphics Programming - GKS The Graphics Standard. Springer-Verlag, Berlin 1984.

[Faux/Pratt 1981]
Faux I. D., Pratt M. J.: Computational Geometry for Design and Manufacture. Ellis Horwood Ltd., 1981.

[Ferguson 1964]
Ferguson J. C.: Multivariate Curve Interpolation. Journal ACM, Vol. 11, No. 2, 1964, pp. 221-228.

[Fischer 1983]
Fischer W. E.: Datenbanksysteme für CAD-Arbeitsplätze. Informatik-Fachberichte Nr. 70, Springer-Verlag, Berlin 1983.

[Flury/Riedwyl 1983]
Flury B., Riedwyl H.: Angewandte multivariate Statistik - Computergestützte Analyse mehrdimensionaler Daten. Gustav Fischer Verlag, Stuttgart 1983.

[Foley/VanDam 1982]
Foley J. D., Van Dam A.: Fundamentals of Interactive Computer Graphics. Addison-Wesley, 1982.

[Giloi/Encarnação 1974]
Giloi W. K., Encarnação J.: APLG - An APL Based System for Interactive Computer Graphics. Proc. AFIPS, Vol. 43, 1974, pp. 521-528.

[Giloi 1978]
Giloi W. K.: Interactive Computer Graphics - Data Structures, Algorithms, and Languages. Prentice-Hall, 1978.

[Gordon/Riesenfeld 1974]
Gordon W., Riesenfeld R. E.: B-Spline Curves and Surfaces. In: Barnhill R. E., Riesenfeld R. F. (Eds.): Computer Aided Geometric Design. Academic Press, New York 1974, pp. 95-126.

[Graham 1972]
Graham R.L.: An Efficient Algorithm for Determining the Convex Hull of a Finite Planar Set. Information Processing Letters, Vol. 11, 1972, pp. 132-133.

[Groover 1980]
Groover M. P.: Automation, Production Systems, and Computer-Aided Manufacturing. Prentice-Hall, 1980.

[Güting/Wood 1984]
Güting R. H., Wood D.: Finding Rectangle Intersections by Divide-and-conquer. IEEE Transactions on Computer, Vol C-33, No. 7, July 1984, pp. 671-675.

[Hall et al. 1976]
Hall P., Owlett J., Todd S.: Relations and Entities. In: Nijssen G. M. (Ed.): Modelling in Data Base Management Systems. North-Holland, Amsterdam 1976, pp. 201-220.

[Härder 1984]
Härder T.: Überlegungen zur Modellierung und Integration der Zeit in temporalen Datenbanksystemen. Bericht Nr. 19/84, Sonderforschungsbereich 124, Universität Kaiserslautern, Oktober 1984.

[Harrington 1983]
Harrington S.: Computer Graphics - A Programming Approach. McGraw-Hill, New York 1983.

[Hillyard 1982]
Hillyard R. C.: The Build Group of Solid Modelers. IEEE Computer Graphics and Applications, Vol. 2, No. 2, 1982, pp. 43-52.

[Hinrichs 1985]
Hinrichs K.: Implementation of the GRID File: Design Concepts and Experience. BIT 25, 1985, pp. 569-592.

[Huffman 1971]
Huffman D. A.: Impossible Objects as Nonsense Sentences. In: Meltzer B., Michie D. (Eds.): Machine Intelligence 6. Edingburgh University Press, Edingburgh 1971, pp. 295-323.

[Jared/Stroud 1983]
Jared G., Stroud I.: Local Operators in the BUILD System. In: Ellis T. M. R., Semenkov O. J. (Eds.): Advances in CAD/CAM. North-Holland, Amsterdam 1983, pp. 55-65.

[Jarvis 1973]
Jarvis R. A.: On the Identification of the Convex Hull of a Finite Set of Points in the Plane. Information Processing Letters, Vol. 2, 1973, pp. 18-21.

[Kansy 1985]
Kansy K.: 3D Extension to GKS. Computer & Graphics, Vol. 9, No. 3, 1985, pp. 267-273.

[Kirkpatrick 1983]
Kirkpatrick D. G.: Optimal Search in Planar Subdivisions. SIAM J. Computing, Vol. 12, No. 1, 1983, pp. 28-35.

[Kirkpatrick/Seidel 1982]
Kirkpatrick D. G., Seidel R.: The Ultimate Planar Convex Hull Algorithm. Proc. 20th Allerton Conf. on Communication Control and Computing, 1982, pp. 35-42.

[Kleiner/Hartigan 1981]

Kleiner B., Hartigan J. A.: Representing Points in Many Dimensions by Trees and Castles (with Discussion). Journal of the American Statistical Association 76, 1981, pp. 260-276.

[Knuth 1979]

Knuth D. E.: TEX and METAFONT: New Directions in Typesetting. American Mathematical Society and Digital Press, Bedford Mass., 1979.

[Knuth 1985]

Knuth D. E.: The METAFONTbook. Addison-Wesley, 1985.

[Kohen 1985]

Kohen E.: An Interactive Method for Middle Resolution Font Design on Personal Workstations. In: Valle G., Bucci G . (Eds.): International Computing Symposium ICS'85. North-Holland, 1985, pp. 317-326.

[Kohler et al. 1985]

Kohler T., Loacker H.-B., Meier A., Paquet F.: POLY - Ein 3D Modellierer für ebenbegrenzte Objekte. Benutzeranleitung und Systemdokumentation, Informatik, ETH-Zürich, 1985.

[Lakatos 1976]

Lakatos I.: Proofs and Refutations - The Logic of Mathematical Discovery. Cambridge University Press, 1976.

[Lane et al. 1980]

Lane J. M., Carpenter L. C., Whitted T., Blinn J. F.: Scan Line Methods for Displaying Parametrically Defined Surfaces. CACM, Vol. 23, No. 1, January 1980.

[Lane/Riesenfeld 1980]

Lane J. M., Riesenfeld R. F.: A Theoretical Development for the Computer Generation of Piecewise Polynomial Surfaces. IEEE Transactions on Pattern Analysis and Machine Intelligence 2, 1980, pp. 35-46.

[Laning/Madden 1979]

Laning J. H., Madden S. J.: Capabilities of the SHAPES System for Computer Aided Mechanical Design. Proc. 1st Annual Conf. Computer Graphics in CAD/CAM Systems, Cambridge, Mass., April 1979, pp. 223-231.

[Lee/Preparata 1977]

Lee D. T., Preparata F. P.: Location of a Point in a Planar Subdivision and its Applications. SIAM Journal of Computing, Vol. 16, No. 3, September 1977, pp. 594-606.

[Lee/Preparata 1984]

Lee D. T., Preparata F. P.: Computational Geometry - A Survey. IEEE Transactions on Computers, Vol. C-33, No. 12, December 1984, pp. 1072-1101.

[Lee/Requicha 1982]

Lee Y. T., Requicha A. A. G.: Algorithms for Computing the Volume and other Integral Properties of Solids. CACM, Vol. 25, No. 9, September 1982, pp. 635-650.

[Liang/Barsky 1983]

Liang Y-D., Barsky B. A.: An Analysis and Algorithm for Polygon Clipping. CACM,

Vol. 26, No. 11, November 1983, pp. 868-877.

[Liang/Barsky 1984]
Liang Y-D., Barsky B. A.: A New Concept and Method for Line Clipping. ACM Transactions on Graphics, Vol. 3, No. 1, January 1984, pp. 1-22.

[Lockemann/Mayr 1978]
Lockemann P. C., Mayr H. C.: Rechnergestützte Informationssysteme. Springer-Verlag, Berlin 1978.

[Lorie et al. 1985]
Lorie R. A., Kim W., McNabb D., Plouffe W., Meier A.: Supporting Complex Objects in a Relational System for Engineering Databases. In: Kim W., Reiner D. S., Batory D. S. (Eds.): Query Processing in Database Systems. Springer-Verlag, Berlin 1985, pp. 145-155.

[Lorie/Meier 1984]
Lorie R. A., Meier A.: Using a Relational DBMS for Geographical Databases. Geo-Processing, Vol. 2, No. 3, Elsevier Science Publ., Amsterdam 1984, pp. 243-257.

[Magnenat-Thalmann/Thalmann 1985]
Magnenat-Thalmann N., Thalmann D.: Computer Animation - Theory and Practice. Springer-Verlag, 1985.

[Mantyla/Sulonen 1982]
Mantyla M., Sulonen R.: GWB: A Solid Modeler with Euler Operators. Computer Graphics and Applications, Vol. 2, No. 2, March 1982, pp. 1-97.

[Mantyla/Tamminen 1983]
Mantyla M., Tamminen M.: Localized Set Operators for Solid Modeling. Computer Graphics, Vol. 17, No. 3, July 1983, pp. 279-288.

[Markowsky/Wesley 1980]
Markowsky G., Wesley M. A.: Fleshing out Wire Frames. IBM J. Res. Develop. 24, 1980, pp. 582-597.

[Markowsky/Wesley 1981]
Markowsky G., Wesley M. A.: Fleshing out Projections. IBM J. Res. Develop. 25, 1981, pp. 934-954.

[Meagher 1982]
Meagher D.: Geometric Modeling Using Octree Encoding. Computer Graphics and Image Processing 19, 1982, pp. 129-147.

[Mehlhorn 1984]
Mehlhorn K.: Data Structures and Algorithms 3: Multi-dimensional Searching and Computational Geometry. Springer-Verlag, Berlin 1984.

[Mehlhorn/Simon 1985]
Mehlhorn K., Simon K.: Intersecting two Polyhedra One of which is Convex. Interner Bericht, Universität Saarbrücken, 1985.

[Meier 1982]
Meier A.: Semantisches Datenmodell für flächenbezogene Daten. Dissertation ETH 7043, ETH Zürich 1982.

[Meier 1985a]
Meier A.: A Graph Grammar Approach to Geographical Databases. Information Systems, Vol. 10, No. 1, Berlin 1985, pp. 9-19.

[Meier 1985b]
Meier A.: Applying Relational Database Techniques to Solid Modeling. In: Blaser A., Pistor P. (Eds.): Datenbank-Systeme für Büro, Technik und Wissenschaft. Informatik-Fachberichte Nr. 94, Springer Verlag 1985, S. 50-66 (to appear: Computer-Aided Design, 1986).

[Meier et al. 1986]
Meier A., Durrer K., Heiser G., Petry E., Wälchlin A., Zehnder C. A.: XRS - Ein Datenbankkern zur Verwaltung von geometrischen Objekten und Versionen. Arbeitspapier, Institut für Informatik, ETH Zürich, 1986.

[Meier/Ilg 1982]
Meier A., Ilg M.: Consistent Operations on a Spatial Data Structure. Pattern Recognition and Image Processing Conference, Las Vegas 1982, pp. 432-440 (to appear: IEEE Transactions on Pattern Analysis and Machine Intelligence, 1986).

[Meier/Loacker 1986]
Meier A., Loacker H.-B.: POLY - Ein Unterrichtssystem zur Darstellung, Beschreibung und Manipulation von ebenbegrenzten Objekten. Tutorial in Bearbeitung, Informatik, ETH Zürich, 1986.

[Meier/Lorie 1983a]
Meier A., Lorie R. A.: A Surrogate Concept for Engineering Databases. Conference on Very Large Data Bases, Florence 1983, pp. 30-32.

[Meier/Lorie 1983b]
Meier A., Lorie R. A.: Implicit Hierarchical Joins for Complex Objects. IBM Research Report RJ3775, San Jose 1983, pp. 1-13.

[Meier/Zehnder 1980]
Meier A., Zehnder C. A.: Flächenmodell-Register - Die Strukturen wichtiger geographischer Datensammlungen der Schweiz. Bericht 39, Institut für Informatik, ETH Zürich 1980, S. 1-60.

[Minsky/Papert 1969]
Minsky M., Papert S.: Perceptrons - An Introduction to Computational Geometry. The MIT Press, Cambridge, Massachusetts 1969.

[Nagy/Wagle 1979]
Nagy G., Wagle S.: Geographic Data Processing. Computing Surveys, Vol. 11, No. 2, 1979, pp. 139-181.

[Nef 1978]
Nef W.: Beiträge zur Theorie der Polyeder mit Anwendungen in der Computer Graphik. Herbert Lang Verlag, Bern 1978.

[Newell et al. 1972]
Newell M. E., Newell R. G., Sancha T. L.: A New Approach to the Shaded Picture Problem. Proc. ACM National Conf., 1972, pp. 443-450.

[Newman/Sproull 1979]
Newman W. M., Sproull R. F.: Principles of Interactive Computer Graphics. McGraw Hill, 1979.

[Nievergelt/Preparata 1982]
Nievergelt J., Preparata F. P.: Plane-Sweep Algorithms for Intersecting Geometric Figures. CACM, Vol. 25, No. 10, October 1982, pp.739-747.

[Nievergelt et al. 1984]
Nievergelt J., Hinterberger H., Sevcik K.: The Grid File: An Adaptable, Symmetric Multikey File Structure. ACM Transactions on Database Systems, Vol. 9, No. 1, March 1984, pp. 38-71.

[Okino et al. 1973]
Okino N., Kakazu Y., Kubo H.: TIPS-1: Technical Information Processing System for Computer-Aided Design, Drawing and Manufacturing. In: Hatvany J. (Ed.): Computer Languages for Numerical Control. North-Holland, Amsterdam, 1973, pp. 141-150.

[Pavlidis 1979]
Pavlidis T.: Filling Algorithms for Raster Graphics. Computer Graphics and Image Processing 10, 1979, pp. 126-141.

[Pavlidis 1982]
Pavlidis T.: Algorithms for Graphics and Image Processing. Springer-Verlag, Berlin 1982.

[Peucker 1978]
Peucker T. K.: Data Structures for Digital Terrain Models - Discussion and Comparison. In: Dutton G. (Ed.): First International Advanced Symposium on Topological Data Structures for Geographic Information Systems. Harvard University, Cambridge, Mass. 1978.

[Pratt 1978]
Pratt W. K.: Digital Image Processing. J. Wiley, 1978.

[Preiss 1984]
Preiss K.: Constructing the Solid Representation from Engineering Projections. Computer & Graphics, Vol. 8, No. 4, 1984, pp. 381-389.

[Preparata/Hong 1977]
Preparata F. P., Hong S. J.: Convex Hulls of Finite Sets of Points in Two and Three Dimensions. CACM, Vol. 20, No. 2, Februar 1977, pp. 87-93.

[Preparata/Shamos 1985]
Preparata F. P., Shamos M. I.: Computational Geometry. Springer-Verlag, Berlin 1985.

[Requicha 1980]
Requicha A. A. G: Representations for Rigid Solids: Theory, Methods and Systems. Computing Surveys, Vol. 12, No. 4, December 1980, pp. 437-464.

[Robinson 1981]
Robinson J. T.: The k-d-B-Tree: A Search Structure for Large Multidimensional Dynamic Indexes. Proc. ACM SIGMOD, Ann Arbor, Michigan 1981, p. 10-18.

[Rogers 1985]
Rogers D. F.: Procedural Elements for Computer Graphics. McGraw-Hill, 1985.

[Rosenfeld/Kak 1982]
Rosenfeld A., Kak A. C.: Digital Image Processing. Academic Press, 1982.

[Roth 1982]
Roth S. D.: Ray Casting for Modeling Solids. Computer Graphics and Image Processing 18, 1982, pp. 109-144.

[Samet 1984]
Samet H.: The Quadtree and Related Hierarchical Data Structures. Computing Surveys, Vol. 16, No. 2, June 1984, pp. 187-260.

[Sarraga 1982]
Sarraga R. F.: Computation of Surface Areas in GMSolid. IEEE Computer Graphics and Applications, September 1982, pp. 65-70.

[Scheuermann Ouksel 1982]
Scheuermann P., Ouksel M.: Multidimensional B-Trees for Associative Searching in Database Systems. Information Systems, Vol. 7, No. 2, 1982, pp. 123-137.

[Sedgewick 1984]
Sedgewick A.: Algorithms. Addison-Wesley, 1984.

[Shamos 1975]
Shamos M. I.: Geometric Complexity. Proc. 7th ACM Annual Symp. Theory of Computing, May 1975, pp. 224-233.

[Shamos 1978]
Shamos M. I.: Computational Geometry. Ph.D. dissertation, Dep. Computer Science, Yale Univ. New Haven, CT, 1978.

[Shamos/Hoey 1975]
Shamos M. I., Hoey D.: Closest-point Problems. Proc. 16th IEEE Annual Symposium Foundation of Comp. Science, Oct. 1975, pp. 151-162.

[Shamos/Hoey 1976]
Shamos M. I., Hoey D.: Geometric Intersection Problems. Proc. 17th IEEE Annual Symposium Foundation on Comp. Science, October 1976, pp. 208-215.

[Shapira 1974]
Shapira R.: A Technique for the Reconstruction of a Straight-Edge, Wire-Frame Object from Two or More Central Projections. Computer Graphics and Image Processing 3, 1974, pp. 318-326.

[Smith et al. 1983]
Smith B. M., Brauner K. M., Kennicot Ph. R., Liewald M., Wellington J.: Initial Graphics Exchange Specification. Version 2.0., U.S. Department of Commerce, National Bureau of Standards Report NBSIR 82-2631 (1983).

[Spektrum 1983]
Informatik Spektrum. Gesellschaft für Informatik GI, Band 6, Heft 2, Springer-Verlag Berlin, April 1983.

[Spur 1980]
Spur G.: Rechnerunterstützte Zeichnungserstellung und Arbeitsplanung. Carl Hanser

Verlag, München 1980.

[Spur/Krause 1984]
Spur G., Krause F.-L.: CAD Technik - Lehr- und Arbeitsbuch für die Rechnerunterstützung in Konstruktion und Arbeitsplanung. Carl Hanser Verlag, München 1984.

[Sugihara 1982]
Sugihara K.: Mathematical Structures of Line Drawings of Polyhedrons - Toward Man-Machine Communication by Means of Line Drawings. IEEE Transactions on Pattern Analysis and Machine Intelligence 4, 1982, pp. 458-469.

[Sutherland et al. 1974]
Sutherland I. E., Sproull R. F., Schumacker R. A.: A Characterization of Ten Hidden-Surface Algorithms. ACM Computing Surveys, Vol. 6, No. 1, March 1974, pp. 1-55.

[Sutherland/Hodgeman 1974]
Sutherland I. E., Hodgeman G. W.: Reentrant Polygon Clipping. CACM, Vol. 17, No. 1, January 1974, pp. 32-42.

[Tamminen 1982]
Tamminen M.: The Extendible Cell Method for Closest Point Problems. BIT 22, 1982, pp. 27-41.

[Tiller 1983]
Tiller W.: Rational B-Splines for Curve and Surface Representation. IEEE Computer Graphics and Applications 3, 1983, pp. 61-69.

[Tilove 1980]
Tilove R. B.: Set Membership Classification: A Unified Approach to Geometric Intersection Problems. IEEE Transactions on Computers, Vol. C-29, No. 10, October 1980, pp. 874-883.

[Tilove 1984]
Tilove R. B.: A Null-Object Detection Algorithm for Constructive Solid Geometry. CACM, Vol. 27, No. 7, pp. 684-694.

[Warnock 1969]
Warnock J. E.: A Hidden-Surface Algorithm for Computer-Generated Halftone Pictures. Computer Science Department, University of Utah, TR 4-15, June 1969.

[Weiler/Atherton 1977]
Weiler K., Atherton P.: Hidden Surface Removal Using Polygon Area Sorting. SIGGRAPH '77 Proc., Computer Graphics, Vol. 11, No. 2, 1977, pp. 214-222.

[Whitted 1980]
Whitted J. T.: An Improved Illumination Model for Shaded Display. CACM 1980, Vol. 23, pp. 343-349.

[Wirth 1986]
Wirth N.: Algorithmen und Datenstrukturen. Teubner Verlag, 1986.

Stichwortverzeichnis

Arbeitsplatz
grafisch-interaktiver 16, 20, 68f, 199
Approximation 11f, 117f, 130f, 137f, 142

Baum
binärer 78, 90f, 93, 109f, 167f, 174f
k-d-Baum 74f
Oktagonbaum 78, 148f
Beleuchtungsmodell 27, 64
Bereich
-frage 74
-skala 74f, 78f
Bernsteinpolynome 123f, 134
Bild
-datei 40f
-matrix 18f, 42f
-raum 28, 35, 57f
-schirm 18f
-verarbeitung 12, 28f
-wiederholspeicher 11, 18f
De Boor-Polygon 134f
Bresenham-Algorithmus 42f
B-Splinefunktion
nicht-periodische 132f
periodische 132
Buchstabe (siehe Font)

CAD/CAM 12f, 141f
De Casteljau-Schema 127f
Clipping 49f, 53f, 55
Computergrafik
interaktive 11f, 28f, 42f
Computervision 12f, 28f

Darstellung
Halbkanten- 160f, 205
parametrisierte 147f, 180
Rand- 151f, 160, 180, 205f
Raster- 184f
-sform 12f, 144f, 146f
-sraum 144f
Vektor- 185
Datei
Gitter- 78f
Dateisystem 201

Daten
flächenbezogene 184f, 187
mehrdimensionale 73f, 78f, 83f
Datenbank 12f, 20f, 24, 201, 204
Datenbanksystem 21, 24, 201f, 210
Datenverarbeitung
geometrische 11f, 23, 28f
grafische 11f, 28f
Dialog 14, 17, 20, 24f
Differenzierbarkeit 125f, 130f
Divide-et-impera-Technik 49f, 57f, 101f, 104f
Drehung (siehe Rotation)
Durchlauftechnik 107f, 189

Effizienz 70f, 145
Entwurf
rechnergestützter 12, 199f
Enumerationsverfahren 148f, 180
Euler
-Charakteristik 156f, 194
-Operatoren 157f
-Poincaré-Formel 157f

Fächermethode 98f
Fenster 35f, 49f, 55f
Fertigung
rechnergestützte 12, 142
Fläche
Begrenzungs- 154f
Bézier- 138
B-Spline- 138
sichtbare 57f, 61f, 65f
Font 47f, 68
Füllalgorithmus 45f

Gerät 14f, 17
GKS (siehe Standard)
Grafik
-prozessor 16f, 19
-station 14f, 20
Griffel 17, 40

Halbraum 152f, 170f
Hardware (siehe Gerät)
Hülle
konvexe 95f, 99f, 101f, 125, 136, 139

Identifizieren 16f, 25, 40
IGES (siehe Standard)
Inklusion 45, 86f, 197
inkrementell 18, 42, 45, 117
Integrität (siehe Konsistenz)

Kante 62f, 155f, 159f, 177f, 205f
Kern 90, 112f
Kernsystem
 grafisches 20f
Kohärenz 57f, 64
Komplexität
 asymptotische 12, 72, 145
Konsistenz 154f, 191, 194f
Konstruktion
 mit Raumprimitiven 152, 167f, 170f, 174f
 rechnergestützte 12, 141, 199f
 -sbaum 152f, 167, 173f, 181
Kontrolle
 globale 123f, 125, 139
 lokale 131f, 139
Konvexität 95f
Koordinaten
 Bild- 35f
 homogene 30f, 36, 39
 Welt- 34f
Koordinatentransformation 31f, 34
Kurve
 Bézier- 121, 123f
 B-Spline- 48, 134f, 136
 Ferguson- 119f
 kubische 119f
 rationale 123, 136

Lokalisieren 86f, 90f, 93f

Menge
 abgeschlossene 168
 offene 168
 reguläre 169f
Menütechnik 25
Methodenbank 12, 21, 23
Metrik 168
Mischfunktionen 122f
Modell
 Draht- 11f, 143f
 Flächen- 22, 143f
 Volumen- 22, 143f
Modellieren
 geometrisches 20f, 27, 141f
Monotonie 89, 93f, 102

Nachbar 45f
Nachbarschaft 114f, 171f
Normalform
 disjunkte 175f
Normteilkatalog 24

Objekt
 achsenparalleles 104f
 Null- 168, 174f
 -raum 28, 35, 61f, 144f
Ordnung 107f

Parameterdarstellung 52, 117f
Partition 90f, 190f
Parzellenplan 190f
Pixel 18, 42f, 45f
Polyeder 26, 55, 57f, 61f, 65f, 177, 205
Polygon
 charakteristisches 121f
 konkaves 55
 konvexes 55, 96
 mehrfach-zusammenhängendes 45, 55, 86f
 sternförmiges 89f
Positionieren 17, 25, 40
Primitive 40f, 68f, 152f, 174f
Priorität
 relative 66f
 -sverfahren 57, 65f
Projektion 37f
Punkt-im-Polygon (siehe Inklusion)

Raster
 -grafik 12, 18, 42f
 -konvertierung 42f, 47f
Redundanz 113, 174f
Relation (siehe Tabelle)
Riss (siehe Projektion)
Rotation 32f

Schlüssel
 mehrdimensionaler 74f, 78f
Schriftsatz (siehe Font)
Segment 21f, 40, 69
Skalierung 34
Software 20f
Spline (siehe B-Spline)

Standard 68f, 182
Streifenzerlegung 90f
Surrogat 208f
System
  geographisches 12, 184f
  rechnergestütztes 12, 146
  wissensbasiertes 12f

Tabelle 204f, 206
Tablett 16f, 40
Topologie 143, 155f, 189
Transaktion 203f, 207
Transformation 32f, 111f,
Translation 32
Triangulation 65, 111, 116

Unsichtbarkeit
  quantitative 61f

Vektorgrafik 11, 18
Verschiebung (siehe Translation)
Viewport 34f
Voronoi-Diagramm 114f

Wahrnehmung (siehe Computervision)
Warnock-Algorithmus 57f, 60
Window 34f

Zellenzerlegung 149f, 180
Zuggriffsstruktur
  topologische 161f
Zusammenhang 45f, 196f